生と死を分ける数学

人生の（ほぼ）すべてに数学が関係するわけ

キット・イェーツ

冨永 星＝訳

草思社文庫

The Maths of Life and Death
by Kit Yates

Japanese translation published
by arrangement with Quercus Editions Limited
through The English Agency (Japan) Ltd.

生と死を分ける数学——人生の（ほぼ）すべてに数学が関係するわけ◉目次

1 指数的な変化を考える

指数的な振る舞いの恐ろしいまでの威力を活用し、
その限界を冷静に見定める

2 感度と特異度とセカンド・オピニオン

なぜ数学が医療に大きな違いをもたらすのか

3

法廷の数学

刑事裁判における数学の役割を吟味する

4

真実を信じるな

メディアの統計の嘘を曝く

5 小数点や単位が引き起こす災難

わたしたちが使っている記数法、その進化と期待外れな点と

6 飽くなき最適化

アルゴリズムのとどまる所を知らない威力、進化から電子商取引まで

7 感受性保持者、感染者、隔離者

感染拡大を阻止できるか否かはわたしたちの行動次第

はじめに　ほぼすべての裏に数学が

4歳になるわたしの息子は、庭で遊ぶのが大好きだ。なかでも気に入っているのが、地面を掘り返したりしてもぞもぞと這い回る虫を調べることで、特にカタツムリが好みだ。辛抱強く待っていると、追い立てられたショックから立ち直ったカタツムリが、安全な殻のなかからそろりと頭を覗かせて、するすると進み始め、あとにはネバネバした液が残る。だが最後は息子も飽きてしまい、無情にも、せっかく捕まえたカタツムリを小屋の後ろに積まれた薪の山や堆肥の山に放り出す。

去年の9月の終わり頃、息子は大きなカタツムリを5、6匹捕まえて、いつも通り熱心に観察してから放してやると、暖炉の薪を作っているわたしのところにやってきた。「ねえパパ、この庭にはカタツムリが何匹いるの？」。この一見簡単そうな質問に、わたしはうまく答えられなかった。100匹かもしれないし、1000匹かもしれない。正直いって、息子にその違いがわかるとも思えない。けれどもその問いは、わたしの好奇心を刺激した。どうやったらうちの庭にいるカタツムリの数をはじき出せる

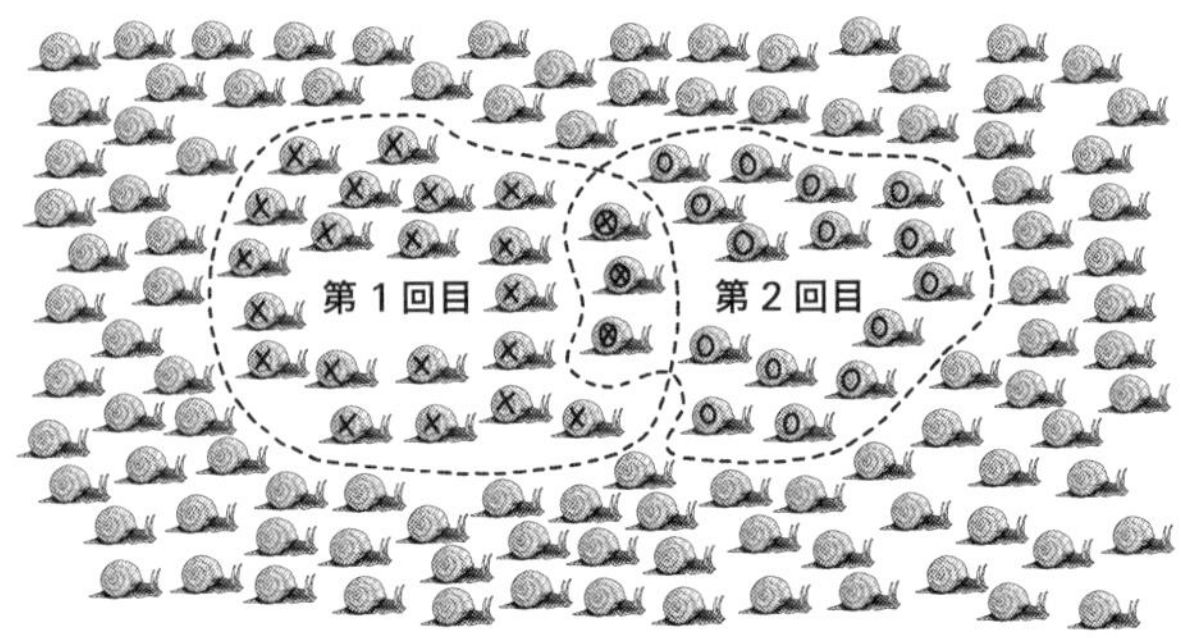

[図1] 2回とも捕まえたカタツムリ（丸に×印）の2回目に捕まえたカタツムリ（丸印）全体に対する割合（3:18）は、1回目に捕まえたカタツムリ（×印）の庭のカタツムリ（印なし）全体に対する割合（23：138）と同じであるはずだ。

のか。

そこでわたしたちは実験をすることにした。その次の週末、正確には土曜日の朝に、まず庭に出て2人がかりでカタツムリを捕まえた。10分かけて、計23匹の「陸に棲息する殻を持つ腹足類」、すなわちカタツムリを捕まえることができた。そこでわたしは尻のポケットから油性マーカーを取り出すと、捕まえたカタツムリの殻に小さな×印をつけていった。すべてのカタツムリに印をつけ終えたところで、バケツをひっくり返して庭に放す。

1週間後、2人がかりでもう1度カタツムリを捕まえた。今度は同じ10分で、18匹しか捕まらなかった。その18匹の殻を調べてみると、×印がついているカタツムリは3匹で、残りの15匹には印がついていないかった。ここまでわかれば、計算ができる。

どう考えるかというと……。1回目に捕まえた23匹のカタツムリは庭にいるカタツムリ全体の一部であって、わたしたちはこのカタツムリの総数を知りたい。今、捕まえたカタツムリが全体に対してどれくらいの割合なのかがわかれば、捕まえたカタツムリの数を何倍かして、庭にいるカタツムリの総数を求めることができる。ここで、2回目のサンプル（1週間後の土曜日に捕まえたカタツムリ）の出番となる。2回目のサンプルのなかでの、×印のついた個体の全体に対する割合、つまり3／18は、×印のついた個体すべての庭にいるカタツムリの総数に対する割合と等しいはずだ。この値を整理すると、×印がついたカタツムリは、カタツムリ全体の6匹につき1匹であることがわかる（図1を参照）。そこで、1回目に捕まえて印をつけた23匹という数を6倍すると、庭にいるカタツムリの総数として138匹という値が得られる。

わたしは暗算でこの値を求めると、捕まえたカタツムリの「面倒を見ている」息子に向き直った。そして「庭にはざっと138匹のカタツムリがいるんだよ」といった。すると息子が、なんといったと思います？「あのねパパ……」。息子はうなだれて、指先についた殻のかけらを見つめるといった。「ぼく、1匹死なせちゃった」。こうしてうちの庭のカタツムリは、137匹になった。

この単純な数理的手法は「捕獲再捕獲法（標識再捕獲法とも）」と呼ばれている。もともとは生態学で動物の頭数を推定するために考案されたものだが、みなさんもこの方法を使ってみてほしい。具体的には、2つの独立したサンプルを採ってきて、その重なりを調べればよい。実際の数を根気強く数えずに、地元のお祭りで売れた慈善くじの数を見積もりたいときや、半券を使ってサッカーの試合の観客をざっと見積もりたいときには、この方法が使える。

　捕獲再捕獲法は本格的な科学プロジェクトでも使われている。この方法を使うと、絶滅の危機にある種の個体数の変動に関する重要な情報を得ることができる。たとえば湖にいる魚の数〔注1〕を見積もることができれば、漁業者は遊漁券を何枚くらい発行すればよいかを決められる。この方法はきわめて効果的で、生態学だけでなく、全人口のなかの薬物依存者の数〔注2〕からコソボにおける戦死者数〔注3〕まで、さまざまな見積もりを正確にはじき出すことができる。ごく簡単な数学的概念に、じつはここまでの力があるのだ。この本では、一貫してこれらの概念について調べていくことになるが、それはまた、数理生物学者である筆者がごく普通に日々の仕事で使っている概念でもある。

＊＊＊

初対面の人に「わたしは数理生物学者です」というと、相手はたいてい丁重にうなずいておいて、困ったように黙り込む。二次方程式やピタゴラスの定理を覚えているかどうか試験されるんじゃないか、と怯むだけでなく、数学みたいに浮世離れした抽象的で純粋な学問が、概して実務的でゴタゴタと面倒で現実的とされている生物学と関係しているなんて、そんなことがあるんだろうか、と頭をひねり始めるのだ。ほとんどの人が学校時代に、数学と生物は金輪際交わることがない、という偽りのイメージを植えつけられる。理科は好きだが代数に夢中になれない生徒は、生命科学系に押しやられる。そしてわたしのように、理科は楽しいと思うけれど死骸を切り刻みたくない生徒は（かつてわたしは、解剖の授業で実験室の自分の席につこうとして、そこに魚の頭が置いてあるのを見て気絶したことがある）、物理学へと誘導される。数学と生物学、この２つは決して交わることがないのだ。

わたしの場合がまさにこれで、第６学年〔日本の高校３年〕で生物から落ちこぼれ、数学と物理と化学でＡレベル〔一般教育終了上級レベル＝大学に入学できるレベルにあることを示す認定〕を取った。大学ではさらに自分の専門に邁進する必要があったのだが、永遠に生物とおさらばしなければならないと思うと悲しかった。なぜなら、生物学には人生をよりよい方向に変える途方もない力がある、と考えていたからだ。これからは数学の世界にどっぷり浸かれるというので大いにわくわくしたけれど、現実にはほとんど応用できそうもない学問をするかと思うと――じつは、まったくそうではなかったのだが――やはり不安だった。

中間値の定理の証明やベクトル空間の定義を覚え、大学で教わる純粋数学をこつこつと学ぶ一方で、応用数学の講座がわたしの生きがいとなった。橋を建設する際に橋が風に共振して崩壊してしまわないようにするための数学や、飛行機が絶対に落ちたりしない翼を設計するときに使う数学を紹介する講師の話に聞き入った。さらに、物理学者たちが原子より小さい規模で生じる奇妙な振る舞いを理解するために用いる量子力学や、光の速度が変わらないという事実がもたらす奇妙な結果を巡る特殊相対性理論を学んだ。そしてまた、数学が化学や経済や金融にどう使われているのかを解説する講座を取った。数学をスポーツに応用して、トップ・アスリートのパフォーマンスを強化する方法、映画に応用して、現実には存在することのないCG画像を創り出す方法に関する文献を読んだ。早い話が、数学を使えばほぼすべての事柄を記述することができる、ということを知ったのだ。

大学院の3年目に、運よく数理生物学の講座を取ることができた。講師は北アイルランド出身で40代のフィリップ・マイニという魅力的な教授だった。彼はその分野で傑出していただけでなく（後にロイヤル・ソサエティーのフェローに選ばれることになる）、どこからどう見てもその学問が大好きで、講義を受ける側にもその熱意が伝わってきた。

フィリップはわたしに、単に数理生物学を教えてくれただけではない。数学者は巷でよくいわれるような数学一筋の自動人形ではなく感情を持つ人間なのだ、ということを教えてくれた。数学者は、かつてハンガリーの確率論者レーニ・アルフレードが述べたようなただの「コーヒーを定理に変える機械」ではない。フィリップの研究室で腰を下ろし、博士号取得に向けた面談が始まるのを待っていたわたしは、壁に額がたくさんかかっているのに気がついた。それは、フィリップが冗談半分でプレミア・リーグのクラブに送ったマネージャー・ポストへの応募の手紙に対するさまざまな断りの手紙だった。というわけでわたしたちはけっきょく、数学よりもサッカーについて多くを語り合うことになった。

大学でのわたしの研究にとって決定的だったのは、その時点でフィリップが生物学との旧交を温められるようにわたしを後押ししてくれたことだ。フィリップの指導の下で博士課程を過ごしたわたしは、イナゴはどのように群れを作るのか、どうすれば群れを作るのを阻止できるかといったことから、ほ乳類の胚発生がいかに複雑な段階を踏んでいくのか、それらの段階での同調性に乱れが出たときにいかに破滅的な結果が待っているのかといったことまで、ありとあらゆることについて研究した。鳥の卵にどのようにして美しく着色されたパターンができるのかを説明するモデルを作り、自由に泳ぎ回るバクテリアの動きを追跡するアルゴリズムを書いた。人間の免疫システムをすり抜ける寄生生物をシミュレーションし、致死的な病気が人々のあいだに広がる様子をモデリングした。博士課程で始めた研究は、以後一貫してわたしのキャリアの基礎になっている。そして今もわたしは、生物学をはじめとする分野のこれらのじつに魅力的な領域で研究を行い、博士課程の学生を抱え、現時点ではバース大学の応用数学の准教授（上級講師）をしている。

＊＊＊

応用数学者たるわたしにとっての数学は、何よりもまず、この複雑な世界を理解するための実用的な道具である。日常のさまざまな場面でも、数学的なモデルを作ることで優位に立てる。しかも、何百もの長ったらしい方程式やコンピュータコードは抜きにして。数学は、もっとも基礎的な意味でのパターンなのだ。みなさんは、この世界を見るたびに、自分が気づいたパターンに基づいて独自のモデルを作っている。フラクタル模様になった木の枝になんらかの主立った特徴を見いだしたとき、雪の結晶のなかに多種多様なシンメトリーを見つけたとき、みなさんは数学を見ている。音楽に合わせて足踏みをしているとき、シャワーを浴びながら自分が口ずさむ歌の反響を耳にしているとき、みなさんは数学を聞いている。練習用のネットに向かってクリケットのボールを投げたり、放物線を描いて飛んでくるクリケットのボールをキャッチしたりするとき、みなさんは数学をしているのだ。自分を取り巻く環境に基づいていったん作りあげたモデルも、何か新しい経験があったり新たに見聞きしたものがあれば、そのたびに磨きをかけられて構造が変わり、さらに細かく入り組んだものになっていく。自分たちのまわりの世界を支配する法則を理解したいのなら、複雑な現実を捉えるための数学モデルを作るのがいちばんだ。

わたしにいわせれば、物語と類推(アナロジー)こそが、もっとも単純でもっとも重要なモデルである。数学という決して表に現れることのない底流がもたらす影響を実証するには、尋常でない状況から日常生活に至るまでの人々の生活に数学が及ぼす影響を示すことが重要だが、適切なレンズを通せば、ありふれた経験の下に潜む数理法則が浮かび上がってくる。

本書の7つの章では、さまざまな人々の人生を変えてしまった現実の出来事や、数学の応用（あるいは誤った応用）が大きな役割を果たした出来事を取り上げる。遺伝子の欠陥によって身体が不自由になった患者、誤ったアルゴリズムのせいで破産した企業経営者、裁判の誤りの犠牲となった無実の人々、ソフトウェアの欠陥のせいで知らず知らずのうちに犠牲となった人。あるいは、数学を誤解したばかりに財産を失った投資家や子どもを失った親たち。さらに、疾病の早期発見を狙うスクリーニングや統計を扱う上でのごまかしなどの倫理的なジレンマに取り組み、これらと関連して政治の世界における国民投票や疾病予防や刑事司法やＡＩといった社会的な問題を見ていく。この本を読めば、これらすべてのトピックについて、さらにはそれ以外のトピックについても、数学が何か深遠で有意義なことを教えてくれることがわかるはずだ。

さらにここでは、数学がどんな場所に顔を出しているのかを指摘するだけでなく、列車でいちばんいい席を取る方法から、医師から予想外の検査結果を聞かされたときにパニックに陥らない方法まで、日々の生活に役立つ簡単な数学的規則やツールをお伝えする。また、数字絡みのミスを避ける簡単な方法を提案し、みなさんと力を合わせて新聞や雑誌の見出しの裏に潜む数学を解きほぐしていきたいと思う。さらに、消費者直販型の遺伝子検査の裏に潜む数学に迫り、致死的な病の蔓延防止に役立つ手順に光を当てて、そこで働いている数学を見ていこう。

みなさんもすでにお気づきだろうが、これは数学書ではない。数学者のための本でもない。この本には方程式は1つも出てこないし、みなさんがずっと昔に受けた学校数学の授業の記憶を呼び覚ますための本でもない。まさにその逆で、これまで正当な権利を奪われて、数学には参加できないと思わされ、数学が得意でないと思い込まされてきた人々を、そのような思いから解放するための本なのだ。

わたしは、数学は万人のためのものであって、誰もが日々経験する複雑な現象の核にある美しい数学の真価を味わえる、と心の底から信じている。この先の各章で見ていくように、数学は、わたしたちの心をもてあそぶ虚報にも、夜眠れるようにするための偽りの確信にもなり得る。あるいは、ＳＮＳなどがわたしたちに押しつける物語となり、ＳＮＳを通して広がるミームとなる。数学は法律の抜け穴であり、それを繕う針でもある。人の命を救う技術であり、危険にさらす誤りでもある。致命的な病気の発生を左右するのも数学なら、その制御戦略を決めるのも数学。数学こそが、宇宙に関する謎や、人間という種そのものにまつわる謎の答えを導き出してくれるであろう大いなる希望なのだ。そして数学は、人生の無数の分岐でわたしたちを導き、ヴェールの向こう側で待ち構え、息を引き取ろうとするわたしたちを見つめ返すのだ。

1 指数的な変化を考える

指数的な振る舞いの恐ろしいまでの威力を活用し、その限界を冷静に見定める

1万人を倍々に15回増やしたら……

ダレン・キャディックは、南ウェールズの小さな町カルディコットで自動車学校の教官をしていた。2009年に、ある友だちがたいへんおいしい儲け話を持ちかけてきた。地元の投資連合に3000ポンド出資したうえで、さらに2人を勧誘して自分と同じように出資させられれば、2週間でその資金が2万3000ポンドになって返ってくるというのだ。初めのうちは、そんなうまい話があるものかと思ってこの誘惑に抗(あらが)っていたが、「損する人は1人もいないんだ。だって、この仕組みはひたすら続いていくだけだから」と説き伏せられて、ついに一口乗ることにした。そしてすべてを失い、10年後の今もその結果を引きずり続けている。

キャディックは知らないうちに、「ひたすら続く」ことなどあり得ないピラミッド型の仕組みの底辺になっていたのである。２００８年に始まったこの「持ちつ持たれつ（Give and Take）」の仕組みは、1年足らずで新たな投資者がいなくなり、破綻した。しかしその時点ですでに、イギリス全土の1万人の投資家から２１００万ポンドを吸い上げ、それらの投資家の9割が投資した３０００ポンドを失うことになった。投資家が複数の投資家を勧誘することで自分の配当を得るこのタイプの投資計画は、結局は破綻する運命にある。このような計画では、各段階で必要になる新たな投資家の人数が、すでにそこに組み込まれている人の数に比例して増えていく。しかも15段目の勧誘が終わった時点で、すでにそこに組み込まれた人数は1万人を超えている〔つまり、その次の段階の新入会員の数は1万×2以上になる〕。1万人というとずいぶん大勢のように聞こえるが、この「持ちつ持たれつ」では容易に達成することができた。けれどもその15段階先になると、地球上の全人類の7人に1人が投資しなければ立ち行かなくなる。このような急激な成長現象、必然的に新たな会員が足りなくなり最終的に仕組みそのものが崩壊するような成長現象を、「指数的な伸び」という。

バクテリアは48時間で何倍になる？

何かが現時点での量に比例して増えるとき、「指数的に増える」という〔指数とは数の右肩に付けてその累乗を示す数のこと。「指数的に」とは「指数が増える形で」ということで、たとえば2^1, 2^2, 2^3, 2^4……は、2→4（＝2×2）→8（＝4×2）……と増えていく」。朝、牛乳瓶のふたを開けて再び閉めるまでのあいだに、大便連鎖球菌が1つ、牛乳に入り込んだとしよう。このバクテリアは牛乳を酸っぱくしたり固まらせたりするが、そうはいっても1つくらいなら、どうということもなさそうだ［注4］。しかしこのバクテリアが牛乳のなかで1時間ごとに2つのバクテリアに分裂すると知ったら、みなさんも少し心配になるかもしれない［注5］。各世代のバクテリアの数は、その時点でのバクテリアの数に比例して増えていく。つまり指数的に増えるのだ。

指数的に増える量の様子を示す曲線は、ローラースケートやスケートボードやモトクロスをする人たちが使う、円筒を縦4分の1に切った形のクォーターパイプの斜面に似ている。初めのうちは斜面の勾配がごく緩く、きわめてゆっくりと高さを稼ぐ（図2の左の曲線を参照）。牛乳のなかのバクテリアは、2時間後でも4つ、4時間経ってもまだ16個しかない。これなら大騒ぎするほどのことはないように思える。ところが指数曲線の高さと傾きは、クォーターパイプと同じように、あるところから急激に増え始める。指数的に増加する量は、最初はゆっくりと増えていたのに、意外な形で素早く跳ね上がるのだ。牛乳を48時間屋外に出しておいたとして、バクテリアがそのあいだじゅう指数的に増えていたとすると、牛乳をシリアルに注ごうとする頃には、

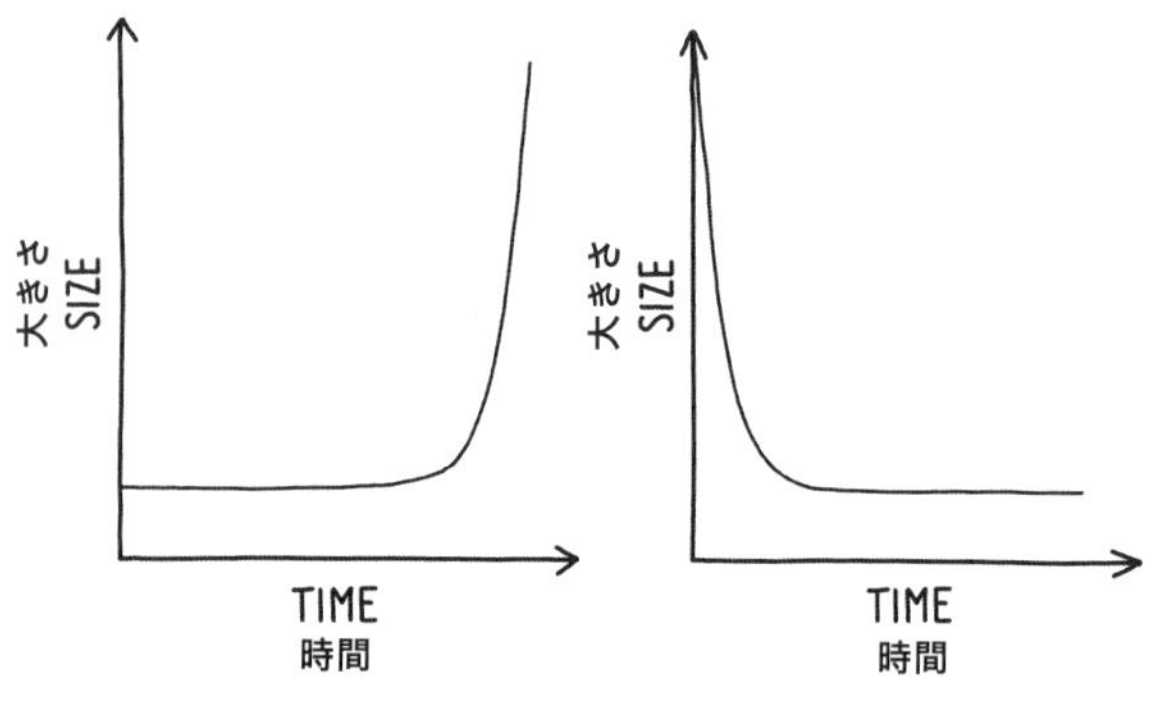

［図2］Ｊの形をした指数的な成長（左）と減少（右）の曲線。

瓶のなかに約１０００兆のバクテリアがいることになる。牛乳は固まり、こちらは恐ろしさに血も凍るというわけで、なんとこのときのバクテリアの数は、地球上の全人口の12万倍に上る。指数曲線が「Ｊ型」と呼ばれることがあるのは、Ｊの字の急カーブによく似ているからだ。もちろんバクテリアが牛乳に含まれる栄養分を使い果たしてしまえば牛乳は酸性になって、バクテリアにとっての成長の条件は悪くなるから、指数的な成長はごく短期間しか続かない。現実世界での筋書きでは、じつは長期にわたる指数的な成長は持続不可能で、多くの場合、指数的な増加は病的な状態なのだ。なぜなら増えるもの自体がもう増えられないような形で資源を使い切ってしまうからで、たとえば人体の細胞が指数的に増殖し続けるというのは、典型的ながんの特徴なのだ。

これとは別の指数曲線の例に、フリーフォール〔自由落下〕のウォータースライドがある。フリーフォールと銘打っているのは、初めの部分がきわめて急で、すべる人が自由落下しているように感じるからだ。このようなスライダーでは、指数的な増加ではなく、指数的な減少の曲線をなぞることになる（図2の右を参照）。ある量が現在の大きさに比例して減ると、指数的な減少が生じる。たとえば、粒状のチョコレート菓子M&Mの大きな袋の中身をざっとテーブルに空けて、Mがついている面が上になっている粒をすべて食べることにする。残ったものは袋に戻し、次の日まで取っておく。翌日また袋を振って、M&Mをテーブルに空ける。そしてその時点でMが上になっているものを食べて、残りは袋に戻す。こうすると、最初にM&Mがいくつあったとしても、袋に入っているM&Mを空けるたびに、残っているM&Mのほぼ半分を食べることになる〔小細工をしていないから、表と裏の出方は半々と考えてよい〕。つまり、減っていくM&Mの数は、袋のなかに残っていたM&Mの数に比例するわけで、これは指数的な減少だ。同じように指数的なウォータースライダーは、最初は非常に高いところからほぼ真下に滑り出すから、高さは急激に減る。M&Mがたくさん残っていればたくさん食べる〔つまり減る〕のと同じだ。ところがこの曲線はどんどん傾きが緩くなっていって、最後のあたりはほぼ水平になる。つまり残っているM&Mが少なくなれば、食べられる分量も少なくなる。1つひとつのM&MがMを上にして落ちるか下にして落ちるかはランダムで予測できないが、時を経て残るチョコレートの個数は予測可能な指数的減少を表すウォータースライダーの曲線に従うのだ。

この章を通じてわたしたちは、人々のあいだに病気が広がる様子やインターネットにおけるミームの伝播、人の胚細胞の急速な成長、銀行口座のお金のひどくのろのろした増え方といったさまざまな日常現象、さらにはわたしたちの時間の感じ方や核爆弾の爆発といった事柄現象と指数的な振る舞いとの隠れた関係を明らかにしていく。そしてさらに進んで、先ほど紹介した「持ちつ持たれつ」の投資話の、ピラミッド構造による悲劇の全貌を慎重に掘り起こしていこう。お金を吸い取られ、呑み込まれてしまった人々の話からも、指数的に考えられるか否かがいかに重要かわかるはずだ。さらにこの視点がありさえすれば、現代世界の、時には驚くべき変化のスピードを予測することが可能になるだろう。

銀行の利子と「持ちつ持たれつ」詐欺の仕組み

わたしは、ごくたまに余裕ができて貯金をすることになると、預ける金額がどんなに小さくても、絶えず指数的に増えるのだからけっこうな額になるはずだ、と考えて自分を慰める。実際、銀行の口座では、少なくとも額面上は、指数的な増加にいっさい制限がかからない。銀行の利子は複利だから（つまり利子が元本に繰り込まれて、さらにそれが利子を生むから）、口座残高の総額は現時点での残高に比例する形で増えていく。これは、指数的増加の顕著な特徴だ。かつてアメリカの政治家ベンジャミン・フランクリンが述べたように、「金が金を生み、金が生み出したその金がさらに金を生む」のだ。長いあいだ待つことができさえすれば、ほんの少しの投資で一財産作れる。でもだからといって、緊急用の資金を塩漬けにするのはやめたほうがいい。年利１％で１００ポンド預けたとして、口座残高が１００万ポンドを超すのは９００年以上後のことだから。指数的な伸びは急激な増加と結びつけられることが多いが、初期投資と伸び率が小さい場合は、ひどく緩慢な増加にしか感じられないものだ。

この事実をひっくり返してみると、（多額であることが多い）クレジットカードのリボ払いやキャッシングでは、（多額であることが多い）未払いの金額に対して固定金利で複利計算をするから、負債が指数的に増えることになる。住宅ローンでもそうなのだが、負債を早く返せば返すほど、つまり早く返す額を多くすればするほど、全体としての支払いは少なくなる。なぜなら、指数的に増えることに変わりはないが、早く返済すれば額が跳ね上がる前にすべてが終わるからだ。

＊＊＊

最初に述べた「持ちつ持たれつ」のピラミッド構造の犠牲者には、住宅ローンなどの負債の返済に苦労していたのでこの仕組みに加わった、という人が多かった。たとえ、何かが変だという疑いが兆したとしても、手っ取り早くお金を手に入れて家計への圧迫を減らしたいという誘惑には抗い難かったのだ。キャディックも認めているように、「『話がうますぎると思ったときは、たぶんその通り』という格言は、この場合まったく正しかった」

この仕組みを考案した年金生活者のローラ・フォックスとキャロル・チャーマーズは、カソリックの修道院学校以来の友人だった。1人は地元ロータリークラブの副会長という名士、もう1人は誰からも尊敬される祖母という、いずれも地域社会を支える存在だったのだが、2人は自分たちのしていることを百も承知の上で、この詐欺的な投資の枠組みを作ったのだった。「持ちつ持たれつ」の投資システムは、資金を出しそうな人間をうまく陥れるように設計されており、落とし穴はしっかり覆い隠されていた。従来のピラミッド型の投資システムは2段階で、勧誘する人間と勧誘される人間からなるチェーンの上側の人間が、自分の勧誘した投資家から直接、金を受け取る仕組みだったが、2人がひねり出した「持ちつ持たれつ」のシステムは4段階の「飛行機」型になっていた。このシステムでは、チェーンのてっぺんの人間を操縦士と呼び、操縦士は2人の副操縦士を勧誘し、それぞれの副操縦士が2人のクルーを誘って、最後にその2人がそれぞれ2人ずつ乗客を誘う。フォックスとチャーマーズのシステムでは、このようにして計15人（＝操縦士＋2人の副操縦士＋4人のクルー＋8人の乗客）で構成されたチェーンができると、8人の乗客が各自3000ポンドをシステム全体のトップに支払い、トップはそこから1000ポンドを差し引いて、残りの2万3000ポンドという膨大な額を操縦士に渡す。差し引かれた1000ポンドの一部はチャリティーに寄付され、全英児童虐待防止協会などの組織から感謝状をもらうことで、この仕組みにいっそう箔がつく。その一方で全体のトップが一部を保管して、全体の円滑な運営に充てることになっていた。

　操縦士は自分の配当を受け取ると同時にこの仕組みから抜けて、今度は2人の副操縦士が操縦士となり、自分たちのツリーの底辺に新たな乗客が8人勧誘されるのを待つ。投資家にとって、これはこたえられないシステムだった。なぜなら新たに参加する人は、たった2人を勧誘するだけで自分の投資を8倍にできるからだ（もちろんこの2人が、さらに2人を勧誘する必要はあるわけだが）。これに対して2段とか3段の仕組みで自分の投資を8倍にしようとすると、それぞれがもっと多くの人を勧誘しなければならなくなる。さらに、「持ちつ持たれつ」は4層構造になっているので、クルーは自分が勧誘した乗客から直接金を受け取ることがない。新たに勧誘する対象はクルーの友人や親戚である可能性が高いが、こうしておけば、ごく近い知り合い同士での金のやり取りはなくてすむ。つまり、乗客の資金を原資として配当を得る操縦士と乗客自身を切り離しておけるので、勧誘が楽になり、報復の可能性も低くなる。それに、投資のチャンスとしても魅力的に見えるから、簡単に何千人もの投資家を呼び込める。

さらに、「持ちつ持たれつ」のピラミッド構造に投資した人の多くは、それまでに行われてきた配当の成功物語を聞かされ、時には配当が渡されるのを目の当たりにして、すっかり安心しきっていた。この仕組みを作ったフォックスとチャーマーズがそのために、チャーマーズの所有するサマセットホテルで非公開の太っ腹なパーティーを開いていたのだ。パーティーで配られたチラシには、現金で覆われたベッドに寝転がったり、50ポンド札を握りしめた拳をカメラに向かって振っているメンバーの写真が載っていた。しかも2人は、毎回これらのパーティーにこの仕組みの「花嫁」を呼んでいた。花嫁とは、操縦士の地位に上り詰めて配当をもらうことになった人々（主に女性）のことで、これらの花嫁は、200人から300人の投資家候補が見守るなかで、「ピノキオが嘘をつくと、どこが伸びますか」といった4つの簡単な質問に答えなければならなかった。

ここでクイズが登場するのは、法の穴を掻い潜るためだったとされている。フォックスとチャーマーズは、「技量」の要素が絡んでいればこのような「一攫千金話」の申し訳が立つ、と考えていたのだ。あるパーティーの様子を撮影した携帯電話の動画には、次のように叫ぶフォックスの姿が収められていた。「わたしたちは、自宅でちよっとした賭け事をしているだけなんです。ですから法律には反していません」。しかしそううまくはいかなかった。この一件を訴追した検事のマイルズ・ベネットは、次のように述べている。「このクイズはじつに簡単で、配当をもらえる地位にいる人はすべて金をもらうことができた。質問に答える際の助っ人として、友だちや委員会のメンバーを連れてくることもできたし、そもそも委員会は正解を知っていたのだから！」

フォックスとチャーマーズは、ローテクなバイラル・マーケティング〔口コミ、評判を利用したマーケティング。「バイラル」は「ウイルス性の」の意味〕のキャンペーンの起爆剤として、この受賞パーティーを開き続けた。花嫁たちに2万3000ポンドの小切手が手渡されるのを見た招待客の多くが資金を出し、友だちや家族にも投資するよう勧め、自分の下にピラミッドを造っていった。新たな投資家の1人ひとりがさらに2人にバトンを渡せば、このシステムは永遠に続いていく。フォックスとチャーマーズがこのシステムを始めた2008年春の時点では、操縦士はこの2人だけだった。2人は友人を投資に引き入れてシステムを作るのを手伝わせ、さらに4人を巻き込んだ。その4人がさらに8人を勧誘し、そこにさらに16人が加わって……。このようなシステムの新たな参加者の人数が倍々で指数的に伸びていく様子は、成長している最中の胚細胞が増加する様子とよく似ている。

細胞数が指数的に増える受精卵

妻が第1子を妊娠したとき、初めて親になる人の多くがそうであるように、わたしたちは妻のお腹のなかで何が起きているのかをなんとかして知ろうとした。超音波の心臓モニターを借りてきて赤ん坊の心拍を聴こうとし、さまざまな臨床試験に登録して、通常のスキャン以外にもスキャンを受けるチャンスを得ようとした。わたしたちの娘が成長しながら日々妻に吐き気を催させている間に、わたしたちはウェブサイトを次々に閲覧して、娘がどんな様子なのかを説明する文章を読みあさった。2人のお気に入りのサイトの1つに、「赤ちゃんの大きさは」というサイトがあって、そこでは各週の体内にいる赤ん坊の大きさが、おなじみの果物や野菜や食べ物と比べられていた。胎児の状態を、「重さは1オンス半〔43g〕で、背丈は3インチ半〔8・9cm〕くらい。かわいい天使はほぼレモンの大きさです」とか「おふたりの大切な小さい蕪は、今では5オンス〔140g〕くらいで、頭からお尻までが約5インチ〔13cm〕です」といったしゃれた言い回しで表していたのだ。

これらのウェブサイトの大きさ比べを見たわたしは、週ごとに赤ん坊の身体の大きさが変わるその速度に目を見張った。たとえば第4週にはほぼけし粒の大きさだった赤ん坊が、第5週にはごま粒大に膨らんでいた。つまり、1週間で体積が約16倍になったのだ!

でもひょっとすると、このように大きさが急激に変わるのは当然のことなのかもしれない。卵子が精子によって受精すると受精卵となって、それが何度も細胞分裂を繰り返す。卵割と呼ばれるこの分裂によって、発生中の胚の細胞の個数は急激に増えていく。まず、有精卵は2つに分かれる。8時間後にはこの2つが分かれて4つになり、さらに8時間後には4つが8つ、そしてそこから16になる――ちょうどピラミッド型の「持ちつ持たれつ」システムの各段階における新たな投資家の人数のように。8時間ごとに、すべての細胞がほぼ同期して分裂していく。したがって、細胞の数はその時点で胚を構成している細胞の数に比例して増える。細胞がたくさんあればあるほど、次の分割で生まれる新たな細胞の数は多くなる。この場合は各細胞が1回の分割で新しい細胞を1つ創り出すから、胚の細胞の数は2倍になる。言葉を換えると、一世代ごとに胚の大きさは2倍になるのだ。

懐胎期間のなかで胚が指数的に大きくなる時期は、ありがたいことにわりと短い。懐妊中ずっと胚が一定の指数的な勢いで大きくなったとすると、細胞の同期的な分裂が計840回起きて、ざっと10の253乗個の細胞からなるスーパー・ベビーができることになる。この赤ん坊がどれくらいの大きさかというと、宇宙にあるすべての原子の1つひとつがこの宇宙のコピーだったとして、入れ子になったそれらすべての宇宙にある原子の総数とほぼ同じ数の細胞を持っている計算になる。とはいうものの、当然ながら細胞分裂のスピードは落ちる。なぜなら胚が成長するに従って、身体のさまざまな部分の分化などのより複雑な出来事をこなさなければならなくなるからだ。このため平均的な新生児を構成する細胞の数は、実際には約2兆個というごく慎ましい値で、この程度の細胞の数であれば、細胞の同期分裂は41回未満ですむ。

指数的増加を利用した核爆弾

新たな生命を創り出すときには、どう考えても細胞の個数が急激に増える必要があるから、指数的な増加は生命に不可欠だといえる。ところが核物理学者J・ロバート・オッペンハイマーは、指数的な増加の驚くべき威力を踏まえて、「今やわたしは死神となった。世界の破壊者となったのだ」と宣言した。この場合に増えるのは、細胞でも個々の生物でもなく、原子核の分割によって生じるエネルギーだった。

オッペンハイマーは第二次大戦中、マンハッタン計画と呼ばれる原子爆弾開発の拠点であるロス・アラモス研究所の所長を務めていた。重たい原子の原子核（強く結びついた陽子と中性子）が分裂してより小さな部分に分かれる現象自体は、１９３８年にドイツの科学者によって発見されていた。胚の発達にきわめて大きな影響を及ぼす生きた細胞の分割、つまり「二分裂」に似ているというので、この現象は「核分裂」と呼ばれるようになった。このような分裂は、不安定な化学的同位体が放射性崩壊する際に自然に生じることもあるが、1つの原子核に原子より小さい粒子を打ち込んで衝撃を与える、いわゆる核反応で人工的に引き起こせることがわかっていた。どちらの場合も、1つの原子核が2つの小さな原子核、すなわち核分裂生成物に分裂する際に、膨大なエネルギーが電磁放射として放出され、加えて核分裂生成物自体も動いているから、そのエネルギーが生じる。じきに、最初の核反応の産物である動いている核分裂生成物をうまく使えば、別の原子核に衝撃を与えて原子を分裂させることができて、さらにエネルギーを解き放てることがわかった。いわゆる「核分裂連鎖反応」だ。1つの核分裂によって、次の原子の分裂に使える核分裂生成物が平均で1つ以上できれば、理屈の上では1つの分裂を引き金としてたくさんの分裂を誘発することができるはずだった。この過程がさらに続けば、反応の数は指数的に増えて、前例のないエネルギーを生み出すことができるにちがいない。このような野放しの核連鎖反応を可能にする材料が見つかりさえすれば、短期間の反応で発せられるエネルギーは指数的に増加し、それを利用して武器を作ることができるはずだ。

1939年4月、ヨーロッパ全土を巻き込むことになる第二次大戦が勃発する直前に、フランスの物理学者フレデリック・ジョリオ＝キュリー（マリーとピエールの義理の息子で、妻とともにノーベル賞を共同受賞した）がきわめて重要な事実を発見した。ネイチャー誌に発表されたその論文によると、1つの中性子によって引き起こされる分裂によってウランの同位体であるU－235の原子が平均3・5個（後に2・5個に修正）の高エネルギーの中性子を生み出す証拠が見つかったという［注6］。まさに、核反応連鎖の指数的な伸びを引き起こすのに必要な素材だった。こうして「爆弾作りの競争」が始まった。

同じ頃にナチスも爆弾製造のプロジェクトを進めており、そこにはノーベル賞を受賞したヴェルナー・ハイゼンベルクなどドイツの著名な物理学者が参加していたので、オッペンハイマーも、ロス・アラモスのプロジェクトが重要な仕事であることは理解していた。そうはいっても、ほぼ瞬時に核連鎖の指数的な増加が起きて膨大な量のエネルギーが放出される、そのような反応を促す環境をどうやって作るかが大問題だった。それなくして、原子爆弾は作れない。このような高速の自律的連鎖反応を生じさせる場合、最初のU－235原子が分裂してできた中性子がほかのU－235原子の原子核に再び十分に吸収されること、さらに、それらの中性子を吸収したU－235原子が確実に分裂することが必須となる。ところが自然崩壊の場合には、放出された中性子の多くが自然界にあるウランの99・3％を占めるもう1つの重要な同位体であるU－238原子に吸収されて、連鎖反応が指数的に増えるどころか減ることがわかった［注7］。連鎖反応を指数的に増やすには、鉱石からできるだけU－238を取り除いて、きわめて純度の高いU－235を作る必要があった。

このような考察から生まれたのが、核分裂物質の「臨界質量」と呼ばれる概念だった。自律的な核連鎖反応を引き起こすのに必要なウランの量、それがウランの「臨界質量」で、この量の決め手となる要素はいろいろあるが、どうやらいちばん重要なのはＵ－２３５の純度であるようだった。自然界のウランに０・７％しか含まれていないＵ－２３５の純度を20％に上げたとしても、臨界質量は４００kgを超えてしまう。したがって爆弾を作るには、高純度のウランが欠かせない。しかも、たとえ臨界超過状態を達成し得る高純度のウランを作れたとしても、爆弾自体を作るときにさらなる問題が生じる。どこからどう考えても、臨界量のウランを爆弾に詰め込んで、爆発しませんように！　と祈るだけではすまないのだ。ウランのなかで１つでも自然崩壊が始まれば、それが引き金となって連鎖反応が起き、指数的な勢いの爆発へと至る。

ナチスの爆弾開発者たちの足音がひたひたと背後に迫るなか、オッペンハイマーのチームは大急ぎで原子爆弾の構造を巡る１つのアイデアをひねり出した。普通の爆薬を用いて臨界値未満のウランの塊を別のこれまた臨界値未満のウランの塊に打ち込み、合体させて臨界値を超えた１つの塊にする「ガンバレル型」という手法だ。臨界値を超えれば、自発的な分裂によって最初の中性子が放出されて連鎖反応が始まるわけだが、臨界値に満たない２つの塊に分けてあるから、爆弾はほんとうに必要になるまで爆発しない。それに、ウランは高レベル（約80％）に濃縮できるから、臨界に達するのに必要な量も20～25kgに抑えることができる。しかしオッペンハイマーにすれば、自分のプロジェクトが失敗するリスクは避けたかった。ドイツのライバルに勝ちを譲るなどとんでもない。そこでオッペンハイマーは、濃縮ウランがもっとたくさん必要だと言い張った。

けっきょく、純粋なウランがたっぷり用意された頃には、ヨーロッパでの戦いは終わっていた。けれども太平洋では激戦が続いており、軍事的にはかなり不利なのに、日本は降伏の意思をほとんど見せていなかった。日本本土に侵攻すれば、それでなくても数の多いアメリカ軍の負傷兵がさらに増えることを知っていたマンハッタン計画の指揮者レズリー・グローヴス将軍は、指揮官として、天候が整い次第、日本に核爆弾を投下することを許可した。

１９４５年8月6日、台風の余波で数日間悪天候が続いていた広島に久しぶりに青空が戻り、太陽が昇った。午前7時09分、広島上空にアメリカ軍の機影が認められ、町中に空襲警報が響き渡った。当時17歳だった高蔵信子(あきこ)は、銀行の窓口で働き始めたばかりだった。職場に向かう途中で警報を聞いた信子は、通勤途上のほかの人々とともに、町のあちこちに作られていた防空壕に入った。

広島では、よく空襲警報が発令されていた。この町は軍の戦略基地になっており、第二総軍〔第二次大戦末期に編成された、西日本の全陸軍部隊を統括する編成単位〕の本部が置かれていたのである。しかしその日までは、ほかの多くの都市が受けたような焼夷弾攻撃にはさらされていなかった。信子や同僚たちは知るよしもなかったのだが、アメリカ軍は、新しい兵器の破壊力を正確に把握するために、意図的に広島を取っておいたのだった。

警報は7時半に解除された。頭上を飛んでいるB29はどうやら気象調査機だったらしく、それほど不吉にも見えなかった。信子は大勢の人に交じって防空壕を出ると、ほっと息をついた。午前中はもう、空襲警報は発令されないだろう。

信子を始めとする広島市民が仕事場へと急ぐ頃、件(くだん)のB29はエノラ・ゲイに、広島上空は快晴という報告を打電した。エノラ・ゲイには、リトルボーイと呼ばれるガンバレル型の原子爆弾が搭載されていた。子どもたちが学校に向かい、勤め人がいつも通り事務所や工場に向かうなか、信子も自分の職場である広島中心部の銀行に到着した。女性職員は男性職員より30分早く出勤して、１日の仕事が始まる前に事務所を掃除することになっていた。だから8時10分には、信子はがらんとした建物のなかでせっせと仕事をしていた。

8時14分、エノラ・ゲイの機長ポール・ティベッツ大佐は、相生橋のT字型の部分が照準器の十字線と重なったのを確認した。広島の上空約１万ｍで４４００kgのリトルボーイが投下され、広島市に向かって落ちていった。約45秒間落ち続け、地上から約600mの地点で起爆装置が作動した。臨界値に満たないウランの塊が別の塊に向けて発射され、爆発可能な臨界を超える塊になる。ほぼ一瞬のうちに1つの原子の自発的分裂によって中性子が放出され、少なくともそのうちの1つがU－235原子に吸収される。さらにこの原子が分裂して中性子を放出し、今度はそれがより多くの原子に吸収される。この過程が急激に加速して、ついに指数的に増加する連鎖反応が起き、それとともに膨大な量のエネルギーが放出された。

男性行員の机の上を拭いていた信子がふと窓の外を見ると、真っ白な閃光が走った。まるで大量のマグネシウムを燃やしたようだった。信子は知るよしもなかったが、爆弾は指数的な増加によって一瞬でダイナマイト3000本分のエネルギーを放出し、その温度は太陽の表面より高い数百万度に達していた。10分の1秒後には電離放射線が地上に届き、この放射線にさらされた生き物すべてが強烈なダメージを被った。さらにその1秒後、町の上空で直径300m、温度数千度の火の玉が膨らんだ。目撃者によれば、2つ目の太陽が上がったようだったという。音速に達する爆風が町中の建物を根こそぎにし、信子は部屋の向こうに吹き飛ばされて気を失った。赤外線放射が、爆心から数キロ先までのむき出しの皮膚を焼いた。爆心地に近いところでは、人々が一瞬で蒸発したり、黒焦げになったり灰になったりした。

信子が勤めていた銀行の建物は地震にも耐えられるようにしっかり造られていたの

で、最悪の爆風にはさらされずにすんだ。意識を取り戻してよろよろと通りに出てみたが、澄んだ青い空はどこにもなかった。広島上空の2つ目の太陽は、昇ったと思ったらすぐに沈んでいた。通りは暗く、埃と煙で喉が詰まりそうだった。至るところに遺体が転がっている。爆心からたったの260m。信子はもっとも爆心地に近いところにいながら、この恐ろしい指数的爆風を生き延びた人間の1人となった。

爆発自体とその後町中を覆い尽くした火災によって、約7万人の人が命を落とした。そのうちの5万人が民間人だったと推定されている〔死者の数については、現在も正確につかめていない。放射線による急性障害が一応収まった同年12月末までに約14万人が死亡したと見られており、爆心地から1・2㎞で当日に約半数が死亡、それより爆心地に近いところでは80〜100%が死亡したと推定されている〕。町のほぼすべての建物が完全に破壊された。オッペンハイマーの預言めいた思いが現実のものとなったのだ。広島、そしてその3日後の長崎、この2つの都市への爆弾投下は第二次大戦を終わらせる正当な手段だったのか、その議論は今も続いている。

指数的増加の制御とその失敗——原子力発電

原子爆弾の使用自体の是非はさておき、マンハッタン計画の一環として開発された核分裂が引き起こす指数的連鎖反応への理解が深まった結果、わたしたちは原子力を用いて炭素排出量の低い清潔で安全なエネルギーを作る技術を手に入れることになった。1kgのU－235からは、同量の炭素を燃やしたときの300万倍に相当するエネルギーが放出される[注8]。原子力エネルギーは安全であり環境にも特に悪影響は及ぼさないという証拠があるにもかかわらず、安全性に問題があるのではないか、環境に悪影響を及ぼすのではないか、という声は根強い。なぜなら1つには、そこに指数的な増加が絡んでいるからだ。

1986年4月25日、発電所のシフト管理者アレクサンドル・アキーモフは夜のシフトに入った。2時間後には、冷却ポンプのシステムのストレス試験として、ある実験を行うことになっていた。その時点でアキーモフが、自分はなんて幸運なんだろうと考えていたとしても、まったく無理からぬことだった。なぜならソビエト連邦は崩壊寸前で、市民の2割が貧困にあえいでいるなか、自身はチェルノブイリの原子力発電所で安定した仕事に就いていたのだから。

午後11時頃、アキーモフはストレス試験を行うために、遠隔操作で炉心のウラン燃料棒のあいだに多数の制御棒を差し込み、出力を通常の稼働能力の20％に落とすことにした。制御棒は核分裂で放出される中性子の一部を吸収するから、中性子によるほかの原子の分裂を抑えることができる。それによって、核爆弾の場合は指数的に進んで制御不能になる連鎖反応の急激な増加を阻むのだ。しかしアキーモフが誤って制御棒をたくさん挿入しすぎたために、プラントの出力は著しく下がった。このままでは原子炉の毒作用が生じることは、アキーモフも知っていた。要するに、制御棒のように中性子を吸収する物質である「毒物質」が生まれてしまって連鎖反応がさらに鈍くなり、それによって温度が下がるのでさらに毒物質が生じる、というループを繰り返しながら事態がどんどん悪化し、ついには原子炉が冷え切ってしまうのだ。パニックに陥ったアキーモフは、安全システムを無視することにした。その時点で、監視を続けながら手動で90％の制御棒を入れていたが、原子炉の出力が落ちて完全にシャットダウンするのを避けようと、それらの制御棒を原子炉から外したのだ。

徐々に出力が回復し、それにつれて計器の針が振れていくのを見て、アキーモフの鼓動も次第に平常に戻った。危機は回避できたということで、次に〔タービンへの蒸気供給が停止した際に、慣性エネルギーだけでどれだけ電力を供給できるかという〕試験の第二段階に移ることにした。まず、タービンに蒸気を送るポンプを遮断する。アキーモフは気づいていなかったが、この時点でバックアップシステムの冷却水をくみ上げる速度は本来の値より低くなっていた。初めはわからないくらいだったが、やがてゆっくりと流れる冷却水が蒸発して、中性子を吸収する力も炉心の温度を下げる力もなくなっていった。中性子が吸収されないために出力が上がり、それによって温度が上がればさらに冷却水の蒸発が進んでいっそう出力が増す。つまり、先ほどとは別の、より致命的な正のフィードバック・ループに入ったのだ。アキーモフが手動に切り替えていなかった数本の制御棒が温度が上がるのを抑えるために自動的に再挿入されたのだが、焼け石に水だった。出力が急激に増えていることに気づいたアキーモフは、緊急停止ボタンを押した。すべての制御棒を挿入して、原子炉の出力を落とそうとしたのだ。しかし、時すでに遅し。制御棒が炉心に沈むと、短期間ながら出力が急激に上がり、炉心が過熱して燃料棒が何本か折れ、それ以上制御棒を挿入できなくなった。熱エネルギーが指数的に増加して、出力は通常の運用レベルの10倍以上になった。冷却水はたちまち蒸気となり、その大きな圧力で2つの爆発が起きて炉心は破壊され、核分裂によって生じた放射能物質が遠くまで広くまき散らされた。

この時点でアキーモフが炉心が爆発したという報告を信じようとせず、炉心の現状に関する誤った情報を伝えたために、肝心の炉心を封じ込める作業にも遅れが生じた。最終的に破壊の全貌を認識したアキーモフは、粉々になった原子炉にすぐに水を注入すべく、防護服も着ずにクルーともども炉心に入っていった。作業のあいだじゅう、クルーたちは1時間当たり200グレイの放射線を吸収していた。通常、致死基準は約10グレイとされているから、これらの無防備な作業者たちは5分以内で致死量の放射線を吸収したことになる。この事故の2週間後、アキーモフは急性放射能中毒で死去した。

ソ連が公式に発表したチェルノブイリ事故による死亡者数はたったの31人だが、大規模な汚染除去に従事した死亡者を含めるとはるかに多いという説もあり、しかもこれには、放射性物質が発電所の近隣に飛び散ったことによる死者は含まれていない。崩壊した炉心から出た火は、9日間燃え続けた。そしてこの火事で、広島への原爆投下時の数百倍の放射性物質が大気中に放出され、ヨーロッパのほぼ全域で環境汚染を引き起こしたのだった［注9］。

たとえば1986年5月中旬の週末にイギリス北部を襲った季節外れの激しい雨には、ストロンチウム－90、セシウム－137、ヨウ素－131などの、炉心爆発で生じた放射性物質が含まれていた。チェルノブイリの炉心から放出された放射能の約1％がイギリスに降り注いだ。それらの放射性同位体は地面に吸収され、そこで成長した草木に蓄積された。放牧されている羊がその草木を食べれば、放射能を帯びた肉ができあがる。

農林省はすぐに汚染地域における羊の売買や移動を制限し、9000の農場と400万頭を超す羊がその影響を受けることになった。イングランドの北西部、湖水地方の養羊家デイヴィッド・エルウッドには、何が起きているのかまるで理解できなかった。目に見えずほとんど検出できない放射性同位体を含む雲が、自分の暮らしに黒く長い影を落とすなんて。羊を売るときには、そのたびに対象となる羊を隔離して政府の調査官を呼び、羊の放射線レベルをチェックしてもらう必要がある。農場にやってきた調査官はその都度、制限はせいぜいあと1年しか続かないはずだといった。しかしけっきょくエルウッドは、この不自由な生活に25年間耐えることとなった。この制限は2012年まで解除されなかったのだ。

しかしイギリス政府は養羊業を営む人々に、いつになったら放射線が安全なレベルに下がって自由に羊を売れるようになるかをはるかに容易に告げられたはずだった。なぜなら放射線レベルは――指数的減少という現象のおかげで――きわめて簡単に予測できるのだから。

放射性年代測定には指数的減少が使われている

指数的減少は指数的増加とよく似ていて、現在の値に比例する速度で減る量を記述する。先ほど述べた、毎日半分ずつ食べていったときのM&Mの減り方や、その減り方を表したウォータースライドの曲線〔26ページ図2の右〕を思い出していただきたい。指数的減少は、薬が体内から排出される様子［注10］からビールの泡が減っていく様子［注11］まで、さまざまな現象を記述するが、なかでも、放射性物質が年月とともに減っていくときに、その物質が放出する放射能のレベルがどのように減るかをじつに見事に記述する［注12］。

放射性元素の原子はもともと不安定なので、特にきっかけがなくても、放射という形で自発的にエネルギーを放出する。これがいわゆる「放射性崩壊」で、このとき、1つひとつの原子の崩壊過程はまったくでたらめに起きる。実際、量子理論によれば、ある特定の原子がいつ崩壊するかは予測できない。ところが膨大な数の原子で構成された物質として捉えると、放射能の減り方は予測可能な指数的減少となり、残っている原子の数に比例する形で原子が減っていく。各原子はてんでんばらばらに崩壊するが、原子が崩壊する速さはその物質の半減期、すなわち不安定な原子の半数が崩壊するのにかかる時間で特徴づけられるのだ。この崩壊は指数的なので、放射性物質が最初にどれだけあったとしても、その放射能が半分に減る時間は同じである。たとえばM&Mを毎日テーブルにぶちまけて、Mが上になっているものを食べることにすると、最初に何粒あったとしても、日々その半数を食べるから、半減期は1日になる。

この放射性原子の指数的崩壊という現象は、物質の放射能のレベルに基づいてその年代を特定する「放射性年代測定」の基礎になっている。その物質に含まれている放射性原子の量をすでにわかっている崩壊生成物と比べることによって、その原子から放射線を放出している物体の年代を論理的に確定することができるのだ。放射性年代測定の有名な使い道としては、地球のおおざっぱな年齢や死海文書のような古代の人工物の年代測定がある［注13］。なぜ1億5000万年前に始祖鳥がいたとわかるのか

〔注14〕、なぜアイスマンのエッツィ〔アルプス山中の氷河で見つかったミイラ化した男性の遺体〕が5300年前に死んだとわかるのかというと〔注15〕、放射性年代測定法があるからだ。

最近になってさらに精度の高い測定技術が登場したおかげで、犯罪考古学にも放射性年代測定を使えるようになった。犯罪考古学では、放射性同位体の指数的崩壊〔およびほかの工学的な技法〕をうまく使って犯罪を解明する。2017年11月には、放射性炭素年代測定法を用いて、世界一高価なウィスキーがじつは偽物だということが突き止められた。そのボトルには「130年もののマッカランのシングルモルト」というラベルが貼ってあったのだが、このウィスキーをワンショット1万ドルで売っていたスイスのホテルにとっては残念なことに、じつは1970年代の安いブレンドもののウィスキーであることが判明したのである。さらに2018年12月に同じ研究所が追跡調査を行ったところ、ビンテージのスコッチ・ウィスキーの3分の1以上がじつは偽物であることがわかった。だが、放射性年代測定にもっとも注目が集まった事例といえば、歴史的な芸術作品の年代確認だろう。

＊＊＊

第二次世界大戦以前には、オランダの巨匠ヨハネス・フェルメールの作品は35点しか存在しないといわれていた。ところが1937年に、フランスで新たに素晴らしい作品が見つかった。美術評論家たちがフェルメールの最高傑作の1つと褒め称えたこの「エマオの晩餐」は、すぐに莫大な金額でロッテルダムのボイマウンス・ヴァン・ベーニンゲン美術館に買い取られた。その後数年のあいだに、それまで知られていなかったフェルメールの作品がさらに数点見つかり、裕福なオランダ人たちがすぐにそれらを買い取った。貴重な文化財がナチスに持ち去られるのを防ごうとしたのだ。しかしそれでも、フェルメール作品のうちの「姦通の女」は、ヒトラーの後継者とされるヘルマン・ゲーリングのものとなった。

第二次大戦が終わり、オーストリアの岩塩抗で、ナチスの戦利品であるほかの名画とともにこのフェルメールの作品が見つかると、この絵画を売った人物に関する大規模な調査が始まった。そして最終的に、ハン・ファン・メーヘレンという人物の名前が浮かび上がった。メーヘレンは画家としては成功せず、その作品は巨匠たちの模倣にすぎないということで多くの批評家に酷評されていた。当然、オランダ人のあいだでの捕まった直後のメーヘレンの評判は最悪だった。なにしろオランダの文化財をナチスに売った疑い（それだけでも死に値する）があるだけでなく、その売買で莫大な金を手に入れて、多くの市民が飢えているのを尻目に戦争中もアムステルダムで贅沢に暮らしていたというのだから。メーヘレンはなんとしても死刑を免れようと、ゲーリングに売ったのは本物のフェルメールではない、と言い出した。自分がでっちあげた絵なのだ、と。そしてさらに、ほかの新しい「フェルメール」の偽造を告白しただけでなく、最近発見されたフランス・ハルスやピーテル・デ・ホーホ〔どちらもオランダ黄金時代の画家〕の作品も同じように自分の手になる贋作であると認めた。

特別委員会が立ち上げられ、メーヘレンの主張の裏付けになりそうな偽物を調べることになった。さらに委員会は、新たにメーヘレンに「寺院で教えを受ける幼いキリスト」という贋作を描かせ、これを判断材料に加えた。その結果、1947年に裁判が始まる頃には、メーヘレンは国家的英雄としてもてはやされるようになっていた。自分をばかにしたエリートや評論家を騙し、ナチスの高官をたらし込んで価値のない偽物を買わせた英雄だ、というのである。メーヘレンはナチスへの協力については無罪となり、贋作づくりの罪で1年だけ収監されることになったが、その刑が開始される前に心臓発作を起こして死んだ。だがこのような評決にもかかわらず、多くの人が（特にメーヘレンの「フェルメール」を買った人々が）絵は本物だと主張し、その発見を巡って争い続けた。

1967年に改めて、「エマオの晩餐」の鉛210放射性年代測定法による調査が行われた。メーヘレンは贋作作りに徹底的にこだわり、元来フェルメールが使っていたであろうさまざまな素材を使っていたが、それらの素材の作り方や原材料まではコントロールできなかった。本物らしく見せるために17世紀のキャンバスを使い、絵の具も当時の手法で混ぜていたが、絵の具の「鉛白」に使った鉛は、最近鉱石から抽出されたものだった。自然にできた鉛には、放射性同位体の鉛210とその親に当たる放射性核種（崩壊の結果、鉛を生み出すもの）のラジウム226が含まれている。ラジウム226は鉱石から鉛を抽出する際に、ほぼすべてが除去されてほんのわずかしか残らない。このため、抽出物のなかで新たに生じる鉛210もごくわずかとなる。鉛210の放射性が指数的に減少する際の半減期はわかっているので、サンプルに含まれる鉛210とラジウム226の濃度を比べれば、その鉛からいつ絵の具が作られたのか、その年代を突き止められる。この調査の結果、「エマオの晩餐」に含まれる鉛210の割合は、300年前に描かれた絵画よりはるかに高いことがわかった。つまり、メーヘレンの偽物がフェルメールによって17世紀に描かれることは不可能だったのだ。なぜならメーヘレンが使用した鉛は、17世紀にはまだ採掘されていなかったのだから［注16］。

バイラル・マーケティングも指数的

もしもメーヘレンの一件が今起きたとしたら、この贋作にまつわる話はコンパクトな記事にまとめられ、「本物でないとはとうてい思えない9つの絵」といった題をつけられてアップされ、インターネット上で拡散していたはずだ。今や、「旅する男（ツーリスト・ガイ）」が、背後に近づく低空飛行の飛行機にまるで気づかずにワールド・トレード・センターの南タワーの展望デッキでポーズを取っている、という加工写真をはじめとするさまざまなフェイク画像が、いわゆるバイラル・マーケティングの担当者にとっては夢のような勢いで世界中に広まっている。

バイラル・マーケティングでは、ウイルスによる病気の伝播（その裏に潜む数学は、第7章でさらに深く見ていく）によく似た自己複製過程を通じて商品を宣伝する。ネットワークのなかの誰かがほかの誰かに影響を及ぼして、その人物がまた別の誰かに影響を与えるのだ。新たに感染した人が少なくとも誰か1人に感染させれば、そのウイルス性のメッセージは指数的に増えることになる。バイラル・マーケティングはミーム学という学問の一部で、このマーケティングでは、様式や振る舞いや決定的なアイデアといったミームが、社会的ネットワークを通じてあたかもウイルスのように人々のあいだに広がっていく。リチャード・ドーキンスが1976年の著作『利己的な遺伝子』（紀伊國屋書店）で新たにミームという用語を作り出したのは、文化的な情報の伝わり方を説明するためだった。ドーキンスの定義によると、ミームとは文化における伝播の単位で、遺伝の単位である遺伝子と同じように自己複製が可能で、突然変異が起きる。ドーキンスはミームの例として、たとえばメロディやキャッチフレーズ、そして（これは今となってはひどく素朴に感じられるのだが）壺やアーチの作り方を挙げている。むろん1976年の時点ではドーキンスも、インターネットが現在のような存在になっているとは思っていなかったはずだが、今やインターネットのおかげで、まったく思いもしなかった（そしてほぼ間違いなく無意味な）ミームが広がっている。ドレスの色についての#thedress〔#ドレス〕というハッシュタグや、特定のミュージック・ビデオへの「釣り」リンクとして流行したrickrolling〔リックロール〕や、猫の画像に関するLolcats〔ロルキャット〕などなど。

もっとも成功した、そして真にオーガニック（人工的でない、自然発生的な、の意。マーケティング用語では広告が絡んでいないことをいう）なバイラル・マーケティングによるキャンペーンといえば、ALSアイス・バケツ・チャレンジだろう。2014年の夏、北半球では、バケツに冷水を入れて頭からかぶり、同じことをするよう別の人を指名する様子をビデオにして、さらにできれば慈善事業に寄付をする、という行為が絶対に行うべきこと、つまり「マスト」になった。そしてわたしも、この病原菌に取りつかれた。

わたし自身は、古典的なアイス・バケツ・チャレンジにどこまでも忠実にぐしょ濡れのままでビデオの前に立ち、知人2人を指名してから、そのビデオにタグをつけてソーシャルメディアにアップロードした。原子炉の中性子と同様、ビデオが1つ投稿されるたびに平均で最低1人が挑戦を受けて立てば、このミームは途絶えることなく、やがて指数的に増加する連鎖反応が始まる。

このミームの別バージョンとしては、たとえば指名された人がアイス・バケツの挑戦を受けて立ち、その上でALS（筋萎縮性側索硬化症）の関連団体あるいはほかのどこかに少額の寄付をするか、挑戦を回避して、そのお詫びにかなりの額の寄付をするか、どちらかを選べるものもあった。慈善団体と連携すれば、指名された人にとってこのミームに参加せよという圧力が増すだけでなく、指名された側の名前が知られて利他的な人物というプラスのイメージが加わるのでいい気分になる、という効果もあった。このような自画自賛のネタになることもあって、このミームの感染力はさらに強まった。ALS協会の報告によると、2014年9月の初頭には300万人から1億ドルを超える寄付があったという。そしてこのチャレンジのあいだになされた寄付のおかげで、研究者たちはALSと関連する第三の遺伝子を発見することができた［注17］。このことからも、バイラル・マーケティングは広範な影響を及ぼすといえる。

アイス・バケツ・チャレンジは、きわめて感染力が強いインフルエンザのウイルスと同様、きわめて季節的だった（これは重要なポイントで、季節的であるということは、病気の広がる速度が年間を通じて変動するということだ。この点にも第7章で触れる）。秋風が吹き、北半球の気温が下がってくると、たとえどんなに立派な理由があったとしても、氷水を浴びるのが楽しいと感じる人は急激に減っていったようで、9月に入る頃にはこの熱狂もほぼ収まった。ところがこのミームは季節性のインフルエンザと同じように、次の夏もそのまた次の夏も同じような形で舞い戻ってきた。とはいえかなり限界に近づいていたらしく、2015年にこの挑戦で集まった寄付金は前年の1％に満たなかった。（バケツに違うものを入れるといった）突然変異によって多少スリルが増しても、前年に感染した人にはすでに強い免疫ができている場合が多かったのだ。このミームが突然現れても、無関心という名の免疫によって症状が緩和されて、新たな参加者も平均で最低1人にウイルスを伝えることができず、流行には至らなかったのである。

科学技術の進歩も指数的か

フランスの子どもたちは、指数的な伸びを巡るある寓話を通して、なすべきことをぐずぐず先延ばしにするのは危険だ、ということを学ぶ。そのお話では、ある日、近所の湖の水面にごく小さな水草のコロニーができているのに気がつく。それから数日間、そのコロニーは1日ごとに2倍の大きさになっていった。この調子でいくとやがて湖全体が水草に覆い尽くされてしまうので、何か手を打たなければならない。何もせずに放っておくと、60日で湖面全体が覆われて水質が悪くなる。最初は水草に覆われた部分もごく小さくて、すぐに脅威になるとは思えなかったので、水草が湖の半分を覆うまでは放っておくことにした。ある程度増えたほうが、取り除くのも楽だろう。ということで、ここで問題。「水草は、何日目に湖の半分を覆いますか？」

いろいろな人にこの問題を出してみると、反射的に30日と答える人がかなり多い。ところがコロニーの面積は日々倍になるから、ある時点で湖の半分が覆われていたら、次の日には完全に覆われることになる。したがって意外なことに、水草は59日目に湖面の半分を覆い尽くす、というのが正しい答えなのだ。ということは、残りの1日で湖を救う必要がある。ちなみに30日目の水草の面積は、湖全体の10億分の1にもならない。さて、立場を変えて、もしみなさんがこの湖の水草の細胞だとしたら、このままでは自分たちの居場所が足りなくなるということに、いつ気がつくでしょう？　指数的な伸びがどんなものなのかを知らなかったとして、水草が湖面の3％しか覆っていない55日目に、「あと5日でこの湖は覆い尽くされる」と誰かにいわれたら、それを信じますか？　たぶん信じない。

この例は、「人間の考え方にどのような制約がかかっているか」をじつに見事に浮き彫りにしている。わたしたちの祖先にすれば、通常ある世代の経験は、その前の世代の経験と非常によく似ていた。一世代前と同じ仕事をして、同じ道具を使い、同じところで暮らす。そして、自分たちの子孫も同じような経験をすると思っていた。ところが今や、技術の進展や社会の変化はあまりに速く、一世代のあいだだけでもまるで違ってくる。技術が進歩する速度そのものが指数的に増大している、と主張する理論家がいるくらいなのだ。

アメリカの計算機科学者でSF作家でもあるヴァーナー・ヴィンジは、この着想をうまく捉えたさまざまなSFや随筆を発表している〔注18〕。ヴィンジの作品では、技術の進歩が実現するスピードがどんどん速くなって、ついには新しい技術が人間の理解を超えてしまう。AIの爆発的な進化によって、最後には「技術的特異点」に到達し、全知全能のスーパー知性が登場するのだ。アメリカの未来学者レイ・カーツワイルは、ヴィンジの着想をSFの領域から抽出して、現実社会に応用しようとした。そして、1999年の著書『スピリチュアル・マシーン　コンピュータに魂が宿るとき』〔翔泳社〕で、「収穫加速の法則」を提唱した〔注19〕。わたしたち自身の生物的な進化を含む広範なシステムの進化が指数的な速度で進んでいる、というのである。さらにカーツワイルは、ヴィンジのいう「技術的特異点」がいつ起きるかを突き止めた。それによると、わたしたちが「きわめて深く迅速な技術の変化を経験し、それが人間の歴史という織物に裂け目を入れる」のは、2045年頃のことだという〔注20〕。カーツワイルはこの特異点がもたらすものとして、たとえば「生物の知性と非生物の知性の融合、ソフトウェアを使った不死の人間、宇宙の外側に向かって光の速度で膨張する非常に高いレベルの知性」を挙げている。たぶんこのような奇妙で極端な予測は

SFの領域に留まり続けるのだろうが、長期的に見て指数的な伸びを示し続けている技術進歩があることは事実だ。

技術の指数的な伸びの例としてよく挙げられるのが、コンピュータ回路の複雑さが2年ごとに倍増しているという観察、通称「ムーアの法則」だ。ニュートンの運動法則と違って、ムーアの法則は物理法則でも自然法則でもないから、この法則が永遠に続くという根拠はない。しかし、1970年から2016年までは、この法則はいっさい揺らぐことがなかった。ムーアの法則は、より広範なデジタル技術の加速を意味しており、そのような加速が20世紀末の経済成長に大きく貢献してきたのだ。

1990年に科学者たちが、ヒトゲノムの30億ある文字すべての位置を正確に特定する計画に着手したとき、批評家たちは膨大すぎるプロジェクトだといってあざ笑い、この調子では完成までに何千年もかかるとほのめかした。ところが遺伝子の配列を決定するための技術は指数的な勢いで向上し、2003年には完全な「生命の書」が発表されることとなった。当初のスケジュールよりはるかに早く、しかも費用は10億ドルに満たなかった［注21］。今や個人の遺伝子コード全体のシークエンシングが、1時間以内、1000ドル以下で行われている。

人口も指数的に増加するのか

湖に繁茂する水草の例が浮き彫りにしているのは、人間が指数的な思考を苦手とするせいで生態系や個体群が崩壊しかねない、という事実である。そして、明確な警告サインがしつこく出続けているにもかかわらずその絶滅危惧種のリストに載り続けているのが、「ヒト」という種なのだ。

1346年から1353年にかけて、人類史上もっとも破滅的な疫病の1つだった黒死病（感染症の広がりは、第7章でさらに細かく見ていく）がヨーロッパを席巻し、全人口の6割が命を落とした。その結果、世界の総人口は約3億7000万に減ったのだが、それ以降世界の総人口は決して減ることなく、絶えず増え続けている。実際、1800年には10億の大台に乗ろうとしていた。イギリスの数学者トマス・マルサスは、人口が急激に増加していることに着目して、人口が増える速度はその時点での人口に比例する、という説を提唱した［注22］。この単純な法則によると、初期の頃の胚細胞や銀行口座で塩漬けにしてある資産のように、すでに混み合っている地球上の人口は指数的に伸びるはずだった。

SF小説や映画（たとえば最近大ヒットした「インターステラー」や「パッセンジャー」など）が好んで取り上げる設定に、人口が増えすぎたので宇宙探検によって解決策を見いだそうとする、というものがある。典型的なのが、地球とよく似た人間が居住できそうな惑星が見つかって、地球からあぶれた人類がその星への移住を準備し始める、という筋書きだ。これはまったくの絵空事ではなく、２０１７年には著名な科学者スティーブン・ホーキングが、地球外への移住を真剣に考える必要がある、と述べている。今後30年のうちに、地球を離れて火星か月に移住すべきだ、というのである。さもなくば、人類は人口過密とその結果引き起こされる気候変動によって絶滅の危機にさらされるだろう。だが残念なことに、この成長速度をなんらかの方法で抑制しないことには、たとえ地球上の人口の半分を地球とよく似た新しい惑星に移したとしても、その後63年もすれば人口は2倍となって、二つの惑星はともに飽和点に達することになる。マルサスは、人口が指数的に伸びるかぎり惑星間移住を考えても無駄だということを見抜いていて、「地球のこの箇所に含まれる個体の萌芽は、十分な食べ物と十分な拡張の余地が与えられれば、数千年のうちに何百万もの星を満たすだろう」と述べている。

だが、すでに見てきたように（この章の冒頭で紹介した、牛乳瓶のなかで増殖する大腸菌を思い出してほしい）指数的な伸びは永遠には続かない。普通は、個体数が増えるとともにそれを支える環境資源が減って、ごく自然に、実質的な成長速度（出生率から死亡率を引いたもの）が落ちる。どのような環境にも、特定の種に対する「環境収容力」——ある環境において、その種が維持し得る最大個体数を示す値——があるのだ。ダーウィンは、環境によって個体数が制限されるからこそ、それぞれの個体が「自然界のな

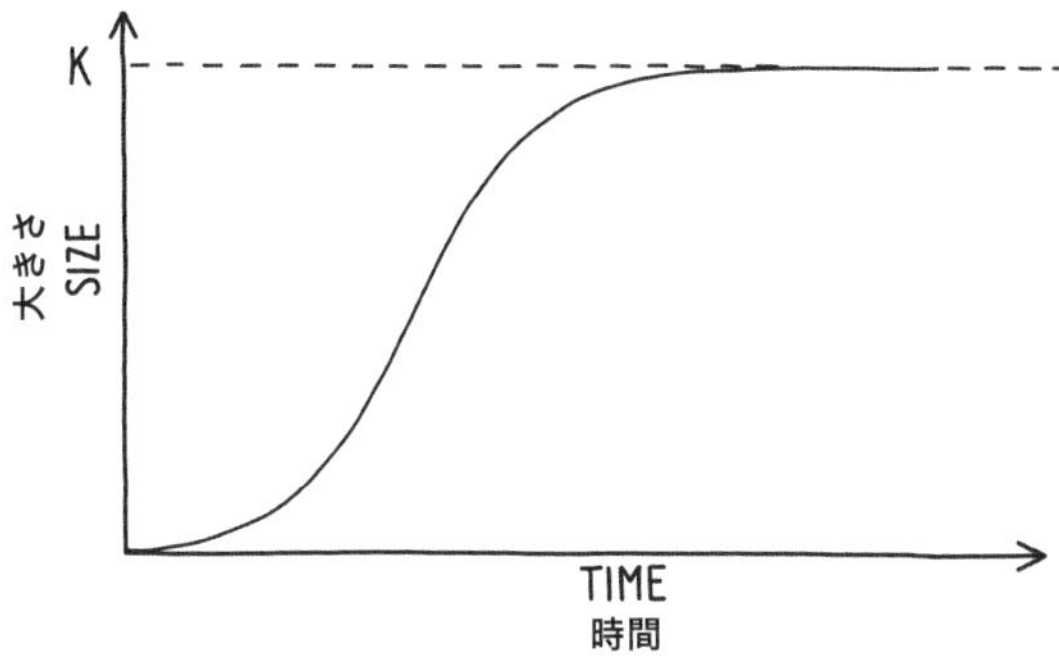

［図3］ロジスティック成長曲線は、最初はほぼ指数的に成長するが、やがて資源が制限要素となって成長が鈍り、総個体数は収容能力Kに近づいていく。

かで自分の居場所を求めて張り合い」、「生存競争」が起こるということに気がついた。種の内部の、あるいは種と種のあいだのかぎられた資源を巡る競合のもっとも単純な数理モデルを、ロジスティック成長モデルという。

図3のロジスティック成長は、初めのうちは、つまり個体群が環境要素による制限を受けずに、現時点での大きさに比例する形で勝手に増えているあいだは、指数的に見える。ところが個体数が増えて資源が少なくなってくると、死亡率が出生率に近づいて、最終的に実質の成長率がゼロになる。個体群のなかで新たに生まれたものは死んだものに置き換わるだけで、死んだ数を超えることはなく、個体数が収容能力の値に達して一定になるのだ。スコットランドの科学者アンダーソン・マッケンドリック（数理生物学者の先駆けの1人。

第7章で、感染症の伝播のモデリングに関する彼の業績を詳しく見ていく）は、世界で初めてバクテリアの個体群でロジスティック成長が起きることを示した［注23］。そしてそれ以降、ロジスティック成長モデルが新たな環境に導入された個体群を見事に記述していることが明らかになっていった。この曲線は、羊［注24］やアザラシ［注25］や鶴［注26］といった多様な動物の個体群の成長を見事に捉えている。

多くの場合、動物の環境収容力はほぼ一定のまま推移する。なぜならその値は、そこで得られる資源によって決まるからだ。ところが人間の場合は、工業革命、農業の機械化、緑の革命（農業技術の改良による穀物の増産）といったさまざまな要因によって、一貫して種としての環境収容力が増えてきた。現時点での地球の維持可能な最大人口の評価にはばらつきがあるが、それでも、おそらく90億から100億人くらいだろう、と考えている人が多い。著名な社会生物学者エドワード・オズボーン・ウィルソンは、地球の生物圏が養うことができる人口の大きさには固有の厳しい限界があると考えている［注27］。維持可能な人口を制限する要素としては、きれいな水が手に入るか、化石燃料を始めとする再生不能資源が手に入るかという問題、さらには環境条件（そのなかには、もっとも顕著なものとして気候変動が含まれる）や生きていくための空間の有無といったものがある。そしてもっとも広く考慮される要素の1つに、食料が手に入るか否かという問題がある。ウィルソンによると、人類が1人残らず菜食主義になって、食べ物を家畜の餌にせずに直接食べたとして（植物のエネルギーを食料エネルギーに変える方法としては、動物を食べるのははなはだ効率が悪い）、14億ヘクタールという現在の耕作可能な面積で作れる食料で養える人口は、100億が限度だという。

もしも（75億という）人類の数が、現在と同じように年に1・1％の伸びで増えたとすると、今後30年で100億に達する。マルサスが人口過剰に対する懸念を表明したのは1798年のことで、「人口には、人間を養うものを生み出す地球の能力をはるかに超える威力がある。このため人類は、寿命をまっとうする前になんらかの形で死に襲われるにちがいない」と述べている。人類史の流れでいうと、わたしたちは今、湖を救う最後の1日にさしかかっているのだ。

とはいえ楽観的になれる根拠もあって、相変わらず人口は増えているが、増え方は前の世代より減っている。これは、産児制限の効果が出てきたのと、幼児死亡率が低くなった（幼児死亡率が下がると、生殖率が下がる）からで、1960年代に2％でピークを迎えた人口の増加率が2023年までには年率1％に減るという予測もある［注28］〔実際には、2020年に1％を割った〕。これをもう少し具体的に見ると、1960年代のままの増え方だと、たったの35年で人口が倍になっていたはずだが、実際には約50年後の2016年の時点で、1969年の世界人口36億5000万の倍の73億にしかなっていない。伸びが1年に1％であれば、2倍になるまでの時間は69・7年で、1

969年の割合から算出した期間の約2倍になる。指数的な伸びでは、伸びの速度が少し落ちただけで大きな差が出てくる。地球の収容力の限界に向かおうとしているわたしたちは、ひょっとすると人口の伸びを減速させることによって、自然な形で時間を稼げるのかもしれない。そうはいってもわたしたちひとりひとりが指数的な増減を見て残された時間が案外少ないと感じるのには、じつはちゃんとしたわけがある。

年を取るほど時間が速く過ぎる理由

みなさんは覚えているだろうか。小さい頃、夏休みが永遠に続くように感じられたことを。わたしには4歳と6歳の子どもがいるが、彼らにとって、クリスマスが終わってから次のクリスマスまでの時間はあり得ないくらい長いらしい。一方わたしはというと、年を重ねるにつれて、時間が恐ろしいスピードで過ぎていくと感じるようになった。日が重なって週となり、さらに月となって過去という名の底なしの汚水溜めに消えていく。週に1回おしゃべりをする70代の両親からは、わたしからの電話を取る暇もないような印象を受ける。スケジュールがぎっしり詰まっていて、さまざまな活動で大忙しという感じなのだ。いつもどんなふうに過ごしているのかと尋ねてみると、どう頑張っても、わたしと会うたった1日をひねり出すのに四苦八苦だという。もっともそれをいえば、迫り来る時間との戦いに関してわたし自身はいったい何を知っているというのか。子どもはたったの2人で、あとはフルタイムの仕事が1つと書き上げなければならない本が1冊あるだけなのに。

両親に関しては、あまり辛辣にならないように気をつけないと。なぜなら実際に人間は年を取れば取るほど時間が速く過ぎると感じるらしく、そのため、時間が足りずに負担が多すぎるという印象が強くなるからだ［注29］。1996年に行われたある実験では、若者のグループ（19～24歳）と年配のグループ（60～80歳）に、頭のなかで3分数えるよう求めた。すると若者のグループが平均して実際の3分3秒を3分と感じていたのに対して、年配者のグループはなんと平均で3分40秒になるまでストップといわなかった［注30］。これと関連したもう1つの実験では、参加者にある作業をさせて、あらかじめ決められていたその時間の長さがどれくらいだったのかを評価するよう求めた。すると年配の参加者全員が、自分が経験した時間を若者グループより短く見積もった［注31］。たとえば実際には2分が過ぎていたのに、年配者グループの頭のなかでは平均で50秒以下と感じられていたのだ。そのため彼らは、残りの1分10秒はどこに行ったのかといぶかることになった。

時の流れが速くなったと感じられるのは、若くてのんきな日々が終わり、責任ある大人としてのさまざまな行動でカレンダーが埋め尽くされるようになったからではない。年を重ねるにつれて時間が速く過ぎると感じられる理由を巡って、じつはいくつかの説が唱えられている。ある理論によると、年を取ると代謝が遅くなり、心拍や呼吸が遅くなるので、時の経過が速く感じられるらしい［注32］。幼い頃はこの「生物時計」が、速く走るための細工をしたストップウォッチのように、より速く時を刻む。子どもたちの呼吸や心拍といった生物的ペースメーカーは同じ時間内により多くの「時」を刻むので、長い時間が経過したように感じる、というのだ。

また別の理論によると、時間の経過をどう感じるかは、環境から新たに受け取る知覚情報の量によって決まるという［注33］。新たな刺激が多いと、それらの情報の処理に脳が要する時間が長くなる。そのためそれに対応する時間も――少なくとも振り返ってみたときに――より長く続いたように感じられるのだ。この説を使うと、事故の直前にその出来事をスローモーションで再生される映画を見ているように感じる現象を説明することができる。事故の犠牲者にすれば、それはまったく経験したことのない状況なので、当然、新しい知覚情報の量は膨大になる。その出来事が起きている最中に実際の時間の速度が遅くなるのではなく、あとから考えたときにその出来事を回想する速度が遅くなるのだ。なぜなら、わたしたちの脳は、経験したデータの流れに基づいてより詳細な記憶を残すからで、人間にとってなじみが薄い自由落下の際の感覚を調べた実験でも、この説を裏づける結果が得られている［注34］。

さらにこの説は、人間が感じる時間の加速ともうまく結びつく。わたしたちは年を取るに従って、環境に慣れ、人生の経験全般に慣れていく。日々の通勤も、初めのうちはさまざまな新しいものに出くわして、道を間違いかねない長く難しい旅のように感じられたのが、すっかり慣れた経路をいわば自動操縦で進むようになると、あっという間に終わってしまう。

しかし、子どもにとってはそうではない。彼らにすれば、多くの場合この世界は、不慣れな経験でいっぱいの驚くべき場所なのだ。子どもたちは、自分を取り囲む世界のモデルを絶えず作り替えていて、それには精神的な努力が必要だ。そのため日常の雑事に縛られている大人と比べると、砂時計の砂がゆっくり落ちているように感じられる。日々の生活の手順に慣れるにつれて時間の流れが速くなるように感じられ、一般に、年を経るにつれてこのような慣れが増してゆく。この理論によると、自分の時間を長く保ちたいと思う人は、自分の生活をさまざまな新しい経験で満たし、時間を奪ってしまう日々の雑事を避ける必要がある。

しかしこの2つの理論だけでは、わたしたちの時間感覚がほぼ規則的な割合で加速する理由を説明することはできない。決まった幅の時間の長さが年を重ねるにつれて減っていくように感じられることから、時間の尺度は「指数的だ」と考えられる。わたしたちは変動の幅が大きい量を計測するときに、従来のような正比例する尺度ではなく、指数的な尺度を使う。なかでも有名なのが音（デシベルで計測したもの）や地震活動のようなエネルギーの波の尺度で、指数的なリヒター・スケール（地震の規模を表す量）の場合、マグニチュードが10から11に1上がると、地面の動きは——正比例のスケールであれば10％増えるはずだが——10倍に跳ね上がる〔日本で使われる気象庁マグニチュードの場合は、数値が1増えると地震のエネルギーが約32倍になる〕。リヒター・スケールを用いると、小さい揺れとしては、たとえば2018年6月にメキシコ・シティーで感じられた微少な揺れも捉えることができた。メキシコ・シティーのサッカーファンが、ワールドカップの対ドイツ戦でメキシコが得点したことに歓喜して足を踏み鳴らしたために起きた揺れだ。一方この尺度で記録された極端に大きな揺れとしては、1960年に起きたチリ地震がある。この地震はマグニチュードが9・6で、広島に落とされた原爆25万個分を超えるエネルギーを放出する大規模なものだった。

もしも時間の長さがその人のすでに生きてきた時間に対する割合で判断されるのであれば、知覚された時間が指数モデルに従うのは理にかなっている。34歳のわたしにとって、1年は人生の3％弱に相当するわけで、実際、最近は誕生日がひどく早く巡ってくる気がしているが、10歳の子どもにすれば、これまでの人生の10％分を待たないと次のプレゼントがもらえないのだから、聖人並みの忍耐が必要になる。4歳の息子にすれば、それまでの人生の4分の1だけ待たないと次の誕生日にならないなんて、これはもう耐えがたい。4歳の子どもの場合は、誕生日から次の誕生日までに現時点の年齢の4分の1も年齢が増えるわけで、これを指数的なモデルで考えると、40歳の人が現在の年齢の4分の1、つまり10歳増えて50歳になるのを待つのと同じ感じになる。こうやって相対化してみると、年とともに時が加速するように感じられるのも当然といえそうだ。

わたしたちはよく、のんきな20代、真剣な30代というふうに人生を10年ずつ区切るが、これはつまり、それぞれの期間が同じような重みを持っていると考えているからだ。しかし実際には時間が指数的に加速して感じられるとすると、人生についても、人生の異なる長さの章を同じ長さだと感じているはずだ。指数モデルでは、5~10歳と、10~20歳と、20~40歳と、40~80歳までの期間が、同じくらいの長さ（あるいは短さ）に感じられると思われる。だからといって、突然生きているあいだにやっておきたいことを書き殴り始める必要はまったくないのだが、このモデルによると、40代から80代までの40年、つまり中年のほぼすべてと老年が、5歳から10歳のあいだの5年間に匹敵する速さで過ぎ去る。

「持ちつ持たれつ」のピラミッド型のシステムを運営したために収監されたフォックスとチャーマーズにすれば、これらの事実が多少の慰めになるのかもしれない。なぜなら監獄での判を押したような生活と、年を取ると時間の経過が指数的に速く感じられるという事実が相まって、刑期はあっという間に過ぎ去るように感じられるはずだから。

この仕組みに関わったことで有罪になった女性は全部で9名。なかには自分の得た金の一部を返す羽目に陥った者もいたが、このシステムに投資された何百万ポンドものの金のほとんどは戻ってこなかった。しかも、このシステムで騙された投資家たち——指数的な伸びの威力を甘く見たためにすべてを失った無垢な犠牲者たち——の下には、1銭も戻ってこなかった。

原子炉の爆発から人口爆発、さらにはウイルスの伝播やバイラル・マーケティングのキャンペーンに至るまで、指数的な増加と減少は、わたしやみなさんのようなごく普通の人々の生活のなかでひっそりと、さまざまな（そして多くの場合重大な）役割を果たしている。指数的な増減に着目することで、犯人を特定できる科学分野が生まれたかと思えば、今や文字通り世界を破壊できるものも作れるようになった。指数的な現象を考慮せずに決定を下すと、まったくコントロールされていない核連鎖反応のように、予想外の結果が生じて急速に広がる可能性がある。技術の発展が倍々と指数的な勢いで進み、そのおかげでさまざまな革新が進んでいるが、なかでもオーダーメイド医療の分野の発展は顕著で、誰もが安価に自分のＤＮＡの配列（シーケンス）を知ることができる。このようなゲノム革命によって、わたしたち自身の健康に関する未だかつてない洞察が得られるのかもしれないが、次の章で見るように、それも、現代医療を支える数学がそのペースを維持できれば、の話なのだ。

2 感度と特異度とセカンド・オピニオン

なぜ数学が医療に大きな違いをもたらすのか

健康診断や遺伝子検査の裏にも数学がある

メールソフトの受信箱にそのメールが届いているのに気づいた瞬間、わたしはアドレナリンが吹き出すのを感じた。アドレナリンが腹から腕を駆け下り、指先をちりちりさせる。耳の後ろが大きく脈打ち、わたしは思わず息を呑んだ。メールを開くなり、前書きはすっ飛ばして「報告を見る」というリンクをクリックする。ブラウザのウィンドウが開いたので、ログインしてさらに「遺伝上の健康リスク」という項目をクリックした。一覧にざっと目を通し、「パーキンソン病：変異は検出されず」「BRCA1／2遺伝子：変異は検出されず」「加齢による黄斑変性症：変異は検出されず」とあるのを見てほっとする。さらにスクロールして、自分には遺伝的素因がない病気の名前を次々に見るうちに、不安も収まっていった。「危険なし」とされる病名のリストの終わりまでいったところで、ある項目を見逃していたことに気がついた。端っこに「遅発性アルツハイマー：リスクが高い」とある。

この本を書くにあたって、自宅で行える遺伝子検査の裏に潜む数学を調べてみるのも面白そうだと考えたわたしは、もっとも有名な個人ゲノミクスの会社とされている23andMe（トゥエンティスリー・アンド・ミー）に登録した。検査結果を理解したいのなら、自分で検査を受けるのがいちばんだ。わずかな金額を支払うと、小さなチューブが送られてきた。そこに唾液を2mℓ入れて、封をして送り返す。23andMeからは、健康や祖先や形質に関する90以上の報告が上がってくることになっていた。その後数カ月間、わたしはすっかりそのことを忘れていた。じつのところ、特に重要なことがわかるとも思っていなかった。ところが電子メールが届いたとたんに、たった2回クリックするだけで今後の自分の健康に関する大まかな状況が示される、ということに気がついた。というわけで、コンピュータ・スクリーンの前に陣取って、健康へのきわめて深刻な影響とやらに向き合うことになったわけだ。

「リスクが高まっている」という言葉をさらによく理解するために、自分のアルツハイマーのリスクに関する14ページにわたる報告書をすべてダウンロードした。アルツハイマーについては上っ面の知識しかなかったので、きちんと知っておきたかった。冒頭の一文を読んでも、わたしの不安は収まらなかった。曰く、「アルツハイマーは、記憶の喪失、認識の低下、人格の変化で特徴づけられる」。さらに読み進むと、23andMeの検査で、アポリポタンパク質E（APOE）遺伝子の2つのコピーのうちの1つ、ε4（イプシロン4）に変異が見つかったことがわかった。報告にある最初の定量的情報によると、「……平均すると、このような変異を持つヨーロッパの男性は、75歳で遅発性アルツハイマーを発症する可能性が4～7％、85歳で発症する可能性が20～23％ある」という。

これらの抽象的な数字には何かしら意味があるはずなのだが、どうもそれがはっきりしない。ほんとうに知りたいことは3つ。第一に、新たに見つかったこの状況に対して自分は何をできるのか。第二に、平均的な人と比べてどれくらいまずい状況にあるのか。第三に、23andMeが提供する数値はどれくらい信用できるものなのか。画面をスクロールしていくと、第一の問いの答えとなる情報が見つかった。「現時点では、アルツハイマーを防いだり、治療する手段は知られていない」。残りの疑問に対する答えを得るには、さらに報告を深く掘ってみる必要があった。かくして遺伝子検査を数学的に解釈するというわたしのもくろみは、突然はるかに緊急性が高くて個人的なものになったのだった。

＊＊＊

医学の世界でも、さまざまな事柄を量で表せるようになってきたので、数式が――特定の治療を受けられるか否か、より個人的なレベルで自分のライフスタイルをどうするべきかといった――重要な決定の公平な基盤と見なされることが多くなった。この章ではそれらの式に着目し、はたしてそれがきちんと科学に立脚したものなのか、それとも時代遅れな数占いでしかなく、信頼できないものとして退けるべきなのかを見ていく。するとわたしたちは皮肉なことに、それらの式に替わるより洗練されたものとして、何百年もの歴史を持つ数学に引き寄せられることになる。

診断の技術が進歩したことによって、医学的評価はわたしたちにかつてないほど大きな影響を及ぼすようになった。ここではまず、もっとも広く行われている医療スクリーニング・プログラム〔ターゲットとなる疾患について、症状がないか軽微な症状の対象者の集団のなかから罹患者かもしれない人を選別するための検査プログラム〕における偽陽性という結果が及ぼす驚くべき影響を見ていこう。そして、検査自体はきわめて正確でありながらきわめて曖昧でもあり得る、という事実と向き合う。さらにまた、妊娠検査のようなツールが引き起こすジレンマを取り上げる。妊娠検査では偽陽性〔妊娠していないのに妊娠しているという結果が出る場合〕と偽陰性〔妊娠しているのに妊娠していないという結果が出る場合〕があり得るが、さまざまな診断の流れのなかで、どうすればこれらの不正確な結果を上手に生かせるかを見ていく。

全ゲノム解読、ウェアラブル技術、データ科学の進歩によって、わたしたちはすでにオーダーメイド医療の始まりに立ち会っている。この医療の新時代に向かっておそるおそる最初の一歩を踏み出すにあたって、わたしは改めて、自分のDNAスクリーニングの結果を解釈し直すつもりだ。そして、自分の疾病リスクのプロファイルがじつはどのようなものなのかを理解し、実際に個別の遺伝子スクリーニングで使われている数学的な手法を詳細に検討し、それが正しいといえるかどうかを判断したい。

「病気のオッズ」の求め方

2007年に23andMe――この社名は典型的なヒトのDNAを構成する染色体〔ヒトの染色体は23対〕にちなんだもの――は、世界で初めて祖先を確定するための個人DNA検査を提供し始めた。その翌年には、グーグルから400万ドルの投資を受けて、唾液検査の販売を開始した。その検査を受ければ、アルコール不耐性から心房細動〔不整脈の一種〕に至る100近くのさまざまな異常に悩まされる確率がわかるという。そこに挙げられている遺伝形質の一覧がじつに包括的で、その結果が人々の人生を変える可能性があることから、タイム誌はその検査を「今年の発明」に選んだ。

しかし23andMeのよき時代は、そう長くは続かなかった。2010年に合衆国の食品医薬品局（FDA）がこの個人向けゲノム解析の会社に、当該検査は医療機器の定義に当てはまるもので連邦政府の承認が必要だ、と通知したのだ。さらに２０１３年には、23andMe の検査が相変わらず未承認である以上、検査の精度が裏づけられるまでは疾病リスク因子情報の提供をやめるよう命じた。23andMe の顧客たちは、提供される個人プロファイリングに関して会社が自分たちを欺いてきたと主張して、集団訴訟を起こした。このような係争の渦中にあった２０１４年12月、23andMe はイギリスで健康関連のサービスを始めた。激しい論争が続いていたこともあって、わたし自身は、自分のサンプルを送ってはみたものの、その検査がどれくらい信頼できるか怪しいと思っていた。

ニューヨーク・タイムズ紙に載っていたウェブ開発者マット・フェンダー（33歳）の経験談を読んでみても、わたしの懸念は払拭されなかった。自分は変わり者だと公言していたフェンダーは、膨れ上がる一方の「健康維持過敏の人々」のコミュニティーに属していて、23andMe の理想の顧客だった。フェンダーが 23andMe から受け取ったプロファイル・データを第三者に説明してもらったところ、ＰＳＥＮ１の突然変異が陽性だということがわかった。ＰＳＥＮ１は「浸透率１００％」の早発性アルツハイマーの指標である。つまりこの変異がある人は、「もしかしたら……」も「しかし……」もなく、全員がこの病気になる。抽象的な思考ができなくなり、問題を解決できなくなり、筋の通った記憶を想起できなくなるという見通しに、当然フェンダーは怯えた。早発性アルツハイマーと診断されれば、フェンダーの有意義な平均余命は少なくとも30年短くなる。

この変異の持つ意味が頭から離れなくなったフェンダーは、このことを再度確認しようとした。家族にアルツハイマーの患者がいれば、遺伝子学者を説き伏せて確認のための追加検査をしてもらうことができるのだが、家族には患者がおらず、追加検査は受けられなかった。そこで、再度自分でできる遺伝子検査を行うことにした。今回は別の唾液検査のキットをAncestry.com（アンセストリー・ドットコム）に送り、その結果を待った。5週間後に送られてきた結果では、PSEN1は陰性になっていた。少し安心したもののますますわけがわからなくなったフェンダーが、ある医師に必死に頼み込んで臨床評価をしてもらったところ、Ancestry.comの陰性という結果が改めて確認された。

23andMeやAncestry.comが使っているシークエンシング技術〔配列決定法〕のエラー率はわずか0・1%だから、きわめて信頼性がありそうに見える。だが、これはぜひ覚えておいてほしいのだが、100万近くの遺伝子の変異を検査すると、ここまでエラー率が低くても、約1000の間違いが生じる可能性がある。つまり、別々の会社の2つの検査結果にたとえ食い違いがあったとしても――確かに心配ではあるが――決して驚くに当たらないのだ。それより問題なのは、どこからどう見ても結果を知らされたあとのサポートが行われていないことで、在宅遺伝子プロファイルを依頼した人々は、医学的にはほぼ孤立した状態で、得られた結果に対処することになる。

23andMe は、遺伝子検査の範囲をかなり狭めてようやくFDAの承認を得ると、2017年に再度、アメリカで家庭用DNA検査キットを販売し始めた。そしてこの商品はその年の11月の第4金曜日、つまりクリスマス・セールが始まるブラック・フライデーにアマゾンでもっとも多く売れた商品となった。そしてわたし自身も、懸念を抱いていたにもかかわらず（というよりも懸念があったからこそ）、そのキットを注文して検査のために唾液のサンプルを送ってみたのだった。

人体のほぼすべての細胞に細胞核があって、そこにはDNAのコピー――いわゆる「生命の書」――が含まれている。わたしたちは、細胞核のなかの23対の染色体に格納された、これらのヌクレオチドから成る長くねじれたはしごを受け継いでいるのだ。対になっている染色体の各々はそれぞれの親から来ており、対を成す染色体の1つひとつにその親と同じ遺伝子のコピーが含まれている。配列はよく似ているが、まったく同じとはかぎらず、たとえば 23andMe で検査対象となっているアルツハイマー関連のAPOE遺伝子の主要な遺伝的変異にはε3とε4の2つがあって、ε4があると遅発性アルツハイマーのリスクが増すとされる。染色体は2本あるから、ε4を1つ（とε3を1つ）か、ε4を2つ（でε3をゼロ）か、ε4をゼロ（とε3を2つ）持っている可能性がある。

ちなみに、これらのコピーの個数は「遺伝子型」と呼ばれている。そのなかでもっとも多いのがε3が2つでε4がゼロの遺伝子型で、この場合のアルツハイマー病発症の可能性の大きさを、基準値とする。ここから出発してε4の数が多ければ多いほど、アルツハイマーになるリスクが高まるのだ。

それにしても、どれくらい高ければ「高い」といえるのか。23andMeで自分が特定の遺伝子型を持っていることがわかったとして、わたしの「予測されるリスク」、つまり発症する確率はどれくらいなのか。23andMeが予測したリスクを信用するには、得られた結果にただ飛びつくのではなく、まず彼らの数学的な分析の基盤が健全かどうかを確認する必要がある。

＊＊＊

予測されるアルツハイマーの羅患リスクを把握したいのなら、全人口の代表として膨大な数の人を選んで、彼らの遺伝子型を確認した上で定期的に観察を行い、誰がアルツハイマーを発症するかを確認するのがいちばんだ。こうして得られた代表的なデータを使えば、特別な遺伝子型を持っている場合のアルツハイマーの発症リスクと一般の人々のリスクを簡単に比べることができる。いわゆる「相対リスク」を調べるのである。だがこのような長期にわたる研究には、通常、巨額の資金が必要になる。なぜなら（まれな病気の場合は特に）膨大な数の人を対象とする必要があり、しかも長期にわたって観察しなければならないからだ。

そこまで強力ではないがもっと広く行われている調査法に「症例対照比較試験」があって、この場合は、すでにアルツハイマーになっている人を大勢集めると同時に、同じような来歴、状況でありながらアルツハイマーではない「対照者」を大勢集める（個人の状況や来歴をなぜ慎重にコントロールしなければならないのかは、第3章で見ていく）。先に述べた長期にわたる調査では病気の有無とは無関係に参加者を選ぶが、症例対照比較試験では罹患している人を選んで集めるから、この試験では全人口に対する罹患率はわからない。つまり、このような研究から得られる病気の「相対リスク」の予測は偏っているのだ。ただし、このような比較試験から「オッズ比」なるものを正確に算出することはできる。全人口に対する罹患率はわからなくても、オッズ比はわかるのだ。

ここで少し、オッズ比について説明しておこう。ドッグレースのスタジアムに行ったことがある人や、競馬に胸を躍らせたことがある人なら、ある特定の動物がレースに勝つ確率がしばしば「オッズ」で表されることを知っているだろう。あるレースで、ある穴馬の「オッズ・アゲインスト」が5対1だったとする。これはつまり、同じレースを6回行ったときに、その馬が5回負けて1回勝つだろう、ということだ。したがって穴馬が勝つ確率は6つに1つで6分の1となる。通常、オッズ・アゲインストは、ある出来事が起こらない確率が先に来る形（この場合なら、6分の5対6分の1、もっと簡単にすると5対1）で表される。逆に本命馬のオッズは、たとえば「オッズ・オン」で2対1だったりする。スポーツ賭博には、オッズを表わすときに大きな数を先に持ってくるという伝統があって、「オッズ・アゲインスト＝勝たない見込みのほうが大きい場合」と、「オッズ・オン＝勝つ見込みのほうが大きい場合」を使い分けるので、この2つを区別する必要がある。オッズ・オンはオッズ・アゲインストの逆で、ある出来事が起きる確率が先に来る形で示される。オッズ・オンで2対1なら、同じレースを計3回行ったとして、その馬が2回は勝ち、1回は負けると考えられる。つまりその馬が勝つ確率は3つに2つで3分の2となり、負ける確率は3分の1になる。そしてここからさらに遡ると、勝つ確率は3分の2対3分の1で、これを簡単にすると2対1になる。

コメンテーターや賭けの胴元は、出走頭数が少ないレースでは「オッズ・オンの本命馬（Odds on favourite）」について語ることが多い。しかしこの言い方はじつは同語反復で、勝つ見込みのほうが大きいのなら（つまりオッズ・オンで、勝つ確率が負ける確率より大きければ）、それは本命（favourite）なのだ。なぜなら、どのレースでも負ける公算より勝つ公算が高い馬は1頭しか存在し得ないからだ。出走頭数の多いレースの場合、負ける公算よりも勝つ公算が大きい馬がいること自体が珍しい。たとえばイギリスのもっとも有名なレース、計40頭が競い合うグランド・ナショナルを見てみよう。すると、2018年の勝者であるタイガー・ロール（2019年のレースでも優勝候補の筆頭だった〈そして、けっきょくは勝った〉のだが）でさえ、オッズ・アゲインストで4対1だった。ほとんどのレースにおけるほとんどの馬の勝つ公算は小さいのだから、「大きい数が先に来る」というルールがある以上、はっきり明記されている場合は別にして、レースのオッズは通常オッズ・アゲインストなのだ。

これに対して医療ではこの逆で、オッズはある出来事が起きる確率が先に来る形で示すことになっていて、しかもまれな病気（罹患率が人口の50％未満の病気）について述べる場合が多いので、通常は小さい数が先に来る。

医療におけるオッズと望ましいオッズ比の計算方法を理解するために、ここで架空の症例対照比較研究を考えてみよう。今、85歳以下でのアルツハイマーの発症に（わたしのDNAプロファイルでも発覚した）「ε4の変異が1つある」という事実がどう影響するかを調べる症例対照比較研究が行われたとする。表1を見ると、85歳までにアルツハイマーを発症するオッズは、（わたしのように）ε4に1つ変異がある場合は、アルツハイマーの人の数（100）を病気でない人の数（335）で割ったものになり、100対335、分数では100/335となる。表の2列目の数字を使って同じように論を進

	85歳までにアルツハイマーを発症	85歳までにアルツハイマーを発症しない
ε3/ε4	100	335
ε3/ε3	79	956

［表1］ε4の変異が1つだけあるという状況が85歳までのアルツハイマー発症に及ぼす影響に関する、架空の症例対照比較研究の結果。

めると、よくあるε3の変異が2つある場合に85歳までに発症するオッズは79対956で、分数で表すと79/956になる。つまりオッズ比は、「ある遺伝子型（たとえばε4の変異を1つ、ε3の変異を1つ）の場合のオッズ」対「広く見られる遺伝子型（ε3の変異が2つ）の場合の発症オッズ」になるのだ。したがって表1の架空の数値では、「オッズ比」は100/335を79/956で割って3・61になる。ここで決定的なのが、人口全体に対する罹患率がわからなくてもオッズ比を求めることができる、という事実で、このため症例対照比較研究を行えばオッズ比を簡単に求めることができる。

先ほど述べたように、症例対照比較研究でオッズ比がわかったからといって、相対リスク（ε3／ε4の遺伝子型で発症するリスクと、ε3／ε3の遺伝子型を持っていて発症するリスクの比）がわかるわけではない。しかしこの値を人口全体に対する疾病リスクやすでにわかっている遺伝子型の頻度と組み合わせれば、特定の遺伝子型の疾病確率を求めることができる。もっともこれは決して簡単な計算ではなく、さらにいうと、じつは計算方法が1つに定まっているわけでもない。わたしは、試しに23andMeが引用している論文から直接取ったデータに基づいて、彼らが用いたのと同じ方法で自分の遺伝子報告の遅発性アルツハイマーのリスクを計算してみた［注35］（念のために申し上げると、このとき疾病確率を求めるために行った計算には非線形な解法が使われており、3組の方程式系を解いて、3つの未知の条件確率を求める必要があった。わたしが日々の仕事で嬉々として取り組んでいるタイプの作業だ）。わたしが得た値と23andMeがはじき出した値のあいだには、小さいが重大な意味を持ち得る「相違」があった。自分の計算結果からすると、どうやら23andMeの数値は疑ってかかる必要がありそうだった。

しばらくして、23andMeを始めとする有名な個人向けゲノム検査販売会社3社のリスク計算法に関する論文が見つかった。そしてその2014年の論文も、わたしの結論を裏づけていた［注36］。著者たちによると、人口全体に対するリスク、遺伝子型の頻度や使われている数式などが異なるので、会社によって予測されるリスクにかなりのばらつきが出るという。しかも、予測されたリスクを使って各自のリスクを「高め」「低め」「普通」のカテゴリーに分類すると、その差がさらに顕著になる。なんと、前立腺がんの因子を検査した人のうちの65％が、3社のうち少なくとも2つで対照的なリスク・カテゴリー（「高め」と「低め」）に入れられていたというのだ。3分の2近くの事例で、1つの会社が健康だと告げた個人が、別の会社からは前立腺がんのリスクがかなり高いと告げられていた。

遺伝子検査そのもののエラーの可能性はさておき、第三の疑問に対する答えはこれではっきりした。数学的な手法が一貫していない場合は、個人の遺伝子健康報告書に示された数値に基づくリスク計算の結果は疑ってかかるべきなのだ。

BMIは健康リスク評価に役立たない？

わたしたち自身の手に委ねられた健康関連ツールは、個人向けDNA検査だけではない。今や携帯電話のアプリで心拍をモニターすることもできれば、エアロビクス・フィットネスを評価することもでき、アレルギーや血圧の問題、甲状腺の問題からHIV感染に至るまで、何でも診断できる家庭用検査キットがある。だがじつは、金のかかる個人用DNA検査や、マインドフルネスを計測する携帯電話アプリや、定期的に腹筋をチェックするアプリが登場するずっと前から、いちばん簡単に計算できていちばん安く、なんといってもローテクな個人用診断ツールが存在していた。その名は肥満度指数（BMI）。個人のBMIを計算するには、キログラム単位で体重を量り、その値をメートル単位の身長の2乗で割ればよい。

記録や診断の上では、BMIが18・5以下の人は「低体重」、18・5～24・5までが「標準体重」で、24・5～30までは「体重超過」とされている。そして30以上が「肥満」と定義される。正確に見積もることは困難だが、肥満はアメリカの死亡原因の約23%を占めるとされていて、そこまで極端でなくても、この傾向は世界中で見られる。ヨーロッパでは喫煙に続く早死の第2の原因となっており、どの国でも大人や子どもの肥満が増え、過去30年で罹患率は2倍になっている。BMIの値から肥満とされた人は、2型糖尿病、脳卒中、冠動脈心疾患、ある種のがんなど命に関わる病気になるリスクがあり、心理面でも鬱などのリスクが増すとされている。今や世界中で、低体重で死ぬ人よりも体重超過で死ぬ人のほうが多くなっているのだ。

肥満、あるいは体重超過という診断が健康状態と密接に関わっているからには、このような状態を診断するための測定基準、つまりBMIには強い理論的、経験的な基盤があるはずだ、と思いたくなるが、そんなことはまるでない。1835年にBMIを最初に考案したアドルフ・ケトレーは、じつはベルギーの有名な天文学者で統計学者だった。そのうえ社会学者で数学者でもあったこの人物が医学者ではなかった、という点を特に強調すべきだろう［注37］。彼はどう見てもあやふやなある種の数学を使って、「成人の体重は、たとえ身長が違っていても、ほぼ背丈の平方に等しい」という結論に達した。ただしここで注意したいのは、ケトレーは平均的な全人口レベルのデータからこの統計を導いたのであって、この比が1人ひとりの人間に当てはまるとしたわけではない、という点だ。それに、後に「ケトレー指数」と呼ばれるようになるこの比を使えば個人がどれくらい体重超過か、低体重かといった結論、ひいては個人の健康状態を巡る結論を出せる、とは一言もいっていなかった。この指数が健康状態と結びつけられたのは、1972年のことだった。かつてなく肥満が増えているという現実を目の当たりにしたアメリカの生理学者、アンセル・キーズ（後に飽和脂肪酸と心臓血管の疾患を関連づけた人物でもある）が、体重超過の最適な指標を見つけるべく研究を行い［注38］、ケトレーと同じ体重と身長の2乗の比という値をひねり出して、この測定値が肥満のよい指標になる、と主張したのだ。

理屈からいうと、体重が超過していれば身長に対する体重の値が大きくなり、結果としてBMIが大きくなる。同様に、低体重の人はBMIが小さくなる。キーズが作ったBMIの式はきわめて単純だったので、大いにもてはやされた。ヒトという種における体重超過が増え、さらに健康に有害な結果が肥満と決定的な形で結びつけられるようになると、疫学者たちは体重超過に伴うリスク因子を追跡する1つの方法として、BMIを使うようになった。1980年代には世界保健機関やイギリスの国民保健サービス（NHS）やアメリカの国立衛生研究所（NIH）が正式に、BMIの値だけを使ってすべての人の肥満を定義することを決めた。大西洋の西と東の保険会社は今も日々保険料を、あるいはそもそもその個人の保険を受けつけるか否かを、BMIに基づいて決めている。

確かに普通は太っている人のほうがBMIは高いが、現象だけを捉えたこの汎用概念は、当然、誰にでも有効なわけではない。ＢＭＩには、筋肉と脂肪を区別できないという大きな問題がある。なぜこれが大問題かというと、体脂肪の過剰が、心血管代謝疾患のリスクのよい指標になるからだ。その点で、ＢＭＩはよい指標といえない。今、体脂肪の割合が高いケースを肥満と呼ぶことにすると、ＢＭＩでは肥満に入らなかった男性の15〜35％が肥満になる［注39］。たとえば「やせ太り」の人は筋肉が少なくて体脂肪が多く、その結果、BMIでは標準だが、ＢＭＩでは検出できない「標準体重の肥満」に分類される。４万人を対象とする最近の横断的研究によると、ＢＭＩで標準に該当する人の３割で、心血管代謝に問題があった。どうやら肥満の危機は、ＢＭＩの数値が示す以上に深刻であるらしい。しかもＢＭＩは肥満を過小に診断するだけでなく、過剰にも診断することが判明した。同じ研究で、ＢＭＩに基づいて「体重超過」とされた人の半数と、ＢＭＩで「肥満」とされた人の４分の１以上が、代謝にまったく問題を抱えていないことが判明したのだ。

このような誤った分類は、当然、全人口に対する肥満の測定方法や記録方法に影響を及ぼしているはずだ。しかしそれにも増して心配なのが、実際には健康な人をＢＭＩに基づいて体重超過や肥満と診断した結果、その人たちの精神衛生に有害な影響が出る可能性があるという点だ［注40］。ジャーナリストで作家でもあるレベッカ・リードは、十代の頃、摂食障害と闘っていた。リードによると、生物の授業でＢＭＩの測り方を習ったことがきっかけで、摂食障害との苦闘が始まったという。それまでは自分の身体に満足していたのに、ＢＭＩを計算してみると体重超過という結果が出たのだ。それ以来、測定値に取り憑かれたようになり、とうとう厳密なダイエットと運動プログラムを始めて、数週間で体重を5kg近く落とした。1日400カロリーに制限しようと頑張った挙げ句、寝室で気絶したことがあったという。ダイエットをしていないときは、自分を罰するようにやたらと食べて、さらに、食べたものが消化される前に吐こうとした。レベッカによると、体重超過の範疇に入っているという事実が、もっと運動をするようにという優しい後押しとしてではなく、「自信を打ち砕くクラクション」として働いたのだ。皮肉なことに、摂食障害から回復したかどうかの判断は体型やサイズとは関係がなく、通常は、ＢＭＩの値が19――かろうじて「健康」の範疇――になると「回復した」とされる。このため、摂食障害の患者がひどく苦労した末に、やっと自分が問題を抱えていることに気づいて助けを求めたのに、ＢＭＩの値から「健康」だと判定されてサポートを拒まれる、というケースが生じるのだ。

どちらの極でも、ＢＭＩが健康の正確な指標といえないことは明らかだ。それよりも、循環器や代謝関係の健康に密接に関係する体脂肪率を直接測ったほうがよい。そしてそれには、２０００年以上前にシチリア島のシラクサという古代都市国家で生まれたアイデアを借りる必要がある。

＊＊＊

紀元前250年頃、古代の有名な数学者（であり、幸い地元の人間でもあった）アルキメデスは、シラクサの王ヒエロン2世から、ある論争にけりをつけたいので力を貸してほしいと頼まれた。王によると、金細工師に命じて純金の王冠を作らせたのだが、できあがった王冠を受け取ったあとで、その職人がとうてい正直とはいいがたいという噂を耳にした。それで、自分は騙されたのではないか、金細工師が経費をケチるために混じり物のある安くて軽い材料を使ったのではないかと不安になった。だから王冠を傷つけず、サンプルを取らずに、まがい物かどうか調べてほしい、というのだ。

傑出した数学者であるアルキメデスは、この問題を解決するには王冠の密度を計算する必要があるということに気がついた。王冠が純金ほど密でなければ、金細工師が騙したことがはっきりするはずだ。純金の密度を計算するには、ごく普通の形をした金の塊があればいい。まず体積を求め、重さを量って質量を求め、得られた質量を体積で割れば密度が出る。ここまではいい。王冠の場合も同じ手順で密度を求めれば、2つの密度を比べることができるはずだ。ところが、王冠の重さは簡単に量れたのだが、体積を量る段になって問題が生じた。なぜなら、王冠の形がひどく不規則だったからだ。かくしてアルキメデスは、しばらく足踏みすることとなった。そんなある日、アルキメデスは風呂に入ることにした。なみなみと湯が張られた風呂に入ったとたんに、湯があふれ出す。のんびりと湯に浸かったアルキメデスはふと、浴槽からあふれ出た水の量が湯船に沈んでいる自分の不規則な身体の体積と等しいことに気がついた。そしてすぐに体積を求める方法、ひいては王冠の密度を求める方法を思いついた。ローマ時代の建築家ウィトルウィウスによると、アルキメデスはこの発見に我を忘れて浴槽から飛び出し、裸で通りを走りながら「ユーレーカ!(われは発見せり!)」と叫んだという。元祖ユーレーカの瞬間だ。

アルキメデスのこの「押しのけ」法は、今でも不規則な形をした物体の体積を計算するのに使われている。健康な生活を目指すみなさんが、不規則な形をした果物と野菜を混ぜ合わせたときにどれくらいスムージーができるのかを知りたければ、この方法を使えばよい。あるいは、新しい運動プログラムを始めてから数週間経ったところで自分の肺活量を知りたければ、穴の開いていない空の袋に思いっきり空気を吹き込み、封をしてから水に沈めてアルキメデスの方法を使えばよい。

残念なことに、押しのけ法の効用がさんざん語り継がれてきたにもかかわらず、じつはアルキメデスはこの方法で問題を解決したわけではなかったらしい。王冠によって押しのけられた水の体積を量るというやり方では、この場合に必要な正確な値は得られなかった。そこでその代わりに、どうやら後に「アルキメデスの原理」と呼ばれることになる流体静力学の概念を用いて解決したようなのだ。

アルキメデスの原理によると、流体（液体または気体）のなかに置かれた物体は、それが押しのけた流体の重さと等しい浮力を受ける。つまり、沈めた物体が大きければ大きいほど押しのけられる流体は多くなり、結果としてその重さと逆の上向きの力が強くなる。とんでもなく大きな貨物船が浮いていられる理由も、これで説明できる。船とその荷物の重さが船が押しのける水の重さより少なければ、浮くのだ。この原理はまた、物体の質量を体積で割った密度の性質とも強く結びついている。密度が水より大きい物体は、押しのける水より重いので浮力が足りず、その結果、物体の重さに抗えずに沈む。

この概念を使って、あとは上皿天秤の片方に王冠を、もう片方に同じ質量の純金の塊を置けばよい。空気中では、天秤は釣り合う。ところがこの天秤を水に沈めると、偽の王冠（金より密度が低いので、同じ質量の金より体積が大きくなる）のほうが水を多く押しのけるので大きな浮力を受け、その結果、偽の王冠が載っている皿が上がる。

正確な体脂肪率を計算する際には、まさにこのアルキメデスの原理を使う。体脂肪率を測りたい人の体重をまずは普通の状態で量り、次に秤に取りつけられた水中の椅子に座って、完全に沈んだ状態で体重を量り直す。すると、空中の重さと水中の重さの差からその人が水中で受けた浮力を割り出すことができて、そこから今度は、水の密度はわかっているので、体積を求めることができる。次にその体積に基づいて、脂肪や人体の脂肪以外の構成要素の密度を組み合わせて体脂肪率を見積もり、より正確な健康リスクをはじき出す。

新薬が価格に見合うか否かを判定する「神の方程式」

ＢＭＩは、現代医学の実践の至るところで日々使われている膨大な数学的ツールの1つにすぎない。薬の服用量を計算するための簡単な分数に始まって、ＣＴスキャン〔コンピュータ断層撮影〕で画像を再構築するための複雑なアルゴリズムまで、じつにさまざまな数学的ツールが使われているのだ。イギリスの医療で用いられている数学的ツールのなかには、ほかのツールと比べて圧倒的に重要で、広範に影響を及ぼし、しかも論争の種となっている式がある。それが、どの新薬をＮＨＳ〔国民保健サービス〕の支払いの対象とするかを決める際に使われる「神の方程式」だ。文字通り、誰が生き延び、誰が死ぬのかを決める式。もしもみなさんの子どもが不治の病だったら、幼い我が子と過ごす時間を少しでも延ばすために、いくらでも金を出すだろう。だが「神の方程式」の言い分は、それとは異なる。

２０１６年11月、ダニエラとジョンのエルス夫妻の14カ月になる息子ルーディは、シェフィールド小児病院に救急搬送された。ルーディには呼吸を維持するための呼吸器がつけられ、医師は「今晩が山だが、ご子息はこの山を越せないかもしれない」と告げた。原因は、ほとんどの子どもにとってはまったく問題のない、ありふれた肺の感染症だった。しかしその子が脊髄性筋萎縮症（ＳＭＡ）となると、話は別だ。

ルーディが生後6カ月になるまで、医師たちはルーディの病気を特定できずにいた。だがダニエラとジョンがジョンのいとこが同じ症状を見せていたことをふと思い出したおかげで、最終的に脊髄性筋萎縮症であることがわかった。ルーディのような進行性の筋萎縮症の場合、余命はわずか2年だが、じつはスピンラザという奇跡的な薬がある。バイオジェン社が開発したこの薬は、脊髄性筋萎縮症による衰弱を止めることができて、時には回復させることがある。この薬を使えば、ルーディのような患者の余命を延ばせるかもしれなかった。しかしルーディが病院で命を賭けて戦っていた２０１６年のイギリスでは、この薬をただで手に入れることはできなかった〔ＮＨＳでは、未成年の医療は薬代も含めて原則無料〕。

アメリカでは理論上、食品医薬品局（ＦＤＡ）が薬の販売を承認すれば、すぐに患者が使えるようになる。ＦＤＡは２０１６年12月にスピンラザを承認していた。ところが実際にはほぼすべての保険会社が、スピンラザを高価だったり危険を伴うと思われる薬を個別の患者に処方する際に満たすべき条件を明記したリスト、いわゆる「事前承諾」リストに入れていた。アメリカでは、医療を受けられるかどうかは医療保険に使う金の有無で決まり、２０１７年の時点ではアメリカ人の12・２％が保険に入っていなかった。アメリカは、先進工業国のなかで唯一、幅広い医療保険がない国なのだ。

これに対してイギリスでは、誰でも医療を受けることができる。医者にかかっても金はかからず、費用は主として一般税でまかなわれる。イギリスでは、欧州医薬品庁（ＥＭＡ）とイギリス医薬品庁が薬の安全性や効果を承認することになっていて、ＥＭＡは２０１７年5月にスピンラザの使用を認可した。しかしＮＨＳの予算には限りがあり、市場に出てくる新しい薬の処方をすべて認可することはできない。それに、ＮＨＳがどの薬を認可するかによって、医療現場全体に大きな影響が出る。たとえば社会保障のための引当金が減ったり、がん患者の診断及び治療のための設備が足りなくなったり、新生児集中治療室の人手が足りなくなったりしかねないのだ。このような厳しい選択を行う責任を負っているのがイギリス国立医療技術評価機構（ＮＩＣＥ）で、こと薬に関してはきちんと確立された式があり、確実に客観的な決定を下せるようになっている。

神の方程式は、ある薬が患者に与える追加の「健康上の恩恵」と、ＮＨＳが薬を認可することで支払う「増分費用」のバランスを取るためのものなのだ。といっても、追加の「健康上の恩恵」を評価するのは容易ではない。たとえば、心臓病の罹患率を減らす薬の利点とがん患者の余命を延ばす薬の利点をどうやって比べるのか。

ＮＩＣＥはＱＡＬＹ〔quality-adjusted life year：質調整生存年〕という共通のベンチマークを使っていて、このＱＡＬＹでは、既存の治療と新しい処置を比べる際に、その薬で延びる余命の長さだけでなく、そこで得られる余命の質が考慮される。そのため、患者の余命は2年延びるが健康状態は半分までしか回復しないがんの薬のＱＡＬＹと、患者の余命は10年も延びるわけではないが生活の質が10％向上する膝関節置換術のＱＡＬＹが等しくなったりする。たとえば精巣がんの治療が成功した場合、そのＱＡＬＹは非常に高くなる可能性がある。なぜなら、通常成功すれば若い患者の余命が劇的に伸びて、しかも生活の質は落ちないからだ。

ＱＡＬＹの信頼できる値が決まれば、さまざまなＱＡＬＹの差や、新しい治療と古い治療のコストの変化を比べることが可能になる。新しい治療でＱＡＬＹが下がるのであればその治療は棄却されるし、ＱＡＬＹが増してしかもコストが減るのであれば、より効果的で安いということで新しい治療の採用はすんなり決まる。だが実際にはほとんどの場合、ＱＡＬＹもコストも上がるから、ＮＩＣＥは決断を迫られることになる。その場合は、ＱＡＬＹの増分でコストの増分を割って、増分費用効果比（ＩＣＥＲ）を計算する。増分費用効果比を見れば、1単位のＱＡＬＹを得るためのコストがわかる。そしてＮＩＣＥは通常、増分費用効果比の最大値が1ＱＡＬＹあたり2万〜

3万ポンドの範囲なら、税金からの支出を認めることにしている。

2018年8月、ダニエラとジョン、ルーディを始めとする脊髄性筋萎縮症の患者とその家族たちは不安そうに、NHSでのスピンラザの使用認可に関するNICEの審査結果の発表を待っていた。NICEは、スピンラザが脊髄性筋萎縮症の患者に「重要な健康への恩恵」を与えることを認めていた。それに、生活の質も大幅に向上する。実際、スピンラザが生み出す質調整生存年は、5・29QALYに上ると考えられた。しかしそれにかかる費用は216万0048ポンドという膨大な額で、増分費用効果比でいうと1QALYあたり40万ポンドになる。これはNICEの閾値をはるかに超える値だ。脊髄性筋萎縮症の患者や介護者たちの証言には非常に説得力があったが、神の方程式に則れば、NHSでのスピンラザの使用は却下するしかなかった。

エルス一家にとって幸運なことに、ルーディをこの薬の製造元であるバイオジェン社が運営する「拡張されたアクセス・プログラム」に登録することができた。これは、タイプ1の脊髄性筋萎縮症の子どもに薬を届けるプログラムで、2019年2月現在、ルーディは10回目の投与を終え、スピンラザを使えない場合のタイプ1の脊髄性筋萎縮症患者の余命をはるかに超えて、元気な3歳児になっている。だがイギリスの脊髄性筋萎縮症の患者の命を救い、命を延ばしてくれるスピンラザは、未だにNICEには承認されていない。

誤った警報を減らす数学的解決法

神の方程式を使うのは、人の生死に関わる難しい決定を主観的な人間の手から取り上げて、客観的な数式のコントロール下に置くためだ、と捉えることもできる。じつはこれは、数学とは偏りがなく客観的なものである、というイメージを利用した見方で、こうなると、ある見落としが生じる。意思決定の初期の段階で主観的な判断を生活の質や費用対効果の閾値の判断に変えることで、表から見えなくしているにすぎない、という事実を見過ごしてしまうのだ。このような一見公平そうな数学については、第6章でアルゴリズムを用いた最適化の日常生活への応用を取り上げる際に、さらに細かく見ていくつもりだ。

わたしたちの医療システムでは、その舞台裏で絶えず官僚制度による目に見えない決定が行われているわけだが、その対極ともいうべき病院の第一線でも、人の命を救うために数学が活用されている。これから紹介するように、数学が影響を及ぼし始めた重要な場所の1つに集中治療室（ＩＣＵ）がある。数学のおかげで、ＩＣＵにおける誤った警報を減らすことができるのだ。

一般に、想定されていた要因以外の何かが引き金となって発せられた警報を「誤報」と呼ぶ。じつは、アメリカで作動した防犯警報のなんと98％が誤報とされている。ここからすぐに「どうして警報装置を設置するのか」という疑問が生じる。間違った警報に慣れてしまうと、その原因を調べることすらしなくなるのに……。

わたしたちが慣れてしまうのは防犯警報だけではない。通常、煙探知機が突然鳴り出したときにはすでに窓を開けてトーストの焦げを掻き落としているものだし、外に駐めてある車の防犯装置が作動したとしても、何があったのかを確認するために立ち上がろうとする人はまずいない。アラームが助けではなく不便なものになりもはやその警報を信じなくなることを、「警報疲れ」という。じつはこれは大問題で、アラームが日常的に鳴るせいで警報を無視したりスイッチを切ったりするようになった時点で、わたしたちの感覚はそもそもアラームがなかった場合よりも鈍くなっている。ウィリアムズ一家はこの事実を、大きな犠牲を払って知ることになった。

ファッションデザイナーになることを夢見ていた高校1年のミカエラ・ウィリアムズは、かなり前から喉の痛みに悩まされており、痛みはいっこうに消える気配がなかった。扁桃腺の全摘除術は幼少期よりも思春期のほうが合併症を招きやすいが、ミカエラと家族はより快適な生活を送るために手術を受けることを決め、17歳の誕生日の3日後に外来で地元の手術センターを訪れた。手術は1時間もかからず通常の手順通りに無事終了し、ミカエラは回復室に運ばれた。そして母親は医師から、手術は無事成功したから夕方には家に帰れる、と告げられた。回復室では、不快感を和らげるためにフェンタニルというオピオイド系の強い麻酔薬が投与された。この薬はまれに呼吸抑制の副作用を引き起こすことが知られていたので、看護師は、念のためミカエラの心拍や血圧などを継続的に測定するためのモニターをつけてから、別の患者の様子を見に行った。ミカエラの周囲にはカーテンが引かれていたが、ミカエラの状態が悪化したら、すぐにそのモニターが警報を発するはずだった。

警報が聞こえるはず、だったのだ。モニターの音源が切られてさえいなければ。

回復室で平行して何人もの患者の世話を行っている最中に誤った警報がしつこく鳴ると、看護師の仕事の効率が落ちる。患者の処置を中断して別の患者のアラームをリセットすると、看護師の貴重な時間が無駄になるだけでなく、集中が切れてしまうのだ。そのため看護師たちは、仕事の中断を避けるための簡単な解決法をひねり出した。つまりその回復室では常日頃、誤った警報が頻繁に鳴らないように、モニターの音量を下げたり、完全に音源を切ったりしていたのである。

カーテンが巡らされるとすぐに、ミカエラの呼吸はフェンタニルの副作用によってひどく落ち込んだ。低換気状態に陥ったことを示すアラームが鳴ったが、点滅するアラームの光はカーテンに遮られて誰にも見えず、音も聞こえなかった。ミカエラの酸素レベルは落ち続け、脳内のニューロンがでたらめに発火してカオス的な電気嵐が生じた結果、脳は回復不能なダメージを被った。フェンタニルの投与から25分後に2回目のチェックが行われたのだが、そのときにはすでに脳がひどいダメージを被っていて、生き延びる可能性はゼロになっていた。そしてその15日後、ミカエラは息を引き取った。

＊＊＊

手術後の回復期にあるミカエラのような患者や、集中治療を受ける必要がある患者にとって、心拍や血圧や血中酸素や頭蓋内圧力などの生命兆候(バイタルサイン)を監視する自動警報装置つきモニターをつけることは、明らかに為(ため)になる。通常これらのモニターは、監視中のシグナルが変動したりある閾値より下がったりするとアラームが鳴るようになっている。ところが、集中治療室の自動警報装置が発する警報の約85％は誤報なのだ[注41]。

誤報の割合がここまで高いのには、2つの理由がある。1つ目の理由は、当然のことながら、ICUの警報装置がきわめて敏感に作られているからで、わずかな異常も拾えるように、アラームが作動する閾値は意図的に普通の生理的レベルに近いところに設定されている。そして2つ目の理由が、異常なシグナルが続いたときではなく、シグナルが閾値をまたいだときにアラームが鳴るようになっているからで、この2つが組み合わさると、たとえば血圧がほんの一瞬わずかに上昇しただけでもアラームが鳴る。このような血圧の急激な上昇は、危険な高血圧を示している場合もあるが、むしろ自然な揺らぎであったり、計測機器のノイズによって生じた現象である可能性のほうがはるかに高い。これに対して血圧の高い状態がある程度続く場合は、計測エラーとは考えにくい。ありがたいことに、数学を使うとこのような問題を簡単に解決することができる。

それが、フィルタリングと呼ばれる手法だ。フィルタリングとは、ある処理点における信号を、その近傍領域の信号の代表値〔平均値、最頻値、中央値など〕で置き換える手順のことである。なんだかややこしそうに聞こえるが、わたしたちは、じつはフィルターを通したデータにしょっちゅう出会っている。気候科学者たちが「今年は記録が始まって以来もっとも暖かい年だった」というとき、比べているのは日々の生の気温データではない。年間の気温の代表値を求めて日々変動する気温をなめらかに均し、簡単に比べられるようにしたものを見ているのだ。

フィルタリングによってシグナルはなめらかになり、急激な変化は現れにくくなる。デジタルカメラを使って暗いところで写真を撮ると、露出時間を長くする必要があるので結果として粒子が粗くなる。すると、画像の暗い部分にポツポツと明るい点が出てきたり、明るい部分に黒い点が出たりする。デジタル写真の場合は画素の色や明るさの強さが数値で表されるので、その画像にフィルタリングを行うと、各画素の値が近くのいくつかの画素の値を均した代表値で置き換えられて極端な値が減り、結果としてノイズが除去されたよりスムーズな画像になる。

また、フィルタリングでは、いくつかの異なるタイプの代表値を使うことができる。いちばんなじみがあるのが「平均」だ。平均を求めるには、データセットのすべての値を合算しておいて値の個数で割ればよい。たとえば白雪姫と7人のこびとの平均身長を求めるには、すべての身長を足して8で割る。しかしこうして求めた平均は、飛び抜けて背が高くデータセットのなかで孤立している白雪姫のせいで、いわば「歪んでしまう」。この場合は、むしろ中央値のほうが代表の名にふさわしい。全体の中央値を求めるには、こびとと白雪姫を身長の順（白雪姫がいちばん前で、ドーピーがいちばん後ろ）に並べて、真ん中にいる者の身長を取ればよい。並んでいるのは8人（つまり偶数）だから、真ん中は1人ではない。そこで真ん中の2人（グランピーとスリーピー）の平均値を中央値にする。このように、中央値を使えば平均を歪めていた白雪姫の突出した背丈をうまく取り除くことができる。収入に関する統計データを示す際に中央値を使うことが多いのもこれと同じ理由で、図4からもわかるように、わたしたちの社会では少数の非常に裕福な人々が高額な収入を得ているために、平均が歪む（この考え方は、次章で扱う法廷における数学の誤りでも登場する）。平均値より中央値に注目したほうが、「典型的」とされる世帯の可処分所得をうまく理解できるのだ。もちろん、これらの統計で白雪姫の背の高さや高給取りの収入を無視するなんて許されない、だっ

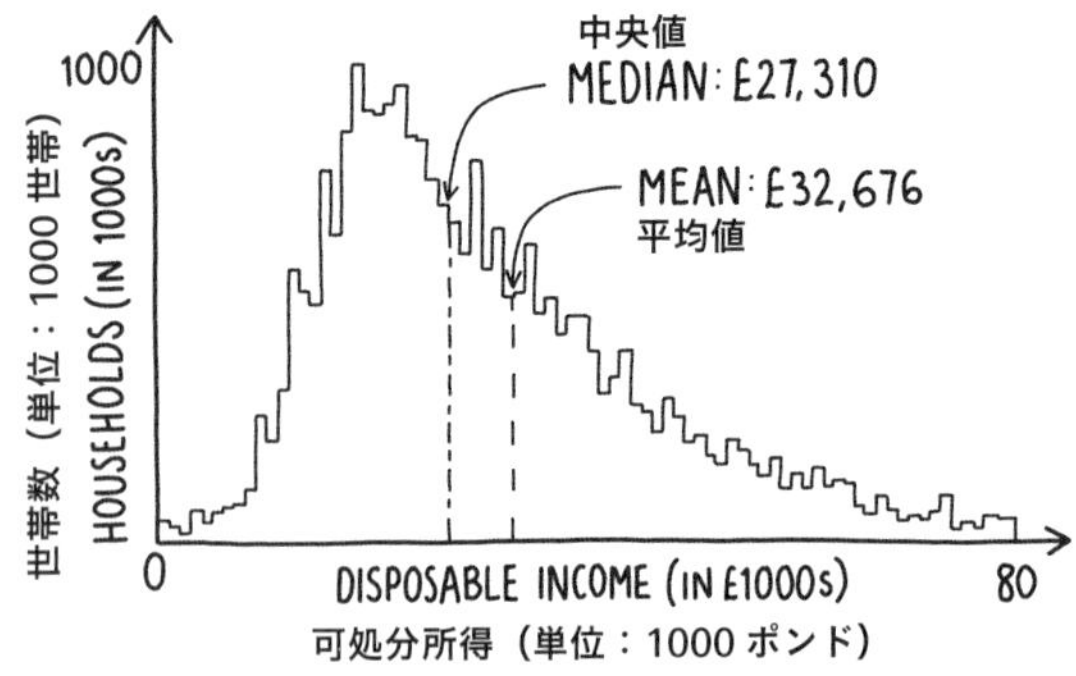

［図4］2017年のイギリスの家庭における（税を引いた後の）可処分所得の（千ポンドを1単位とした）頻度。中央値（27310ポンド）のほうが、平均値（32676ポンド）よりも「典型的」な世帯の可処分所得をよく示していると考えられる。

てこれらもほかの点と同様に正しいデータなのだから！　と主張することは可能だ。確かにそうかもしれないが、それをいえば平均値も中央値も、客観という意味では「正しく」ない。使用目的が違えば役に立つ代表値も違う、というだけのことなのだ。

わたしたちが粒子の粗いデジタル画像をフィルタリングするのは、ポツポツと混じっている的外れな画素値の影響を取り除きたいからだ。ところがその近傍にある画素の代表値を取るときに平均値でフィルタリングすると、これらの極端な値の影響を弱めることはできるが、完全には取り除けない。ところが中央値を使ってフィルタリングすると、ひどく目立つ極端な画素値を完全に無視できる。

これと同じ理由で、集中治療室のモニタ

ーでも、誤った警報を減らすために中央値を使ったフィルタリングが行われるようになってきた［注42］。連続して読み取ったたくさんの値の中央値を取るようにすると、モニターが読み取った値に含まれる1回かぎりの急激な上昇や下降は省かれて、ある時間にわたって（とはいっても、もちろん時間幅はごく短い）閾値を超えた場合にのみ警報が発せられるようになる。中央値を使ったフィルタリングを導入すると、患者を危険にさらさずに、集中治療室での誤った警報を60％も減らすことができるのだ［注43］。

＊＊＊

誤った警報は、偽陽性と呼ばれるエラーの一種である。偽陽性とは「偽の陽性」という名前の通り、ある性質や状況が存在しないにもかかわらず、その存在を示す検査結果のことだ。通常偽陽性は、陽性と陰性の2つの結果があり得る検査――「バイナリテスト」――で発生する。医学的な検査で偽陽性が出ると、病気でない人を病気だと断じることになる。法廷における偽陽性では、無実の人がやっていない犯罪を行ったことにされてしまう（次の章では、多数のこのような犠牲者に遭遇する）。

バイナリテストでは2通りの誤りが起こりうる。ひとつのテストで生じる4つの結果（うち2つは正しく、残り2つは間違っている）をまとめたのが表2で、偽陽性と同じように偽陰性も存在する。

予測された健康状態	本当の健康状態	
	陽性	陰性
陽性	真の陽性	偽陽性
陰性	偽陰性	真の陰性

［表2］バイナリテストの結果として考えられる4つの場合。

疾病の診断では、偽陰性のほうがダメージが大きいと思われるかもしれない。なぜなら偽陰性の場合は、問題の疾病にかかっていないと断じておきながら、じつはその疾病にかかっているからだ。偽陰性で病気だということに気づかなかった犠牲者の事例はこの先でも見ていくが、偽陽性もまた、偽陰性とはまったく異なる理由で存外深刻な影響を及ぼす。

乳がん検診で「再検査」になったら心配すべきか

ここで、疾病のスクリーニングについて考えてみよう。スクリーニングとは、特定の疾病のリスクが高いグループに属してはいるものの自覚症状がない人々を対象とする、大規模な検査のことだ。たとえばイギリスでは、女性が50歳を超えると乳がんのリスクが高まるというので、定期的な乳房スクリーニングを受けるよう勧められるが、現在、医療スクリーニング・プログラムで偽陽性が出るという事実が激しい論争の種になっている。

イギリスの女性の約0・2%が、診断未確定の乳がん患者とされている。つまりどの時点でも、乳がんと診断されていないイギリス女性1万人のうちの20人が、じつは乳がんなのだ。といわれてもそれほど大きな数値だと思えないのは、乳がんが早期発見される場合が多いからだ。じつは、8人に1人の女性が一生のどこかで乳がんと診断されている。さらにイギリスでは、乳がんと診断された女性のうちの約10人に1人が、後期（ステージ3ないしステージ4）の段階で診断を下されている。診断が遅れると長く生きられる可能性がかなり下がるので、特に罹患しやすい年齢層の女性にとっての定期的なマンモグラフィー検査はたいへん重要だとされている。ところがイギリスにおける乳がんのスクリーニングにはある数学的な問題があり、しかもほとんどの人はそのことに気づいていない。

ノッティンガム在住の3児の母キャス・ダニエルズは、2010年に50歳になったので、初めて型通りのマンモグラフィー検査を受けてみた。するとその1週間後に、さらに検査を行うので2日以内に来てください、という通知が届いた。至急来てくださいといわれたキャスは、当然びっくり仰天した。それから2日間、心配のあまり食事も取れず、不安で眠ることもできず、陽性という診断がどういう結果につながるのか、あれこれ考え続けた。

マンモグラフィーを受けた患者のほとんどが、乳がんのスクリーニングとしてはこ

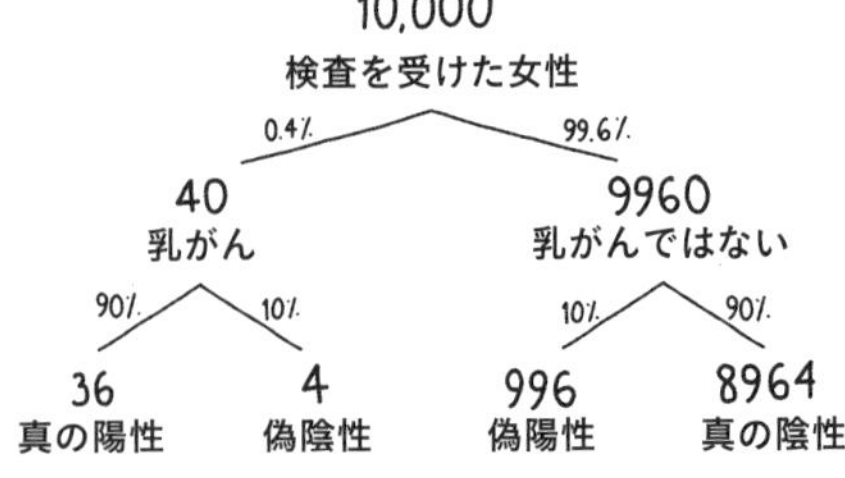

［図5］50歳以上の女性1万人が検査を受けたとして、36人は陽性という正しい結果が出るが、996人は乳がんではないのに陽性という結果が出る。

の検査はかなり正確だと感じている。実際に乳がんである人に関していえば、この検査で10人中9人が乳がんだという事実を確認できる。そして乳がんでない人に関していえば、10人中9人までは、検査結果に乳がんでないという事実が正確に反映される［注44］。このような統計的数値をすでに知っていたところに検査結果が陽性だったという通知を受け取ったキャスは、自分が乳がんである可能性は高いと考えた。ところがごく単純な数学的推論によって、じつはその逆であることがわかるのだ。

50歳以上の女性（つまり定期的なスクリーニングを受けるよう勧められる人）に対する診断未確定の乳がん患者の割合は、一般の女性の場合の罹患率より少し高く、約0・4％と見積もられている。これらの50歳以上の女性1万人の運命がどうなるかを示したのが、図5である。これを見ると、そこに含まれる乳がん患者は平均40人で、9960人は乳がんではない。ところが、乳がんにかかっていない人たちの10人に1人、つまり全部で996人が偽陽性になる。この数字を、正しくがんだと診断された36人と比べてみると、検査結果が陽性になった1032人〔996人+36人〕のうちの36人、つまり3・48%だけが乳がんだということになる。陽性の検査結果が出た人のうちのほんとうに陽性である人の割合を、検査の精度（precision）という。検査で陽性が出た1032人の女性のうちで実際にがんを患っているのが36人だということは、たとえマンモグラフィー検査の結果が陽性でも、乳がんでない可能性が圧倒的に高いということだ。マンモグラフィー検査は非常に正確な検査のように見えるが、全人口に対する乳がんの罹患率がきわめて低いせいで、ひどく精度が低くなっているのだ。

かわいそうなキャスは、このことを知らなかった。それをいえば、この検査を受ける女性の多くがそんなことは知るよしもなく、じつは医者ですら、マンモグラフィー検査が陽性であるということの意味をうまく解釈できない場合が多い。2007年に160人の産婦人科の医師を対象とする、ある調査が行われた。この調査では、医師たちにマンモグラフィー検査の精度と全人口に対する乳がんの罹患率に関する次のような情報が与えられた〔注45〕。

――女性が乳がんになる確率は1％（罹患率）
――女性が乳がんである場合に、検査結果が陽性になる確率は90％
――女性が乳がんではないのに、陽性の結果が出る確率は9％

その上で、医師たちに次のような多肢選択式の問いを出した。曰く、以下の申し立てのうちで、マンモグラフィー検査で陽性となった患者が実際に乳がんである確率をもっともよく特徴づけているのはどれか。

A　その女性が乳がんである確率は81％である。
B　マンモグラフィー検査の結果が陽性だった女性10人のうちの約9人が乳がんである。
C　マンモグラフィー検査の結果が陽性だった女性10人のうちの約1人が乳がんである。
D　その女性が乳がんである確率は1％である。

もっとも多かったのが、Aという答えだった。つまり、陽性という検査結果は81％（10回に8回）正しい、というのだ。ほんとうにそうなのだろうか。

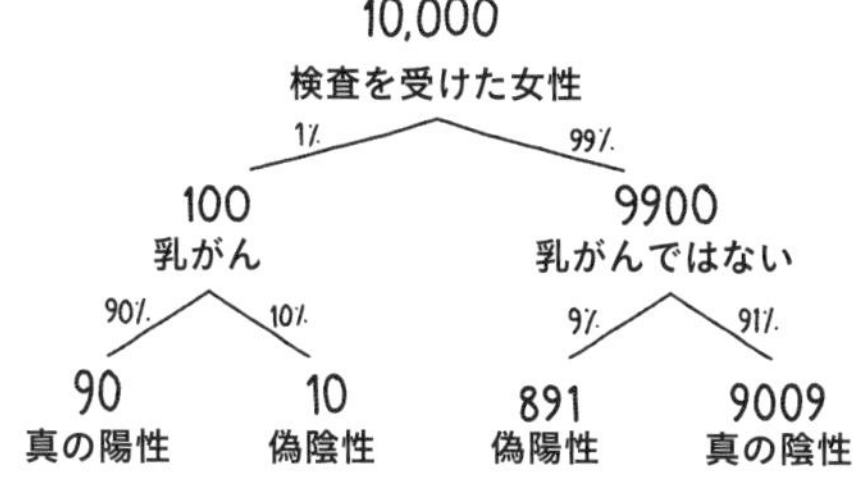

［図6］上記の多肢選択式の問いでは、架空の1万人の女性のうちの90人は正しく陽性と診断されるが、891人は乳がんではないのに陽性になる。

図６を見てゆけば、正解がわかる。乳がんの罹患率が１％だとすると、ランダムに選ばれた１万人の女性のうちの平均１００人が乳がんである。そのうちの90人は、マンモグラフィー検査で正しく乳がんだと告げられる。その一方で、乳がんでない９９００人の女性のうちの８９１人も、誤って乳がんだと告げられる。したがって、検査で陽性が出た９８１人中90人、つまり約９％だけが実際に乳がんなのだ。恐ろしいことに、産婦人科医たちは乳がんである確率を過大に評価しており、正解のCを選んだ医師は回答者の５分の１しかいなかった。全員が４つの選択肢からでたらめに答えを選んだとしても４分の１は正解するはずだから、当てずっぽうよりひどい結果といえる。

幸いなことにキャスの場合は追加検査で疑いが晴れたが、彼女の心労は、マンモグラフィー検査で陽性が出た女性の典型といえる。たいていのスクリーニング・プログラムでは、一度きりではなく繰り返し検査を受けることになっているのだが、じつは検査を繰り返すと、偽陽性が出る可能性は高くなる。偽陽性が10％（つまり0・1）という一定の確率で出るとすると、乳がんでない人の検査結果が正しく陰性になる確率は90％（つまり0・9）だが、検査を7回受けても偽陽性が出ない確率は、（0・9を7回かけるから0・9の7乗となって）半分以下（約0・47）になるのだ。いいかえると、乳がんでない女性がマンモグラフィー検査を7回受けたときに1回以上偽陽性になる可能性は、7回とも陰性になる可能性より高い。イギリスでは、50歳を超すと3年に1度はマンモグラフィー検査を受けるよう勧められるので〔日本では40歳以上で2年に1度の検査が推奨されている〕、スクリーニング・プログラムに参加した女性は、生涯に一度は偽陽性の判定を受けることになるのだ。

医療検査につきまとう「確かさという幻想」

こんなに頻繁に偽陽性が出るとなると、当然スクリーニング・プログラムの費用便益のバランスが問題になる。偽陽性が出る確率が高いと、検査を受けた人が心理的ダメージを被って、乳がんの未診断患者がそれ以降のマンモグラフィー検査をキャンセルしたり、検査を受けるのを遅らせたりすることになりかねない。しかも、スクリーニングには偽陽性以外にも問題がある。イギリス・スクリーニング・プログラムの長であったミューア・グレイは、ブリティッシュ・メディカル・ジャーナルへの投稿で、「すべてのスクリーニング・プログラムは害をなす。なかには害とともに善をなすものもあって、さらに、理にかなったコストで害より多くの善をなすものもある」ということを認めている〔注46〕。

具体的にいうと、スクリーニングによって過剰診断が起きる可能性がある。乳房のスクリーニングによってがんがたくさん見つかるのは事実だが、そのほとんどはきわめて小さいか、健康にとってあまり脅威ではなく、見つからなくてもまったく問題がないゆっくりと進行するがんなのだ。それでもごく普通の人々はがんという言葉に恐れおののき、往々にして、医師の助言に従って苦しい治療をしたり、不必要な侵襲的手術を受けたりするのである。

子宮頸がん（これについては、第7章でワクチンプログラムの費用対効果と平等性を再考する際に再び取り上げる）の塗布検査や前立腺がんのPSA（前立腺特異抗原）検査、肺がんのスクリーニングなどの大規模スクリーニング・プログラムに関しても、これと同じような議論が続いている。したがってわたしたちにすれば、診断を下すための検査とスクリーニングの検査の違いを理解することが重要だ。

スクリーニングの手順を求人・求職にたとえてみると、求人募集ではまず、雇用者側が、応募者に求めるべき特徴に基づいて効率的に、面接に呼ぶべき候補者の一覧を作る。これと同じようにスクリーニングを行うことによって、まず広範な人々に無差別に広く網をかけて、まだはっきりした症状が出ていない人々の存在をチェックする。スクリーニングの検査は通常あまり正確でないが、費用対効果に優れていて、大勢に対して行うことができる。求人・求職の場合、雇用者側は人数を絞り込んだ上で、より資源集約型でより情報を得やすい方法、たとえば適性・能力の検査や面接を行って、どの候補者を雇うか決める。スクリーニングの場合もこれと同じで、健康に問題がありそうな人を確認できたら、次にもっと費用がかかる識別能力の高い診断検査を行って、スクリーニングで得られた結果を確認したり、間違いとして退けたりする。求人に応募する側は、面談に呼ばれたからといって仕事が決まったとは思わないはずで、同様にスクリーニングの結果が陽性になったからといって、病気だと思い込む必要はない。罹患率が低い病気の場合は、スクリーニング検査によって本物の陽性よりはるかに多くの偽陽性が生まれるのだから。

医療スクリーニングの偽陽性が問題を引き起こすのは、1つには、わたしたちが医学検査の正確さをまったく疑っていないからだ。これは、「確かさの幻想」と呼ばれることの多い現象で、特に医療に関しては、決定的な答えを手に入れて白黒をつけたいと思うあまり、得られた結果にそれなりの疑いを持ってのぞむことを忘れてしまう。

2006年にドイツの1000人の成人を対象に、さまざまな検査が100％確実な結果を与えるか否かを問う調査を行ったところ〔注47〕、マンモグラフィー検査に関してはいささか精度が悪いという正解を出した人が56％いたが、DNA検査や指紋分析やHIV検査に関しては、ほとんどの人が100％決定的だと答えた。いうまでもなく、これはまったくの誤りだ。

2013年1月、ワシントンDCに住むジャーナリストのマーク・スターンは、熱が出て1週間寝込むことになった。いつもと違う医者に予約を入れると、その医者は、血液サンプルを採って一連の検査をするのがベストだといった。その数週間後、抗生物質のおかげでだいぶ気分がよくなったマークが1人で家にいると、電話が鳴った。それは検査結果を伝える医者からの電話で、そこからマークにとっては青天の霹靂（へきれき）ともいうべき会話が始まった。

「ELISA検査の結果が陽性でした」。医者はずばり要点に切り込んだ。「つまり、HIVに感染している可能性があるのです」。マークは、医者がHIVのELISA検査〔酵素免疫測定法。特異的ウィルス抗体を用いて検体内のウィルス抗原を検出する検査〕（もしくはウェスタン・ブロット法による確認の検査）をしたことを知らなかったのだが、この証拠と医者の助言を並べられては、HIV陽性というショッキングな診断を受け入れるしかなさそうだった。その会話は「翌日、確認検査に来てください」という言葉とともに終わった。

その晩、マークとボーイフレンドは、数カ月前に受けたＨＩＶ検査の陰性という結果を見直して、さらにその後数カ月のあいだに何かＨＩＶに感染しそうなことがあったかどうか振り返ってみた。２人は単婚関係を守って安全なセックスをしていたから、どう考えてもＨＩＶに感染したとは思えなかった。その晩２人は、ろくに眠ることができなかった。

翌朝、パニックに陥って混乱し睡眠不足で疲れ切ったマークは、クリニックに向かった。医者はマークの腕から採血して、確認のためのＲＮＡ検査に回した上で、改めてＨＩＶ陽性という結果を告げ、さらに確認のために当院で迅速な検査キットを使った検査をしてはどうかと勧めた。検査結果が出るまでの人生でもっとも長い20分間、マークは、もしもＨＩＶだったらこの先の自分の人生はどうなるのだろうと考えていた。もはや死に至る病ではないにしても、ＨＩＶに罹患しているとなれば、生活のさまざまな局面を改めて評価し直し、そもそもなぜＨＩＶ陽性になったのかという点も含めて、生活を問い直す必要がある。

さんざん気をもんだ挙げ句、しかし、検査結果の欄に陽性であることを示す赤い線は1本も現れず、混乱したマークの心に垂れ込めた雲から一筋の希望の光が差してきた。結果は陰性。２週間後、さらに正確なＲＮＡ検査の結果が判明し、それもやはり陰性だった。追加の免疫学的検査で陰性が出たことによって雲はすっかり晴れ、ついにその医者もマークがHIV陰性だと納得した。

じつは、マークが最初に受けたELISA検査とウェスタン・ブロット試験の結果は曖昧だった。マークのELISA検査では確かに抗体のレベルが上がっていて、陽性を指していた。ところがマークが検査を受けた当時、ELISA検査の偽陽性の割合は約0・3％だった［注48］。ウェスタン・ブロット法はより正確でELISA検査の偽陽性を曝くことができるはずだったのだが、マークの場合は、ラボでミスがあったことを示す結果が返ってきていた。ところが件の医者はこのようなエラーを見たことがなく、その解釈を間違えた。ゲイであるマークはHIVのハイリスク群に分類されるため、医者の診断が偏ったのだ。そしてマーク本人はといえば、「確かさの幻想」に目がくらんで、医者の判断や検査の正確度を鵜呑みにした。

検査は1つより2つ受けたほうがよい

2つの結果が想定されるバイナリテストの「正確度（accuracy）」という概念をきちんと理解している人は、決して多くない。その病気にかかっていない人（通常大多数である）の割合という観点に立つと、検査の正確度は、「実際に病気でない人が、病気ではないと正しく確認される割合、つまり罹患していない検査対象者のうちの検査陰性の割合」と定義できるだろう。真の陰性の割合が高いほうが（つまり偽陽性の割合が低いほうが）検査は正確なのだ。でも実際にはこの割合は、検査の「特異度（specificity）」と呼ばれている。検査が100％「特異」であれば、病気の人以外に陽性は出ない。つまり偽陽性は存在しないのだ。

たとえ完璧に特異な検査であっても、病気の人を全員確認できるという保証はない。となるとわたしたちは、実際に病気である人の観点に立って、正確度を格づけすべきなのかもしれない。その人たちの立場に立てば、とにかく自分の病が検査で見つかることが優先されるにちがいない。であるならば、検査の「正確度」は、「病気にかかっている人のうちで、病気だということが正しく確認される人の割合、つまり罹患している検査対象者のうちの検査陽性の割合」であっていいはずだ。ところがこの割合は、じつは検査の「感度（sensitivity）」と呼ばれている。感度100％の検査は、病気にかかっている患者全員に正しく警告を発する。

検査の「精度（precision）」というのもあって、これを計算するには、真の陽性を（真も偽も含めた）すべての検査陽性の数で割る。この章の前段では、乳がんのスクリーニングの精度が意外なことに3・48％という低い値であることを紹介した。このように、検査の正確さを示す値はいろいろあるが、じつは「正確度（accuracy）」という言葉は、通常は、真の陽性と真の陰性の数の和を、検査を受けた人の総数で割った値を指す。これはこれで、結果が陽性にせよ陰性にせよ、検査で正しい結果が出る回

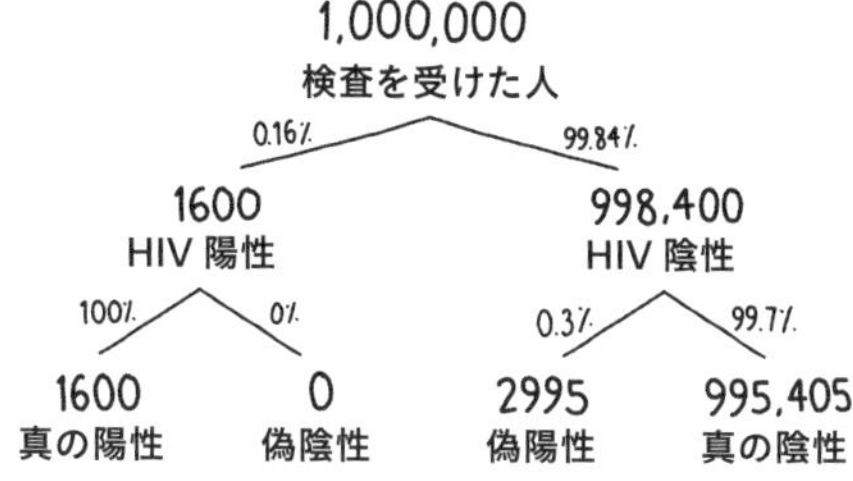

［図7］100万人のイギリス市民がELISA検査を受けると、正しくHIV陽性になるのは1600人で、2995人は病気ではないのにHIV陽性になる。

数の割合だと考えれば納得がいく。

マーク・スターンを惑わしたHIVのELISA検査の場合、誤りの割合をきちんと特定することは難しいが、それでもほとんどの研究で、特異度は99・7％前後、感度は約100％という結果が出ている。つまり、ELISA検査で陰性という結果が出ると、その人はほぼ確実にHIVではないが、ほんとうは陰性なのにHIV陽性という誤った結果が出る人が1000人に3人はいるのだ。イギリスにおけるHIVの罹患率は0・16％なので、図7のように、100万人のイギリスの市民をランダムに選ぶと、平均で1600人がHIVに罹患しており、99万8400人は罹患していないことになる。そこでHIVでない99万8400人がELISAテストを受けたとすると、この検査の特異度は99・7％ときわめて高いにもかかわらず、陽性という誤った診断が下される人が2995人も出る。つまり、真に陽性である1600人の2倍近くの数の偽陽性が出るのだ。乳がんと同じようにHIVも罹患率が低く、ELISA検査の特異度がほんの少し欠けているせいで、検査陽性の人のうちの真のHIV陽性の人の割合（検査の精度）は低くなり、3分の1をかろうじて超す程度になる。それでいてこの検査の正確度はきわめて高く、100万人に対して99万7005件の（陽性ないし陰性の）正しい結果を出すから、99・7％を超える。つまり、きわめて正確度が高い検査でも、精度は非常に低くなり得るのだ。

検査の精度を上げる簡単な方法としては、たとえば2つ目の検査を行うことが考えられる。このため多くの病気に関する最初の検査は、（乳がんの検知でも見たように）特異度の低いスクリーニング検査になっている。最初の検査は、多大な費用をかけずに病気かもしれない人をなるべく多く拾い上げ、それでいて極力取りこぼしが少なくなるように設計されている。これに対して2つ目の検査は、通常診断的ではるかに特異度が高く、偽陽性の大半がはじかれる。たとえ最初の検査より特異度が高い検査を行うことができなかったとしても、陽性になったすべての患者にもう1度同じ検査を行うと、精度が劇的に上がる。ELISA検査でいうと、全体に対するHIVの罹患率は0・16％だが、検査陽性で再検査となった人のなかの罹患率は1回目の検査の精度である約34・8％に上がる。そこでもう一度検査を行うと、図8からもわかる通り、検査の精度が高いので1回目で偽陽性になった人の大半ははじかれるが、ほんとうにHIV陽性である人は相変わらずきちんと陽性になる。こうして検査の精度は1600/1609、すなわち約99・4％まで向上するのだ。

＊＊＊

理論上は、感度が完璧で特異度も完璧な検査、つまりすべての人のなかからほんとうに病気の人だけを拾い出す検査を行うことが可能である。紛れもなく正確度100％の検査、というわけだ。

これまでにも、完璧に正確な検査がなかったわけではない。2016年12月に世界規模の研究者チームが開発したクロイツフェルト・ヤコブ病（CJD）〔亜急性海綿状脳症とも〕の血液検査がそれで［注49］、ある対照臨床試験では、32人の患者全員に対してこの検査を行ったところ、狂牛病にかかった牛の肉を食べたために起きたと思われる致命的な退行性脳障害は正しく判定され（完璧な感度）、一方、対照群の病気でない391人からは偽陽性が1人も出なかった（完璧な特異度）。

感度と特異度は必ずしも両立しないわけではないが、普通はトレードオフがある。偽陽性と偽陰性には通常、負の相関があるのだ。偽陽性が少ないと偽陰性が増え、偽陰性が少ないと偽陽性が増える。現実には、完全な特異度と完全な感度のあいだに線

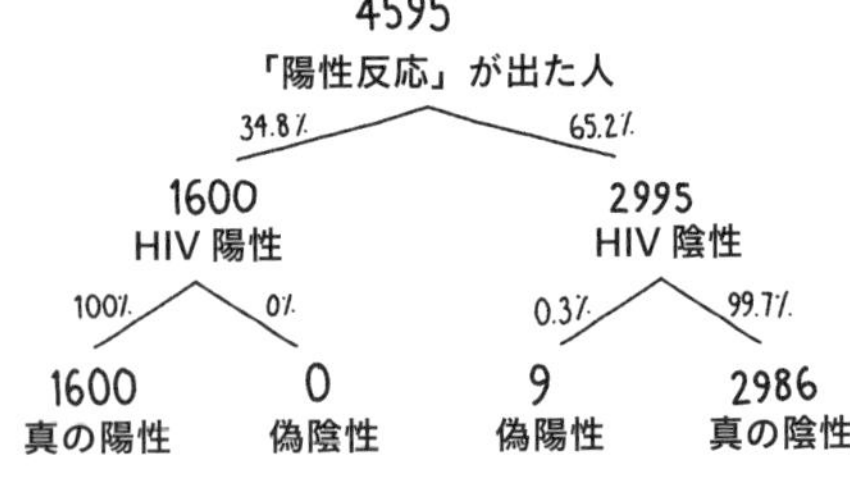

［図8］最初の検査で陽性になった4595人のうち、1600人の真の陽性は変わりなく陽性となるが、偽陽性の数は9人まで下がる。

を引いて、そこを閾値のレベルとしたものが有効な検査になる。特異度と感度がなるべく両立する形で、バランスを取るのだ。

なぜこのようなトレードオフが存在するかというと、普通は現象自体ではなく、その代理を検査対象とするからだ。マーク・スターンがＨＩＶ陽性と誤診された検査も、ＨＩＶウイルスの有無を調べたわけではなかった。ウイルスそのものではなく、そのウイルスと戦おうとして人体の免疫システムが増やした抗体を検出する。ところがＨＩＶと強く関連づけられている抗体の量は、インフルエンザのワクチンのような無害なものの影響でも上がる可能性がある。これは家庭用妊娠検査キットの場合も同じで、このキットが調べるのは女性の子宮に着床した生存可能な胚があるかどうかではなく、普通は胚が着床したあとに出るＨＣＧというホルモンのレベルの上昇を感知する。代理となるこれらの指標は、代理マーカーと呼ばれることが多いが、検査で間違った結果が出るのは、代理マーカーとよく似たマーカーのせいで陽性の反応が起きるからだ。

たとえばクロイツフェルト・ヤコブ病（CJD）の診断検査の場合、以前は脳のスキャンと生体検査で、この状況の根本原因である欠陥タンパク質が脳に与える影響を計測してきた。ところが残念なことに、これらの検査で評価できる特徴は認知症の特徴とよく似ており、明確な診断を下すことが難しかった。そこで、ほかの病気と混同しやすい微妙な症状を探すのではなく、CJD血液検査で、確実にこの病気を引き起こす感染性タンパク質を探すことにした。だからこそ、CJD血液検査はこれほどまでに決定的なのだ。検査で奇形のタンパク質が見つかれば、その人は病気にかかっている。見つからなければ、病気にかかっていない。代理ではなく、病気の根本原因そのものを検査すれば、話はごく単純になる。

＊＊＊

もう1つ、代理検査がうまくいかない原因として多いのが、代理マーカー自体がこちらの検出したい現象とは別の現象によって作り出される場合だ。2016年6月、弱冠20歳のアナ・ハワードは、吐き気を感じて目を覚ました。付き合い始めて9カ月になるボーイフレンドのコリントとは、特に一生懸命子作りに励んでいたわけでもなかったが、念のため、妊娠検査をしてみた。すると驚いたことに、目の前の棒にじわっと青く細い線が現れた。2人の予定に妊娠は入っていなかったが、自分たちはいい親になれると確信して赤ん坊を産むと決め、名前を考え始めた。

妊娠8週目に出血があったので、かかりつけ医の紹介で、赤ん坊が無事かどうか確認してもらうために、病院に行った。スキャンが終わると担当の医師は、流産しかけているようなので、確認の検査をするために明日また来るように、といった。ところが次の日に家庭用妊娠検査と同じようなホルモン検査を受けると、妊娠ホルモンHCGはまだ十分高く、妊娠を続行できることがわかった。けっきょく医師からは、流産しかけているという診断は誤りだったといわれた。

その1週間後、また出血があり、お腹がひどく痛くなったので、アナは再び病院に行った。医師たちは子宮外妊娠の可能性を考えて、生殖器官をファイバースコープで調べてみた。幸いなことに、胎児が子宮以外の場所で育っているという証拠は見つからなかった。だがじつは、アナの子宮で育っていたのは胎児ではなかった。健康な赤ん坊ではなく、妊娠トロホブラスト腫瘍（GTN）という悪性腫瘍が大きくなっていたのだ。その腫瘍が胎児と同じくらいの勢いで成長し、HCGという妊娠の代理マーカーを作り出していた。そのため妊娠検査でも偽の結果が出て、アナも医師たちも、命に関わるがんを普通の健康な赤ん坊だと思い込んだのだ。

アナの場合のGTNのような腫瘍はめったにないが、別のタイプの腫瘍から代理マーカーのHCGが生じて、妊娠検査で陽性という間違った結果が出る場合がある。実際、十代のがん患者をサポートしているティーンエージャー・キャンサー・トラストによると、少なくとも10年ほど前から睾丸（こうがん）がんの診断に妊娠検査薬が使われているという。この検査で陽性になるのは睾丸がんのうちのごく一部にかぎられるが、それでも妊娠薬が示す陽性反応はすべて偽陽性だとわかっているから、妊娠ホルモンのレベルが上がったのは腫瘍のせいである可能性がきわめて高いといえる。

妊娠検査では明らかに、（場合によっては非常に有益な）偽陽性という結果が出やすい。ところが尿のHCGがきわめて低いと、懐妊していても妊娠検査で偽陰性になり得る。このような偽陰性は偽陽性より少ないが、母親になるであろう人にかなり有害な影響を及ぼすことがある。妊娠していることがわかっていたら決して受けなかった手術を受けて流産した事例や［注50］、尿検査で子宮外妊娠を見逃したために卵管が破裂して出血し、命の危険にさらされた例があるのだ［注51］。

＊＊＊

イギリスではいったん妊娠が確認されると、たいてい12週くらいで代理ホルモンマーカーを追跡するのをやめて、超音波スキャンに切り替える。スキャンすれば子宮で育つ胎児の存在を直接確認できるが、妊娠を確認するためにスキャンすることは稀で、胎児が順調に育っているかどうかを確認する場合がほとんどだ。この段階での検査の1つに、成長しつつある胎児の心臓血管の異常を検出するための胎児項部スキャンがある。心臓血管の異常は、概してパトー症候群、エドワーズ症候群、ダウン症候群などの染色体異常と関係がある。ほとんどの場合、ヒトのDNAは番号がついた23対の染色体のペアからなっているのだが、胎児項部スキャンで検出し得るこれら3つの症候群の場合、それらの対のいずれかに余分な染色体がある。つまり染色体が計3本あるトリソミーが含まれているのだ。

胎児項部スキャンはバイナリテストほど単純ではない。胎児がダウン症候群かどうかを絶対的に予測できるわけではなく、親となる人に、そのような状況が生じるリスクの評価を示すだけなのだが、それでもこのスキャンに基づいて、妊娠そのものがハイリスクかローリスクかが分類され、親となる人々に検査結果を伝えるときにも、このような分類が示される。胎内の子どもがダウン症に関してローリスク（ダウン症の可能性が150分の1未満）に分類されると、それ以上の検査は勧められないが、ハイリスクに分類されると、しばしばより正確な羊水穿刺（せんし）を勧められる。この検査では、針を使って胎児を包んでいる羊膜嚢から胎児の皮膚の細胞を含む羊水を抜くのだが、このときに子宮と羊膜嚢を貫くので、当然リスクがある。実際1000例につき5～10

例で、羊水穿刺のあとで流産が起きている。しかしこの検査は特異度が大きいことから、親となるはずの人々の多くが、羊水穿刺に伴うリスクを受け入れようとする。この検査がなぜスキャンより正確かというと、代理マーカーではなく、胎児の（皮膚細胞から抽出した）ＤＮＡに含まれる余分な染色体自体を検出できるからだ。この検査によって最初の検査で偽陽性になった胎児は除外され、真の陽性の子どもの親に細かく説明を行って、妊娠を続けるかどうか決断する時間を与えることが可能になる。ところが偽陰性になった親たちは、この流れから外れてしまう。赤ん坊がダウン症であるリスクは低いという誤った予測を告げられるだけで、それ以上の検査は勧められないのだ。

フローラ・ワトソンとアンディー・バレルは、そのようなカップルだった。２００２年、２度目の妊娠の第４週に入っていることがわかったフローラは、妊娠10週を迎えた時点で、当時まだ登場したばかりだった胎児項部スキャンをこっそり受けることにした。超音波スキャンの結果、赤ん坊がダウン症である可能性はきわめて低いということだった。実際、子どもがダウン症である確率は１４００万に１つという高額宝くじに当たるような確率だった。このタイプのスクリーニングとしてはこれ以上望めない保証であり、フローラも、リスクのある羊水穿刺で胎児項部スキャンの結果を確認する必要がないと聞かされてほっとした。あとは、第２子の誕生を心待ちにして、出産準備を進めればよい。

ところが予定日の5週間前になって、フローラは何かがおかしいことに気がついた。お腹のなかの子どもの動きが次第に鈍くなってきたのだ。その3週間後、フローラは病院でクリストファーを生んだ。お産はすぐにすみ、病院に到着した1時間後にはクリストファーはこの世に生まれていた。ところが姿を現した我が子は全身が紫色でねじ曲がり、フローラには死んでいるとしか思えなかった。看護師はフローラとアンディーに、ちゃんと息をしている、といったが、それに続いてもたらされた知らせは、この家族の未来を変えることになった。

クリストファーはダウン症だった。その知らせを聞いたとたんにアンディーは部屋を飛び出し、フローラは泣き始めた。祝うべき出来事のはずが、まるで2人の「健康な赤ちゃん」を失った通夜のようだった。フローラによると、それから24時間、「わたしはあの子に触れることも、自分のそばに置いておくこともできなかった」という。そのためクリストファーは、この世で迎えた最初の夜をたった1人で過ごすことになった。世話をしてくれるのは、病棟の看護師だけ。祖父母が孫に会いに来ると、事態はますます悪くなった。自身も学習障害の息子を育ててきたアンディーの父は、2人に向かってクリストファーを病院に置き去りにしろといった。フローラの母は、赤ん坊を見ようともしなかった。

自宅にクリストファーを連れ帰った2人を待っていたのは、胎児項部スキャンの結果を受けて何カ月も前から楽しみにしていたのとはまるで違う生活だった。けっきょくは家族全員がクリストファーの状況を受け入れたものの、障がい児の面倒を見るというプレッシャーは大きな負担となった。時間に追いまくられて疲れ切った2人の関係はひどく張り詰め、けっきょく離婚することになった。フローラは今でも、クリストファーがダウン症だという診断がもっと早くに出ていても中絶はしなかった、と考えている。それでも、自分の状況と折り合いをつけて子どもの状況に備える時間を持てなかったことを思うと腹が立つ（第6章でアルゴリズムを用いた自動診断の危険について見る際にも、このような抗議に触れることになる）。偽陰性でなければ、クリストファーの誕生がもたらした家族の悲嘆は避けられたかもしれなかったのだ。

＊＊＊

好むと好まざるとにかかわらず、偽陽性や偽陰性は避けられない。これらの問題のうちのいくつかは、たとえば現場でフィルタリングなどのツールを使うといった数学や近代技術の力で解決できるが、それでも自分で対処しなければならない問題は残る。まず、スクリーニングは診断検査ではないので、その結果は割り引いて受け止めるべきだ、ということをきちんと覚えておく。だからといって、陽性というスクリーニングの結果を完全に無視しろとはいわないが、眠れぬ夜を過ごすのではなく、もっと正確な追試の結果が出るのを待つべきだ。個人向けの遺伝子検査でもこれと同じことがいえて、たとえ自分が「リスクあり」のカテゴリーに入っていたとしても、その判断は会社によって違うかもしれないし、すべてが正しいということはあり得ない。マット・フェンダーが致死的なアルツハイマーの可能性を示されたときに気づいたように、2つ目の検査は、より決定的な答えを得る助けになり得る。

場合によっては、より正確な検査が存在しないこともある。そのときは、同じ検査を2回やっただけで結果の精度が劇的に上がることを思い出そう。セカンド・オピニオンを求めることを、決して恐れてはならない。すべての医師——つまり専門家とされる人、幻の自信がにじみ出ている人——が、数値をがっちり把握しているとはかぎらない。たった1つの検査結果に基づいて過剰に心配する前に、まずその検査の感度と特異度を調べて、その結果が間違っている可能性がどれくらいあるのかを突き止めよう。確かさの幻想を疑って、状況を解釈する力を己の手に取り戻すのだ。次の章でも見るように、権威がある人々、なかでも数学の法則を巧みに使う人々に対して疑問を投げかけなかったために、法の正しい側にいながら塀の向こうに落とされた人は、決して1人ではないのだから。

3 法廷の数学

刑事裁判における数学の役割を吟味する

1人なら事故で、2人なら殺人なのか

いつものように寝室の様子を見にいったサリー・クラークは、部屋に入ったとたんに悲鳴を上げた。数分前に夫のスティーブが眠っているのを確認したはずの生後8週の息子ハリーが、真っ青な顔でふかふかの椅子にぐったりともたれかかっているではないか。しかも息をしていない。夫が蘇生を試み、救急隊員も蘇生術を施し続けたが、1時間後にハリーの死亡が宣言された。出産直後の女性を襲ったじつに恐ろしい悲劇だった。ただし、サリー・クラークがこのような目に遭ったのは、これが2度目だった。

その1年と少し前の夜、スティーブはマンチェスター郊外の緑濃いウィルムスローの自宅を離れて、会社の同僚とのクリスマス・パーティーを楽しんでいた。一方、サ

リーは、生後11週の長男クリストファーを新生児用のかご型バスケットに寝かせて、1人自宅で過ごしていた。2時間後、クリストファーが意識を失い、血の気が引いているのに気づいたサリーは、すぐに救急車を呼んだ。懸命の処置にもかかわらず、クリストファーは二度と目覚めなかった。3日後に検死が行われ、死亡の原因は気管支炎とされた。

ところが次男のハリーの死を受けて、長男のクリストファーの検死結果も改めて調べられることになった。クリストファーの唇には切り傷があり、足にもあざがあったのだが、当初は蘇生術によるものとされていたこれらの傷が別の原因でついたのではないか、という指摘があったのだ。さらに、保存されていたクリストファーの組織サンプルを再度分析したところ、最初の検死では見落とされていたのだが、死の直前に肺に出血があったことが判明し、病理学者は窒息による死亡という結論に達した。

一方ハリーの検死では、網膜の出血、脊柱の損傷、脳の組織の断裂が見られた。いずれも揺さぶられて死んだ可能性を示す強力な兆候だ。警察はこれら2つの検死結果に基づいて、サリーとスティーブを逮捕できる証拠がそろったと判断し、検察庁は、スティーブこそ（クリストファーが死んだとき不在だったので）不起訴にしたものの、サリーを2人の息子の殺人罪で起訴した。

これから見ていくこの事件の裁判では、なんと数学的な間違いが4つも重なって、結果として「イギリス最大の誤審」が起きた。この章ではサリーの物語を紹介しながら、あまりに多すぎる、そして時には悲劇的な「誤った数学が引き起こす法廷での間違い」を見ていく。これからわたしたちは、これと同じような災難の当事者――数学の細かい解釈によって有罪判決が取り消された被告や、数学の理解を誤ったために、殺人罪で起訴された悪名高い学生アマンダ・ノックスを放免してしまったと思われる判事――と出会うことになる。だが、まず最初に、自分が犯してもいない罪によって野蛮な収容所に送られたフランスの将校の事例を見ていこう。

誤った「数学」で流刑の憂き目に――ドレフュス事件

法廷における数学の利用の歴史は長いが、決して目立つものではなかった。法廷における数学の最初の有名な（誤）使用例は、ある政治的スキャンダルにまつわる裁判だった。フランス共和国を二分し、後にドレフュス事件として世界中に知られることになるスキャンダルだ。１８９４年に、パリのドイツ大使館で掃除婦に扮して諜報活動を行っていたフランスのスパイが、１枚の捨てられたメモを回収した。その手書きのメモにはフランス軍の秘密が書かれており、そこからフランス軍の中枢にいるはずのドイツのスパイを捜す魔女狩りが始まった。そしてついに、ユダヤ系フランス人の砲兵士官アルフレッド・ドレフュス大尉が逮捕された。

軍法会議が開かれ、誠実な筆跡鑑定人が「ドレフュスは無罪だと思われる」と証言したにもかかわらず、フランス政府はきちんとした資格を持たないアルフォンス・ベルティヨンの意見を採用することにした。パリの「身元確認研究所」の所長だったベルティヨンは、なんともややこしいことに、そのメモはドレフュスが自分自身の筆跡の偽物に見えるように書いたものだ、と主張した。自己偽装と呼ばれる手法である。そのうえベルティヨンは、「メモに何度も登場する複音節の単語を書く際のペン運びにおける一連の類似性に基づいた、難解な数学的分析」なるものをひねり出した。その主張によると、繰り返されている単語のどの2つを取っても、その始まりと終わりでペンの運びが似ている確率は5分の1。さらに、13回繰り返されている複音節の単語の計26個の始点と終点には4つの合致が見られるが、このようなことが起きる確率は5分の1をさらに3回かけたもの、つまりたったの1万分の16にしかならない。早い話が、偶然このような一致が起きることはまったくあり得ない、というのだ。そして、これらの一致は偶然ではなく、「わざと慎重になされたものであって、そこにはある目的があり、おそらく秘密の暗号なのだ」と述べた［注52］。これは、7名の陪審員を納得させる――というよりも、少なくとも惑わす――のに十分な主張だった。こうしてドレフュスは有罪となり、フランス領ギニアの数マイル沖にある孤独な流刑地「悪魔の島」の独房に監禁されて生涯をその島で過ごすことが決まった。

ベルティヨンのこの数学的主張はじつに曖昧で、ドレフュスの弁護団にも法廷にいた政府の監督官にもまるで理解できなかった。どうやら裁判長たちも混乱していたようだが、ベルティヨンの疑似数学的議論にすくみ上がってしまい、どうすることもできなかった。ベルティヨンの神秘的な計算を解きほぐすには、19世紀のもっとも非凡な数学者アンリ・ポアンカレの登場を待たねばならなかった（ポアンカレには、第6章で100万ドル問題に触れる際に、また再会する）。原判決の10年後にこの確率論議の見直しを依頼されたポアンカレは、すぐにベルティヨンの計算の間違いに気がついた。ベルティヨンの計算結果は、13回繰り返された単語の計26個の始まりと終わりのうちの4つが一致する確率ではなく、4つの単語において4カ所が一致する確率を示していたのだ。当然これは、本来の確率よりはるかに低い。

ここで類似の例として、射撃練習場で射撃訓練を終えてから、標的とした人型を調べる場面を考えてみよう。人型の頭か胸を貫いている穴が10個あれば、その狙撃兵は腕がよいということになるだろう。しかし、じつはその練習で100発も1000発も撃っていたことがわかれば、そんなに腕はよくなさそうだという話になる。ベルティヨンの分析でも同じことがいえて、4つの候補が4つとも一致することはめったにないが、ベルティヨンが分析した単語の26カ所の始まりと終わりのなかからどれか4つを選ぶやり方は、じつは1万4950通りある。したがってベルティヨンが注目した26カ所のうち4カ所が一致する確率は、じつは100分の18くらいで、ベルティヨンが陪審員を説得する際に用いた数値の100倍を超えていた。一致箇所がちょうど4つではなく、それ以上でもベルティヨンは満足したはずだから、偶然の一致が5つ、6つ、7つ以上の場合を考慮して再度計算を行うと、4つ以上の一致がある確率は10分の8くらいになる。つまりベルティヨンのいう「尋常でない」数の始点と終点が一致する現象は、実際にはごくありふれたもので、そうならないほうがおかしいくらいだったのだ。ポアンカレはベルティヨンの計算間違いを曝いた上で、このような問題に確率論を持ち出すのは不自然だと主張し、筆跡鑑定の誤りを証明して、ドレフュスの容疑を晴らしたのだった［注53］。悪魔の島の厳しい生活に4年間耐え、フランスに戻ってからの7年間を恥辱のなかで暮らしてきたドレフュスは、1906年についに無罪となり、少佐に昇進した。その名誉は回復され、寛大なドレフュスは第一次大戦でも祖国のために尽くし、ヴェルダンの前線でめざましい働きをしたのだった。

ドレフュスの例1つをとっても、数学によって裏づけられた主張にいかに威力があるか、そしてそのような議論がいかに簡単に乱用されるかがよくわかる。この先も幾度かこのテーマ――数式が示されると、それをひねり出した物知りを敬うあまり、説明を求めもせずに訳知り顔でうなずいてしまう傾向――を取り上げることになる。ひとつには数学的な議論の多くが謎に包まれていることもあって、理解できなくなると同時に、分不相応に荘厳な印象を受けることが多い。このため、まずもって説明を求められることがない。数学の衣をまとった「確かさの幻想（前の章で見たように、これは人々が躊躇なく医療検査の結果を受け入れる原因にもなる）」の前では、疑ってしかるべき人々までが黙り込む。悲惨なことに、わたしたちはドレフュス事件から、さらには史上にあまたある数学絡みの誤審からも何も学んでいない。そしてその結果、無実の人が次々に同じ運命に陥ってきたのだ。

「推定有罪」がまかり通る日本の司法

前の章で見てきた医療検査同様、司法の世界にも二択の判断を下さざるを得ない場面が多くある。正しいか間違っているか、嘘かほんとうか、無罪か有罪か。西洋民主主義国の多くの法廷が、「有罪と証明されないかぎり無罪（推定無罪）」という行動原理を受け入れている。つまり証明という重荷は、告発される側ではなく、告発する側に課せられるのだ。そしてほとんどの国がこの逆の、偽陽性が多くなり偽陰性が少なくなる「無実と証明されないかぎり有罪（推定有罪）」という仮説を退けている。しころが近代国家のなかにも、司法の天秤が推定無罪から推定有罪に傾いている国がある。たとえば日本の司法制度では有罪率が99・9%で、その有罪判決のほとんどが自白で裏づけられている［注54］。これに対して、イギリスの刑事法院の2017年から20

18年にかけての有罪率は80%。日本の有罪率の高さは統計値としてはじつに印象的だが、では日本の警察はほんとうに1000件中999件で適切な人物を捕まえているのか。

ここまで有罪率が高いのは、1つには日本の刑事がタフな尋問を行うからで、通常、容疑者を罪状を明確にしないままで3日間拘留することができ、弁護士がいないところで尋問することができて、面談の記録も必須ではない。だがこのような強硬なやり方は、日本の司法制度がもたらしたものでもある。なぜなら日本の司法では、自白を通じて動機を明らかにすることが、有罪判決を得る上できわめて重要とされているからだ。さらにそのうえ、物理的な証拠を調べる前に自白を得よ、という上司からの圧力が加わる。一方日本人の容疑者は、裁判が注目を集めて家族が恥ずかしい目に遭うのを避けるために進んで自白しようとするようで、このため尋問者の仕事は楽になる。最近ある事件がきっかけで、日本の司法制度では嘘の自白が多いという事実が表面化した。悪意に満ちたインターネット脅迫を行った容疑で4人が逮捕されたのだが、実は彼らは無関係だったにもかかわらず、最終的に本物の加害者が自分の悪事を認める前に、4人のうちの2人が無理やり偽の自白をさせられていたのだ。

日本のような有罪仮説が好まれる傾向は明らかに例外で、世界のほかの国々では「有罪が証明されるまでは無罪」という感情がきわめて強く、国連の世界人権宣言にも国際的な人権として公式に記されている。18世紀のイギリスの判事で政治家でもあったウィリアム・ブラックストーンは、この感情を量を用いて表現した。「無実の人が1人苦しむよりも、有罪の10人が逃げるほうがまし」なのだ。このような見方をする人は、きっぱりと偽陰性の側に立つことになる。つまり、罪を犯したかもしれないが有罪を証明できない人物は放免するのだ。告発された側が有罪だという証拠があったとしても、その証拠に基づいて陪審員と判事が合理的な疑いを超えて納得しない限り、告発された側は無傷で立ち去る。スコットランドの法廷には「第三の評決」があるため、偽陰性の率が低くなっている。といっても単に言葉の上のことで、この「証明されていない（not proven）」という評決は、判事や陪審員が告発された人物の無罪を十分納得できず、無罪を宣言するには至らぬまま放免する場合に使われる。そのような場合、確かに告発された側は放免されるが、評決自体は誤りではない。

サリー・クラーク事件の裁判のなりゆき

イギリスの法廷で争われたサリー・クラーク事件の陪審は、証拠同士がぶつかり合ったために、有罪あるいは無罪という明快な判決になかなかたどり着くことができなかった。サリー自身は断固として、子どもたちを殺していないと主張し続けた。内務省の病理学者で検察側の証人となった専門家のアラン・ウィリアムズ博士は、サリーが殺したと強く主張した。博士が示した法医学的な証拠は複雑で、陪審員にもよくわからなかった。裁判の下準備を進めるなかで、別の専門家が、ウィリアムズ博士がハリーの検死で「見つけた」脳の破損、脊柱の傷、網膜の出血は信用できない、と躊躇なく断言したので、検察は方針を変えることにした。当初主張していたようにハリーが揺さぶられたからではなく、窒息によって死に至らしめられたということで陪審を説き伏せようというのだ。そしてウィリアムズ博士自身も、考えを変えた。ようするに、これらの医学的な証拠はとうてい明確とはいえなかったのだ。

この混乱にさらに拍車をかけたのが、2つの死の状況証拠を巡る弁護側と検察側の激しい攻防だった。検察側は、うぬぼれが強く自己中心的なキャリアウーマンというサリー像を描き出そうとした。子どもができたことで自分のライフスタイルや身体にもたらされた変化を恨み、何が何でも出産前の生活に戻りたくて幼い息子2人を殺した、というのだ。それならなぜ、と弁護側は反論した。サリーは1人目を産んですぐに2人目を産むことにしたのか。さらになぜ、裁判の準備が進んでいる間に第3子を妊娠し、出産したのか。サリーが第1子の死ですっかり取り乱していたことは明らかだ、と弁護側は主張した。すると検察側はその主張をねじ曲げて、あんなに露骨に取り乱すなんて怪しい、とほのめかした。病院に到着したクリストファーを最初に診た医師は、第1子を失った直後のサリーの悲嘆の様子には特に変なところはなかった、と反論した。議論は行きつ戻りつし、真実を見きわめるべき陪審の目は曇る一方だった。

このような混乱を一掃したのが、専門家として証言台に立ったロイ・メドウ教授だった。病理学者たちが「網膜出血」や「硬膜下血腫」の範囲を巡ってあれこれ論を戦わせるなか、教授は、統計の値という一筋の明るい光で陪審員たちを混乱の岩から引き離し、安全な評決へと導いた。メドウは、よくある乳幼児突然死症候群（ＳＩＤＳ。ゆりかご死と呼ばれることが多い）で裕福な同一家庭の2人の子どもが死ぬ確率は７３００万に1つである、と証言した。これは多くの陪審員にとって、裁判で得られたもっとも重要な情報だった。７３００万という巨大な数は、とうてい無視できない。

その時点ですでに著名な小児科医だったメドウは、１９８９年に『児童虐待のＡＢＣ』という本を編纂しており、そこにはメドウの法則と呼ばれる格言が載っていた。「1件の乳児突然死は悲劇である。2件なら疑わしい。そして3件なら、そうではないと証明されないかぎり殺人である」［注55］。だがこの軽薄な格言の元になっていたのは、確率に関する基本的な誤解だった。そしてこれと同じ誤解のせいで、メドウはサリー・クラーク事件の陪審をミスリードすることになった。じつは、「独立な出来事」と「独立でない出来事」を、同じように考えてはいけないのだ。

IQ	性別		合計
	男性	女性	
110 以上	125	125	250
110 以下	375	375	750
合計	500	500	1000

［表3］1000人をIQと性別で区別したもの。

その2つの出来事は独立か、独立でないか

1つの出来事が起きたか否かがもう1つの出来事が起きる確率に影響するとき、2つの出来事は「独立でない」という。影響を及ぼさなければ、「独立だ」という。それぞれの出来事の確率が示されたとき、両方の出来事が起きる確率を求めるためにしばしば行われるのが、2つの確率をかけ合わせるという手順だ。たとえば、全人口からランダムに選んだ人が女性である確率は1／2。表3にあるように、1000人いれば、平均するとそのうちの500人が女性になる。さらに、全人口からランダムに1人を選んだときに、ある特定のIQ検査でその人のスコアが110以上になる確率が1／4だとする。これは、表3の1000人でいうと、250人に相当する。このとき、ランダムに選んだ人が「110を超えるIQを持つ女性」である確率を求めるには、1／2と1／4をかければよい。すると1／8という値が得られて、これは表3のIQが高い女性の数、125人（1000／8）と一致する。2つの確率をか

自閉症	性別		合計
	男性	女性	
はい	8	2	10
いいえ	492	498	990
合計	500	500	1000

［表4］1000人を性別および自閉症であるかどうかで区別したもの。

けてＩＱが高い女性である確率を求めるというこの手順にまったく問題がないのは、ＩＱと性別が独立であるからだ。ある特定のＩＱ値であることと男か女かということはまったく無関係で、男女どちらであるかによってＩＱ値が左右されることはいっさいない。

一方、イギリスにおける自閉症の罹患率は、ざっと１００人に１人、つまり１０００に10である［注56］。だったら、「自閉症の女性」である確率を求めるために、この２つの確率（１／2と１／１００）をかけて１／２００、つまり１０００人に５人は自閉症の女性だ、としたくなる。ところが、自閉症と性別は独立でない。全人口のなかから１０００人をランダムに選んだとき、表４にあるように、男性の自閉症（500人に対して8人）は女性の自閉症（500人に対して2人）の４倍であることがわかっている。自閉症の人が５人いるとき、そのうちの１人だけが女性なのだ［注57］。このため全人口からランダムに選んだ誰かが「自閉症の女性」である確率を計算するには、さらに自閉症と性別の関係についての情報が必要になり、じつは、この2つの確率が独立であるという誤った前提に基づく5／1000という値ではなく、2／1000という値になる。このことからも、出来事が独立か否かを巡る前提が違っていると、途方もない間違いをしでかすことがわかる。

メドウの証言は、サリー・クラークの子どもがともに乳幼児突然死症候群で死んだという出来事を巡るものだった。この出来事を、当時まだ発表されていなかった乳幼児突然死症候群に関する報告書（メドウはその前書きを書くよう依頼されていた）の数値を用いて分析したのである［注58］。イギリスを対象とするその報告書では、計47万3000人の子どもの生後3年のあいだに起きた363件の乳幼児突然死症候群の事例が取り上げられていた。そして、全人口に対する乳幼児突然死症候群の発生率だけでなく、母親の年齢、収入、家庭内の喫煙者の有無といったことが分類されていた。クラーク家のようなごくありふれたたばこを吸わない家庭で母親の年齢が26歳を超えている場合には、8543件の出生に対して乳幼児突然死症候群の事例はたったの1件だった。

メドウの最初の間違いは、乳幼児突然死症候群の発生が完全に独立な出来事だと仮定したところにある。この前提に基づいて、一家のなかで乳幼児突然死症候群による死が2つ重なる確率を求めるには8543を2乗すればよいと考えたために、一家の赤ちゃんが2人とも乳幼児突然死症候群で死ぬ確率として7300万件に対して約1という値にたどり着いた。そしてこの仮定を正当化するために、「ゆりかご死が家系と関係があるという証拠はないが、児童虐待が家系と関係あるという証拠ならたくさんある」と断言した。さらにこの数値からいって、イギリスにおける出生数は年間約70万件だから、このようにゆりかご死が2つ連続して起きるのは約100年に1度である、としたのだった。

だがこの前提は、じつはまったくの見当違いだった。喫煙、早産、添い寝など、乳幼児突然死症候群にはさまざまな危険因子があることが知られている。2001年にはマンチェスター大学の研究者たちが、遺伝子のなかに免疫システムの統御に関わるマーカーがあって、それによって子どもが突然死するリスクが増すことを確認しており［注59］、その後もさまざまな遺伝関連の危険因子が確認されてきた［注60］。同じ親から生まれた子どもには共通する遺伝子がたくさんあり、そのため乳幼児突然死症候群のリスクが増すと考えられる。1人の赤ん坊が乳幼児突然死症候群で命を落としたら、その家庭には何らかの乳幼児突然死症候群の危険因子がある可能性が高い。したがって、同じ家庭でさらに突然死が発生する確率は、全人口に対する突然死の平均的発生率より高くなる。実際にイギリスでは、1年に約1家族が2人の子どもを乳幼児突然死症候群で亡くしているとされている。

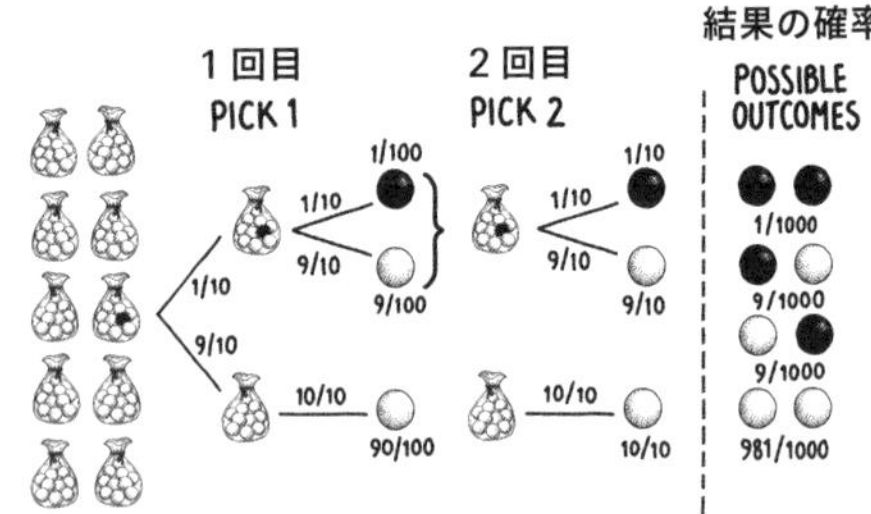

［図9］黒ないし白のビー玉を引く確率を求めるための樹形図。それぞれの試行で黒ないし白のビー玉を取り出す確率を計算するには、適切な枝をたどって、各枝の確率をかけていく。たとえば、最初の試行で黒のビー玉を引く確率は、1/100である。1回目に1つの袋を選んだら、次も同じ袋から引くことにする。ビー玉を2つ引いた時点でのそれぞれの組み合わせが発生する確率は、破線の右側に示してある。

乳幼児突然死症候群による死の発生確率をきちんと理解するために、ここに、ビー玉が入った袋が10あるとしよう。そのうちの9つの袋には白いビー玉が10個入っており、最後の袋には、白いビー玉が9個と黒いビー玉が1個入っている。

図9の左端にあるのがこの最初の状態を表した図で、1回目の試行では、袋をランダムに選んで、その袋からランダムにビー玉を抜く。計100個のビー玉があって、選ばれる可能性はどれも等しいから、最初の試行で黒いビー玉を引く確率は100に1つ。2回目の試行では、抜いたビー玉を元の袋に返した上で、同じ袋からまた1つ抜く。つまり、残りの9袋は完全に無視するのだ。もしも1回目に黒いビー玉を引いたのなら、2回目も、黒いビー玉が入って

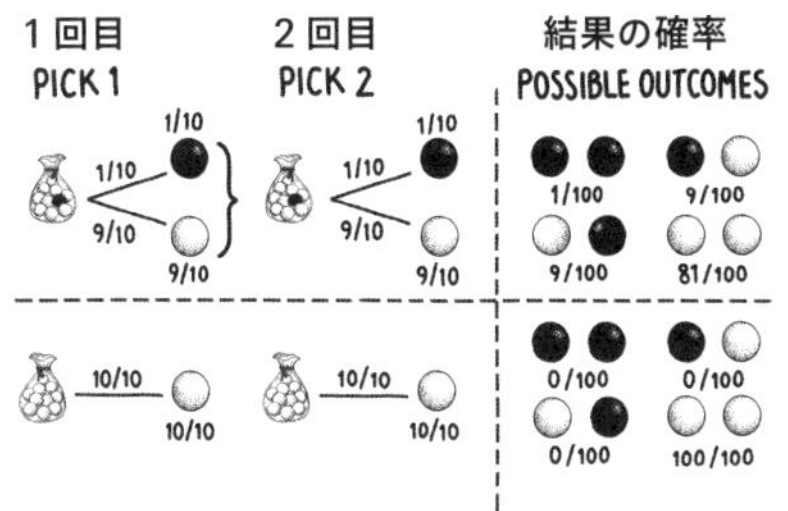

［図10］選ぶ袋が前もって定められていて、2回とも同じ袋から抜く場合を示した2種類の樹形図。破線の右側にあるのが、それぞれの場合に引いたビー玉の組み合わせに対応する確率。黒いビー玉が入っていない袋から引けば、2回とも白を引くことになる。

いる袋からビー玉を引いていることがわかる。このため黒いビー玉を引く確率ははるかに高くなり、100個に1つではなく、10個に1つになる。この流れでは、2回とも黒いビー玉を引く確率（1000に1つ）は、黒いビー玉を1つ引く確率を2回かけた値（つまり1万に1つ）よりはるかに大きくなる。同様に、1人目の子どもを乳幼児突然死症候群で失った場合は、2人目も乳幼児突然死症候群で失う確率が上がることがわかる。

乳幼児突然死症候群の場合は、最初の子どもが生まれるときに家族に由来する危険因子を持つかどうかがランダムに決まるのではなく、その家族に危険因子があるかないかであらかじめ決まっている。つまり初めから、黒いビー玉が入っている袋から引くか、入っていない袋から引くかが決まっているのだ。この場合の解釈の仕方を示したのが図10の2つの樹形図で、2回とも黒い玉が入っている袋からビー玉を抜くと、黒いビー玉を2回引く確率は100に1つに上がる。つまり、人口全体に対する乳幼児突然死症候群の発生確率を2乗しただけでは、2人が乳幼児突然死症候群で死ぬ確率にはならないのだ。

＊＊＊

メドウは証言のなかで、計8543件の出産に対して1件という、階層を分けた上での乳幼児突然死症候群による死亡の割合を使ったが、これも問題だった。じつはメドウが数値を引用した元の報告書には、これよりはるかに大きな全人口に対する発生率として、1303に対して1という値が記されていた。これは、データを社会経済的指標で階層分けせずに計算して得られた値なのだが、メドウはこれを使わず、クラーク一家の背景を細かいところまで考慮に入れて、乳幼児突然死症候群による死がはるかに珍しく見える値を作り出した（そのうえ誤って、2つの死亡が互いに独立ではないという事実を無視したために、乳幼児突然死症候群による死亡が2つ続く可能性はさらに低くなった）。しかもその一方で、乳幼児突然死症候群による死亡が起きやすくなる因子は無視していた。たとえばメドウは、サリーの子どもが2人とも男の子であることを考慮しなかったが、実際には、男の子の乳幼児突然死症候群の発生率は女の子のほぼ2倍に上る。この違いを考えに入れると、2人が乳幼児突然死症候群で死ぬ確率はもっと高くなり、検察の主張の根拠は崩れて、サリーが2人の子どもを殺した可能性は低くなる。

検察側が統計的な証拠の有害な特徴だけを選んだために解釈が歪んだことは、むしろん誤解を招く行為であり倫理に反しているが、この一件にはさらに深い問題があった。メドウが数値を引用した元の報告書では、全人口のなかでも乳幼児突然死症候群の発生リスクが高い層を見極めるために、データが分類されていた。この分類はあくまでもかぎりある医療資源をより効果的に配分するための措置であって、高リスクグループに属する特定の個人に関する乳幼児突然死症候群のリスクを解釈する際に使えるようなものではなかった。その報告書はイギリスにおける約50万件の出産を大まかに調査したものでしかなく、1つひとつの出産の状況を詳細に調べたわけではなかったのだ。一方サリー・クラークの一件では、特定の主張に対するきわめて詳細な調査が行われていた。検察側は、サリーとスティーブの家庭背景のなかから報告書とうまく合う点だけを選び出して、クラーク家の子どもたちの乳幼児突然死症候群のリスクの特徴を明らかにしようとした。しかしこれでは、「個人の特徴が全人口の特徴と同じである」という誤った仮定をすることになる。じつはこれは、「生態学的誤謬」の古典的な例なのだ。

生態学的誤謬——平均寿命より長寿な人が多い?

多様な人口の特徴を唯一の統計値で表すことができる、という乱暴な仮定をすると、ある種の生態学的誤謬が生じる。たとえば2010年の時点では、イギリスの女性の平均寿命は83歳だった。これに対して男性の平均寿命は79歳、さらに全人口の平均寿命は81歳だった。この場合の生態学的誤謬の単純な例として、女性のほうが男性より平均寿命が長いから、ランダムに選んだ女性は全員、ランダムに選んだ男性より長生きするはずだ、という申し立てが考えられる。ちなみにこの種の誤謬は特に(そして的確に)、「十把一絡げの一般論」と呼ばれている。もう1つ、人間の寿命が延びているという事実に基づく乱暴な生態学的誤謬でよく見られるのが、「誰もがもっと長生きする」という申し立てだ。怠け者のジャーナリストは、よくこのような結論を出そうとする。みんながみんな以前思っていたよりも長生きできるわけではなく、明らかにこれは薄っぺらな思いつきでしかない。

だが生態学的誤謬のなかには、もっとはるかに微妙なものもある。たとえばイギリス人男性の平均寿命が78・8歳であるにもかかわらず、イギリス人男性の大部分は全人口の平均寿命である81歳より長生きする、といわれたら、みなさんはびっくりするかもしれない。これは一見矛盾した申し立てのように思えるが、データを要約するために用いたいくつかの統計量に食い違いがあるせいで、こういうことが起きるのだ。

具体的には、少数だが無視できない数の早死にする人がいるために、平均死亡年齢（死亡時の年齢をすべて足し合わせてから人数で割ったもの。よく引用される平均余命のこと）が下がるのだ。驚いたことに、これらの早死にする人々のせいで、死亡者の年齢の平均が死亡者の年齢の中央値（ちょうど真ん中に来る年齢。この年齢より下で死ぬ人の数と、上で死ぬ人の数が等しい）より低くなる。イギリスにおける男性の死亡年齢の中央値は82歳で、これはつまり、男性の半数が死亡時に少なくともこの年齢に達しているということを意味する。この場合に、平均死亡年齢が78・8歳である、という形で統計を要約すると、イギリス人男性の人口について誤解を与えることになる。

身長からIQまで、日常のさまざまなデータセットの特徴づけに使われる釣鐘型曲線——またの名を正規分布——は美しい対称性を持つ曲線で、平均の片側にデータの半分があり、反対側に残りの半分がある。つまりこの分布に従うものの特徴として、平均と中央値——真ん中のデータ値——は一致しやすい。この有名な曲線を使えば現実生活の情報を記述することができる、という考えにすっかりなじんでいるせいで、多くの人が、平均こそデータセットの「真ん中」を示すよい印だと思い込んでいる。そして、平均と中央値が遠く隔たった分布に出くわすとびっくりする。図11にあるように、イギリス人男性の死亡年齢の分布はどう見ても対称とはいえない。わたしたちは通常、このような分布を「歪んだ分布」と呼んでいる。

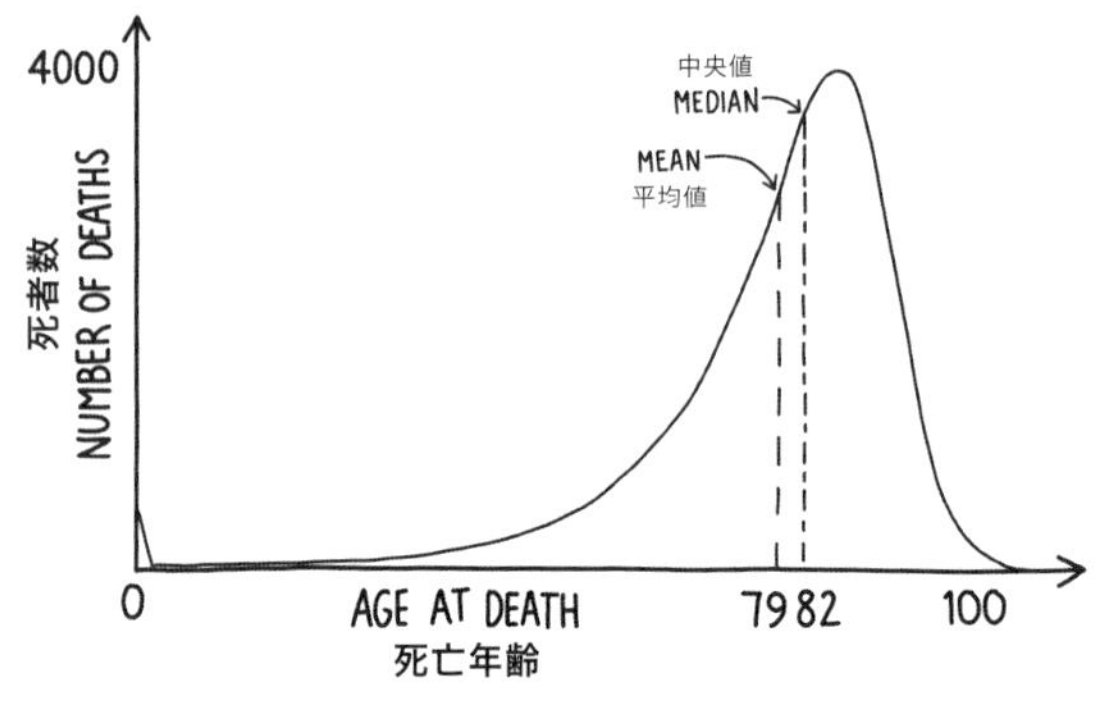

［図11］毎年死亡する英国人男性の年齢依存を示す分布は「歪んでいる」。死亡の平均値は79歳のすぐ下なのに、中央値は82歳になっている。

前の章で（誤った警報をなくすために中央値を導入したときに）見たように、世帯所得の分布も、中央値と平均値が遠く隔たっている。イギリスの世帯所得の分布はたとえば図4〔108ページ〕のような形になっていて、これも、図11を左右反転して少しだけぐちゃぐちゃにしたような、ひどく歪んだ形をしている。イギリスでは、大多数の世帯の可処分所得は少なく、一方で少数だが無視できない数の高収入の世帯があって、そのため分布全体が歪む。2014年のイギリスでは、1週間の収入が「平均以下」の世帯が全体の3分の2に上っていた。

初めて聞いたときにもっと驚くのが、「次に通りで出会う人が、平均よりたくさんの脚を持っている確率はどれくらい？」という古くからあるなぞなぞだ。答えは、「ほぼ確実

処方	A：ファンタスティコル	B：プラセボ
改善	560	350
改善せず	440	650
改善率	56%	35%

［表5］ファンタスティコルは全体として、プラセボより状況を改善したように見える。

に100%」。少数だが脚がなかったり脚が1本だったりする人がいるために、平均が2より少しだけ下がって、脚が2本ある人は全員、平均以上の脚があることになる。この場合、全人口のなかのどの人であろうと平均を使えばきちんと特徴づけられる、と考えるのはナンセンスだ。

対象となる人口を記述する際に間違ったタイプの代表値を用いると、生態学的誤謬が生じることがはっきりしたわけだが、これとは別の生態学的誤謬として、シンプソンのパラドックスがある。これは、いくつかの平均の平均を求めようとしたときに生じる誤謬で、経済が健全かどうかを測る試みや［注61］、選挙で投票者のプロファイルを理解する試みや［注62］、あるいはもっとも重要と思われる、薬を開発する試みなど［注63］のさまざまな分野に影響を及ぼす。今、わたしたちが新薬の対照臨床試験を任されたとしよう。ファンタスティコルは血圧を下げるための薬で、この試験には男女同数、計2000人が登録している。これらの人々を、比較のために1000人ずつ2つのグループに分ける。グループAの患者にはファンタスティコルを投与し、対照群と呼ばれるグ

性別	男性		女性	
処方	A:ファンタスティコル	B:プラセボ	A:ファンタスティコル	B:プラセボ
改善	40	200	520	150
改善なし	160	600	280	50
合計	200	800	800	200
改善率	20%	25%	65%	75%

［表6］被験者を性別で分けると、男女ともにファンタスティコルを投与された患者よりプラセボを投与された患者のほうがよい結果が出ている。

ループBの人にはプラセボ（偽薬）を投与する。試験が終わった時点では、薬を投与された人の56％（1000人中560人）の血圧が下がり、プラセボを投与されたグループでは、35％（1000人中350人）の血圧が下がった（表5を参照）。どうやらファンタスティコルを用いたことで、実際に差が出たらしい。

薬のターゲットをきちんと設定するには、性差によって効き目が変わるか否かを知る必要がある。そこでこれらの数値をさらに細かく分けて、問題の薬が男女それぞれにどのように効いたのかを調べてみる。表6はその結果得られたさらに詳細なデータなのだが、こうして分類した結果を分析してみると、いささかショッキングなことがわかる。男性の場合は、プラセボを投与された人の25％（グループBの800人中200人）で血圧が改善したのに対して、ファンタスティコルを投与された人のなかで改善されたのはたったの20％（グループAの200人中40人）だったのだ。女性の場合も同じような傾向が見られて、プラセボを投与された人の75%（グループBの２００人中１５０人）で状況が改善されたのに対して、ファンタスティコルを投与された人のなかで改善されたのはたったの65%（グループAの８００人中５２０人）だった。男女ともに、本物の薬を投与された患者よりもプラセボを投与された患者のほうが、症状が改善された人の割合が高かったのだ。この角度からデータを見ると、ファンタスティコルはプラセボより効果が低いように思われる。なぜ、分類したデータが語る物語と合体させたデータが語る物語がまったく逆になっているのか。いったいどちらが正しいのだろう。

その答えは、「交絡変数」あるいは「潜在変数」と呼ばれるものにある。この例の場合は、じつは性別が交絡変数になっている。つまり、結果にとって性別がきわめて重要なのだ。さらにいえばこの試験全体を通して、女性の血圧は男性の血圧より自然に改善されることが多かった。

２つのグループの参加者のなかの男女比が異なっていたために（薬を使ったグループAは女性８００人と男性２００人、プラセボグループのBは女性２００人と男性８００人）、「女性たちの血圧は自然に改善される」という効果がグループAで強く出て、プラセボよりファンタスティコルのほうが効果があるように見えたのだ。試験全体での男女比は等しかったが、男女を２つのグループに均等に分けていなかったために、男女それぞれの薬の改善率（男性では20%、女性では65%）を平均しても、全体としてのファンタステ

性別	男性		女性	
処方	A:ファンタスティコル	B:プラセボ	A:ファンタスティコル	B:プラセボ
改善	100	125	325	375
改善なし	400	375	175	125
合計	500	500	500	500
改善率	20%	25%	65%	75%

［表7］男女が2つのグループに均等に分布するようにした試験の結果。それぞれの治療の下で改善した男性および女性の割合は、表6の場合と同じである。

ィコルの改善率である表5の56%にならない。平均をただ平均すればいいというわけではないのだ。

平均を平均してもよいのは、交絡変数を確実にきちんとコントロールできている場合にかぎられる。あらかじめ性別が重要な変数だとわかっていれば、ファンタスティコルの効き目を正しく把握するには得られた結果を男女で分類しなければならないということがわかったはずだ。あるいは表7のように、男女の数を同じにして、性別をコントロールすることもできた。ファンタスティコルやプラセボを投与された男性の改善率と女性の改善率は、表6と変わらない。ところがそれらの結果をまとめて表した表8のファンタスティコルの改善率（42・5%）を見ると、この薬はプラセボ（改善率50%）より優れるどころか、明らかに劣っている。むろんほかにも、たとえば年齢や社会的な階層など、わたしたちが考慮していない変数、交絡変数があるのかもしれない。

臨床試験を設計するからには、（第2章でも見てきたし、別

処方	A：ファンタスティコル	B：プラセボ
改善	425	500
改善なし	575	500
改善率	42.5%	50%

［表8］表7の結果をまとめたもの。これで交絡変数である性別をコントロールした試験の結果が得られたことになる。ファンタスティコルの効き目がプラセボより悪いことがはっきりわかる。

の理由から第4章でも見るように）生態学的誤謬と正しく調整した対照群の問題を真剣に考慮すべきなのだが、じつはこの2つの要素が医療の別の分野を混乱させたことがある。1960年代から70年代にかけて、妊娠中に母親がたばこを吸っていた子どもたちのあいだで奇妙な現象が見られた。たばこを吸っている母親から生まれた低体重出生児の満1歳までの死亡率が、たばこを吸っていない母親から生まれた低体重出産児の満1歳までの死亡率より低かったのだ。長らく低体重で生まれた乳児のほうが死亡率は高いと思われてきたにもかかわらず、どういうわけか妊娠中のたばこが低体重出生児の命を守っているようだった［注64］。しかし、真相はまるで違っていた［注65］。このパラドックスの鍵は交絡変数にあったのだ。

低体重で生まれることと乳児の死亡率の高さには相関があるが、低体重だ*から*乳児死亡率が高くなるわけではない。この2つの現象は、通常どちらも何か別の有害な条件、交絡変数によって引き起こされる。喫煙などの有害な健康状態によって出生時の体重が減り、結果として乳児死亡率が上がる場合は確かにあるが、その度合いは原因によって違う。母親がたばこを吸っていたせいで、低体重であることを除けば健康そのものの子どもが生まれることはよくあるが、同じ低体重出産の原因でも、たばこ以外の原因は子どもの健康にとってさらに有害である場合が多く、そのため乳児死亡率が上がる。たばこを吸っている母親から生まれた低体重の子どもの割合が非常に大きく、それでいて乳児死亡率はあまり上がらないことから、この2つが組み合わさって、別の原因によって低体重で生まれた重篤な子どもの満1歳までの死亡率よりも、喫煙者から生まれた低体重児の満1歳までの死亡率のほうが小さくなるのだ。

メドウが生態学的誤謬を犯してクラーク一家を乳幼児突然死症候群のリスクが低いカテゴリーに入れたために、2人の子どもの死は、全人口に対する乳幼児突然死症候群比——こちらのほうがずっと値が大きい——を使った場合よりもはるかに疑わしく見えた。かりに全人口に対する乳幼児突然死症候群の比を使ったとしても、相変わらず生態学的誤謬ではあったのだが、それでもほぼ確実に、全人口に対する数値を使ったほうが偏りは減っていたはずで、1人の女性の自由を左右する局面にはそちらのほうがふさわしかった。さらに、乳幼児突然死症候群による死亡が互いに独立だという誤った前提が事態を悪化させたのである。

検察の誤謬――有罪の確率が見た目より低い場合

統計を巡るメドウの不注意はそれだけでなかった。さらに深刻な間違いを犯していたのだ。これは法廷でよく見られる間違いで、「検察の誤謬」と呼ばれている。検察はまず、被疑者が無罪であるとすると、ある具体的な証拠がきわめてまれなものになる、と主張する。サリー・クラークの場合でいうと、「もしも2人の子どもを殺していないとすれば、2人の子どもが死ぬ確率は7300万に1つという低さになる」という主張だ。そこから今度は、それに代わる説明――被疑者が有罪であるという説明――が正しい可能性がきわめて高い、というふうに推論を進めていくわけだが、じつはこれは間違いだ。このやり方ではそのほかの説明候補――この2つとは別の、被告が無罪であるような説明――は無視される。たとえばこの推論は、「サリーの子どもの死が自然死である」という説明を考慮していない。それに、被疑者が有罪である（サリーの場合には2人の子どもを殺した）という検察側の説明が正しい確率が、同じく検察側が持ち出した「無罪とする説明が正しい確率」と同じくらい低いかもしれない、という可能性も無視している。

検察の誤謬の問題点を理解するために、わたしたちがある犯罪を調べているとしよう。証拠の1つとして、車のナンバープレートの一部が示されている。どうやら加害者の車であるらしく、現場から走り去るところを目撃されている。この例では、すべてのナンバープレートが7つの数字からなっていて、各桁は0から9までのどれかだとする。このとき、7つの数のそれぞれに対して10の候補があり得るから、考えられるナンバープレートの総数は10×10×10×10×10×10×10で1000000、つまり1000万になる。そのナンバープレートを目撃した人は、最初の5つの数字は覚えられたが、末尾の2つの数字は読み取れなかった。最初の5桁が特定できれば、わからない数字は残りの2つだけだから、犯人の車の候補はぐんと狭まる。問題の2桁の数字に関しては、それぞれに10の選択肢があるから、最初の5桁が特定されたナンバープレートの総数は計100（10×10）になる。

さてこのとき、目撃者が記憶していた5桁と一致するナンバープレートの持ち主が、被疑者として浮かんできたとする。もしもこの人物が無罪だとすると、路上を走っている1000万台の車のうちでナンバープレートの最初の5桁が一致する車は99台だけ、ということになる。つまり被疑者が無罪なら、目撃者がそのようなナンバープレートを見た確率は1000万分の99（1000万につき100弱）で、10万に1つより低くなる。今かりに被疑者が無罪だとすると、この証拠が目撃される確率はこんなに小さくなるのだから、この証拠は圧倒的に被疑者の有罪を示していると考えていいような気がする。ところがそう考えてしまうと、検察の誤謬を犯すことになる。

被疑者が無罪である場合にその証拠が目撃される確率と、その証拠が目撃された場合にその被疑者が無罪である確率は、じつは等しくない。目撃者の証言に合う100台の車のうちの99台は被疑者のものでない、ということを思い出そう。被疑者は、条件に合う車を運転する100人のうちの1人でしかない。したがって、ナンバープレートがわかっていて、しかも被疑者が有罪である確率は100分の1で、きわめて低い。もちろんほかにも証拠があって被疑者が現場付近にいたことが示されたり、その付近にほかの車がいた可能性がゼロだとなると、被疑者が有罪である可能性は増す。だがナンバープレートという証拠だけに基づけば、被疑者は無罪である可能性が圧倒的に高い。

検察の誤謬が誤謬としての威力を発揮するのは、無実であるという説明をするチャンスがきわめて低いときにかぎられ、そうでない場合は簡単に誤りを見抜かれる。たとえば、ロンドンで起きた押し込み強盗を調べているときに、犯行現場で加害者のものと思われる血液が見つかり、それがある被疑者と同じ血液型であることがわかったとする。このタイプの血液は、全人口の10%しかいない。ということは、告発されている人間が無実だ（つまり全人口のなかの誰かほかの人物がこの犯罪を行った）とすると、この血液型の血液が現場にある可能性は10%。ここで検察の誤謬を犯すと、血液という証拠に照らして、被疑者が無罪の可能性もたったの10%となり、90%有罪だという結論に至る。ロンドンのような一千万都市（メガシティー）には、犯行現場で見つかったのと同じ血液型の人が約１００万人（総人口の10％）いるから、血液という証拠だけに基づくと、被疑者が有罪である確率は文字通り１００万にひとつとなる。たとえその血液が10人に１人のわりと珍しいタイプだということがわかったとしても、同じ血液型の人がこれだけたくさんいる以上、この証拠から血液型が一致している被疑者が有罪か否かを巡っていえることは、ごくわずかなのだ。

＊＊＊

今の例では、わりと誤りがはっきりしていた。実際、全人口に対する個人の血液型の割合だけに基づいて無罪の確率が10に１つだと断定するのは、ばかげているような気がする。ところがサリー・クラークの場合は数値がひどく小さかったので、統計のことをよく知らない陪審は間違いに気づかなかった。メドウが「……このような状況で子どもが自然死する可能性はきわめて小さい。実際、７３００万に１つしかないのです」と述べたとき、本人が自分の間違いに気づいていたかどうかもかなり怪しい。

統計の素養がない陪審員は、この証言を次のように解釈したはずだ。「２人の子どもが自然死することはきわめてまれだ。ということは、同一家族で２人の子どもが死んだとき、この２つの死が不自然である可能性はきわめて高い」

メドウはこの勘違いをさらに強調するために、７３００万に１つという値を、もっと派手でもっともらしい状況と結びつけてみせた。同一家族で2人の子どもが突然死する可能性は、イギリス最大の競馬の障害レースであるグランドナショナルで、とうてい勝ち目のない80対1のオッズの穴馬に4年連続で賭け続けて毎年勝つ可能性と同じくらい小さい、と述べたのだ。そういわれると、2人の子どもの死についてサリーに責任がないという説明はまず成り立たないように思えてくる。だから陪審員たちは、だったらサリー・クラークが無罪ではないという筋書き、つまりサリーが2人の子どもを殺したという説明が正しいのだろうと考えた。

事実、2人の子どもが乳幼児突然死症候群で死亡するというのはきわめてまれな出来事だが、別にこの事実自体が、サリーが子どもを殺した可能性に関してなにか有益な情報をもたらすわけではない。実際に検察は、サリーが子どもを殺したということを別の角度から説明したが、そちらのほうがさらに可能性が低かった。2人の子どもを殺す可能性を計算すると、その確率は、子ども2人が乳幼児突然死症候群で死ぬ可能性の10分の1から100分の1にすぎないことがわかるのだ［注66］。そこでこの値を100分の1とすると、かりに有罪ではないことを示すほかの証拠をいっさい考慮しなかったとしても、有罪である確率は100に1つでしかない。しかし、陪審員の前でこの二重殺人の確率が比較されることはついになかった。サリーの弁護人はメドウの統計を一度も問いただささず、メドウの統計値の権威が損なわれることはなかったのだ。

＊＊＊

1999年11月9日、陪審は2日間の討議の末に、10対2の多数でサリーを有罪とした。ある陪審員は友人に、評決の際、陪審員のほとんどの判断がメドウが示した統計値の影響を受けていた、と告白したという。量刑は終身刑。判決が読み上げられると、サリーは夫のスティーブを見た。スティーブは声には出さず、「愛しているよ」といった。サリーは夫の最大の支持者で、その後サリーが「生き地獄」――サリーは監獄をそう呼んだ――にいるあいだも、一貫してサリーのために戦った。法廷から連れ出されるとき、サリーは通路の向こうに目をやって、声には出さず夫に、「愛してる」といった。

メディアは早速サリーにナイフを突き立て始めた。デイリー・メールには「酒と絶望に駆られた事務弁護士が赤ん坊を殺害」という見出しが躍り、デイリー・テレグラフには「赤ん坊を殺したのは『孤独な飲んべえ』だった」と書かれた。外の世界でのサリーの評判はずたずたで、塀のなかの生活も、子殺しで有罪となった警察官の娘にとっては地獄となりそうだった。

サリーは監獄で1年を過ごした。夫からも幼い息子からも引き離されて、自分の無罪を信じてくれる見知らぬ人々からの手紙だけが慰めだった。塀の外では、スティーブもまたサリーは無実だと信じていて、12カ月近く懸命に手を尽くした結果、ようやく控訴審の場で再び判事たちと向き合う準備を整えることができた。控訴の主なよりどころは、メドウの統計値が不正確だという事実にあった。統計の専門家たちは裁判官に向かって、クラーク家を乳幼児突然死症候群リスクが低い範疇に入れたのは「生態学的誤謬」であったこと、メドウが乳幼児突然死症候群で1人が死亡する確率を2乗したのは誤りで、独立性を仮定すべきではなかったこと、さらに陪審員たちが「検察の誤謬」に陥っていたことを証言した。

裁判官たちはこれらすべての主張を理解し、考慮したかに見えた。要約のなかでも、メドウの統計値が正確でなかったことは認めたが、そもそもそれらは大まかな見積もりとして考慮されたにすぎなかったとした。さらに裁判官は、この件での「検察の誤謬」ははっきりしているのだから、サリーの弁護士が異議を申し立てるべきだったとし、異議が唱えられなかったのはこの誤謬が裁判に関わった誰の目にもきわめて明瞭だったからだ、とした。

「2人の幼児がいる家庭で、2人がほんとうに乳幼児突然死症候群で死ぬ確率が7300万に1つである」という申し立てが「家庭内で2人の幼児が死亡したときに、2人がまったく疑いの余地がない状況で原因不明の死を迎える確率が7300万に1つである」という申し立てと同じでないことは明らかである。そのことを明確にするために、わざわざ「検察の誤謬」というレッテルを貼る必要はない。

裁判官たちは、この統計的証拠は裁判においてごく些細な役割しか果たしておらず、それによって陪審が誤った方向に導かれたとは思えない、と結論したのだ。あの統計は、矛盾する医療的証拠の嵐に見舞われていた陪審員にとっての頼みの綱となる岩ではなく、大海の一滴――単なる余興――でしかなかった。裁判官はそう述べると、控訴を棄却した。原判決は支持され、サリーはその日の夕方に再び収監された。

＊＊＊

確率が誤用され誤解された裁判は、このサリー・クラークの一件だけではない。1990年にはアンドリュー・ディーンが、生まれ育ったイングランド北西部の町マンチェスターで、これと同じ検察の誤謬によって3人の女性に対する強姦の罪で有罪判決を受けている。量刑は16年。この裁判では検察官のハワード・ベンサムが、ある被害者の体表から採取された精子のDNAを証拠として提出した。ベンサムによると、ディーンの血液サンプルから得たＤＮＡがこの精子から取ったＤＮＡと一致したという。検察官が証言台に立った専門家に向かって、「ではこのＤＮＡがアンドリュー・ディーン以外の誰かのものである可能性は、３００万に１つなのですね？」と尋ねると、専門家は「はい」と答え、さらに、「その精子がアンドリュー・ディーンのものだと結論できます」とつけ加えた。裁判官までが判決の要約で、３００万に１つという値は「近似的にはほぼ確実といってよい」と述べている。

３００万に１つという値は、じつは全人口からランダムに選んだ個人のＤＮＡの分析結果が、犯行現場で見つかった精子のＤＮＡの分析結果と一致する確率である。つまり、１９９０年にイギリスに男性が計３０００万人いたとすると、そのうちの10人の男性のＤＮＡプロファイルは犯行現場の精子のＤＮＡと一致すると考えてよい。ということは、その精子がディーンのものでない確率、つまりディーンが無罪の確率は、ほぼあり得なさそうな３００万に１つから、イギリス全土の男性のうちのＤＮＡが一致する10人には含まれるが犯人ではないことを示す、10に９つという非常に高い値に跳ね上がる。もちろんイギリスにいる３０００万人の男性全員が容疑者候補になるわけではないが、たとえマンチェスターの中心部から車で１時間の範囲に住む男性７００万人にかぎったとしても、このプロファイルに合致する男性は少なくともあと１人は存在すると考えられるから、ディーンが無罪である可能性は１対１、つまり半々になる。陪審は検察の誤謬によって、ディーンの有罪の可能性がその証拠が実際に示す可能性の100万倍も高いと思い込むことになったのだ。

ディーンと犯罪を結びつけたDNAの証拠には、じつは専門家が証言したような説得力もなかった。この裁判の控訴審において、ディーンのDNAと犯行現場で見つかったDNAが当初考えられていたほど似ていなかったことが判明したのだ。現場で採取されたDNAがランダムに選んだディーン以外の人物のDNAと一致する確率は300万に1つではなく、じつは約2500に1つであることがわかり、ディーンが無罪である可能性は劇的に高くなった。犯罪現場の近くに住む男性が30万人はいることを考えると、DNAが合致する可能性のある人物はディーンのほかにも1000人いるはずで、DNAに基づくディーン有罪の可能性は1000に1つまで下がる。こうして法医学的な証拠の解釈が見直され、最初の裁判の裁判官と専門家がともに検察の誤謬を犯していたことが認められた結果、ディーンの有罪判決は破棄されたのだった。

弱い証拠を2つ集めると強力な証拠になる?

DNAの証拠や確率に関する理解が重要な役割を果たした裁判としては、もう1つ、カーチャー殺人事件がある。2007年にイタリアはペルージャのアパートで、イギリス人学生メレディス・カーチャーの刺殺死体が発見されたのだ。カーチャーはそのアパートを、やはり交換留学生だったアマンダ・ノックスとシェアしていた。ノックスとイタリア人の元彼ラファエレ・ソレチートは2年後の2009年に、カーチャー殺害の罪で満場一致の有罪となった。検察は、ノックスとソレチートの有罪を示す重要な証拠として、カーチャーの傷と大きさも形状も一致するナイフを提示した。ソレチートの家の台所で見つかり、しかも持ち手からノックスのDNAが検出されたということは、2人と凶器につながりがあるということだ。ナイフの刃からはさらにもう1つ、DNAサンプルが採取されたが、細胞が数個といったごくわずかなものだった。それらの細胞のDNAを分析してみると、犠牲者であるカーチャーのDNAと一致した。

ノックスとソレチートは2011年に、量刑を不服として控訴した。弁護士は、ノックスとソレチートを殺人と結びつける唯一の証拠であるナイフから採取されたDNAの信頼性をなんとしても崩そうとした。

（双子の兄弟は別にして）ほぼすべての人に固有のゲノムがある。ゲノムとは、各細胞に入っている長いDNAの紐を特徴づけるアデニン（A）、グアニン（G）、シトシン（C）、チミン（T）をすべて読み取ったもので、ヒトのゲノムの基本となる約30億のペアを読み取って保存しておけば、得られた列はその人物に固有の真の識別子になる。ただし、法廷で用いられるDNA分析やDNAデータベースに保存されているDNA

の分析では、ゲノム全体を正確に読み取るわけではない。DNA分析が考案された当時の技術では、ゲノム全体のプロファイルの作成には時間や費用がかかりすぎ、得られるデータの量も多すぎた。それに、2つのプロファイルを比べるのにも時間がかかりすぎた。

そこで、全体のプロファイルを比べるのではなく、個人のDNAの特定の「遺伝子座〔各遺伝子が染色体やゲノムで占める位置〕」を全部で13カ所分析して、DNAのプロファイルを作成することにした。わたしたちはそれぞれの親から1組の染色体のうちの1本を受け継いでいるから、それぞれの遺伝子座に関連するDNA領域が2つある。これらの各領域の一部には「短鎖縦列反復」と呼ばれる短いDNAの繰り返しが見られるが、この反復数はどの遺伝子座でも人によって違っている。じつはこの鑑定法では意図的に反復数が大きくばらついている遺伝子座を選んでいて、このため13の遺伝子座全体での反復数の組み合わせは天文学的な数になる。つまりDNAのプロファイルとは、各遺伝子座におけるDNAの反復回数の一覧でしかなく、具体的な反復回数自体は、「電気泳動図」なるものから読み取るのだ。生のDNA配列を表す電気泳動図は〔地震を計測するための〕地震計を読み取ったものと似ていて、背景となる低レベルのノイズのなかの特定の場所にピークが現れ、それが、プロファイルで使われる各座に対応する。ナイフの刃から採られたサンプルの電気泳動図は、図12のようなもの

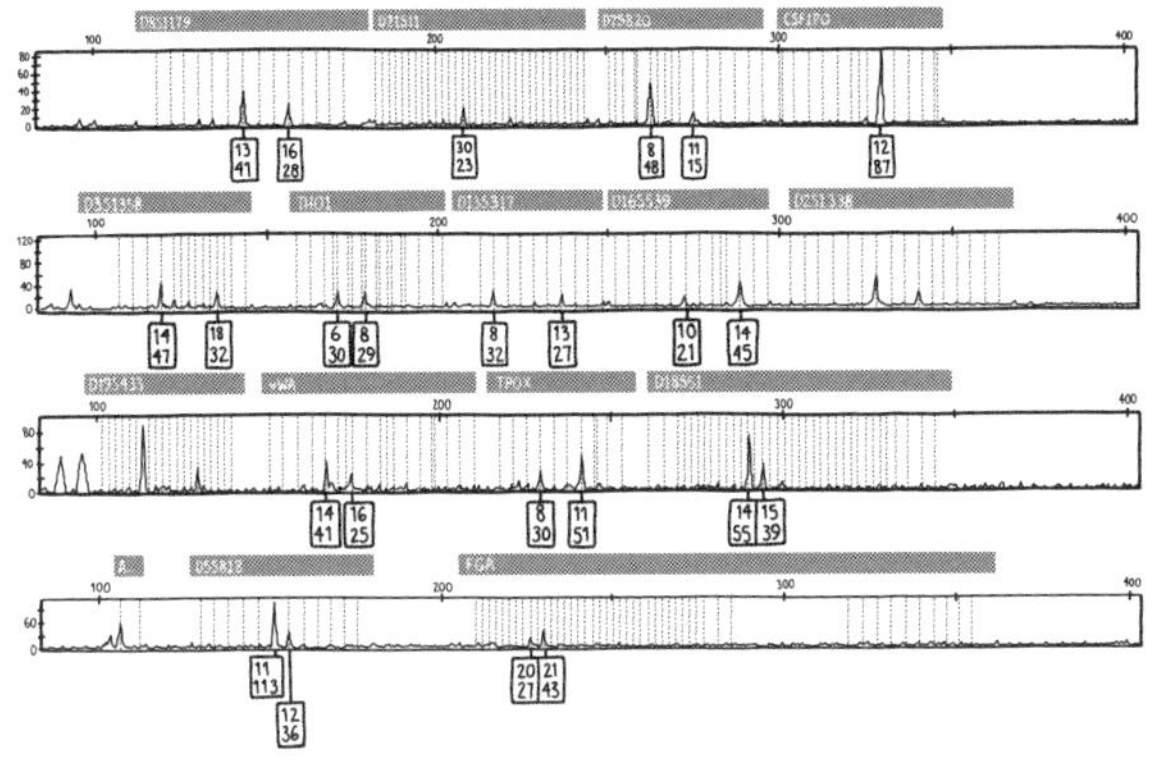

[図12] ナイフの刃から採った、メレディス・カーチャーのものとされるDNAサンプルの電気泳動図。標準的なDNAプロファイルで使われる13の遺伝子座に対応するピークにラベル〔四角とその中の数値〕がついている。ピークが1つだけ見えている箇所もあって、このサンプルの持ち主がその座では両親から同数の反復を受け継いでいることがわかる。それぞれの四角の中にある上の数値は、繰り返されるDNA断片の個数を示す。下の数値はピークの高さに対応する信号の長さを表す。ほぼすべてのピークの信号長が、最低限でも望ましいとされる50という値に達していない。

だった。

今、一個人の電気泳動図の作成を、最大で18の面を持つサイコロを計13個用意して、それらを2回ずつ転がした結果を順次記録する、という作業にたとえてみる。このとき、ランダムに選んだ2人の個人プロファイルが完全に一致するという結果は、まったく同じ目の列が2度できるという結果に対応する。理想的な条件の下では、ランダムに選んだまったく無関係な2人の個人プロファイルが一致する確率は100兆に1つ未満で、したがって、このDNAプロファイルは事実上、無類の同一性確認法になる。2つの電気泳動図のピークの場所がぴったり一致すれば、それら2つのDNAが同じ人に由来する、と無理なく推察できるのだ。

場合によっては、時間が経過したりサンプルの質に問題があったりして、DNAサンプルから部分的なプロファイルしか復元できず、DNAが一致するかどうかが曖昧なこともある。すべての座で信号が見つかるとはかぎらないのだ。部分的なプロファイルだけでは、決定的に一致しているとは言い切れない。それに、特に小さなサンプルでは、電気泳動図に現れるはずの信号が、分析中にどうしても生じる背景のノイズに埋もれる可能性がある。そのためDNAプロファイルでは、信号として認め得る強さの基準値が決められている。ノックスの弁護士にすれば、この一点に賭けるしかなかった。

1回目の裁判が行われたとき、ローマ警察の法医学遺伝調査部門長パトリシア・ステファノーニ博士は、サンプルがきわめて小さかったことから、ナイフの刃についたDNAサンプルを2つに分けず、使えるDNAすべてを使って強いプロファイルを作ることにした（厳密にいうと、これは優れた方法とはいえない。サンプルが2つあれば、プロファイルの結果が曖昧だったり強度が低かったりしたときに、2つ目のサンプルを用いて再度その正当性を確認することができるが、博士のやり方では、2回目の検査をしようにもサンプルはなくなっている)。1回目の裁判でも指摘されたように、問題の電気泳動図では、あるべきすべての場所にはっきりしたピークがあって、カーチャーのプロファイルと見事に一致していた。ただし図12の四角の中の数値を見ればわかるように、ほとんどの遺伝子座でピークの高さそのものが、さらに基準を緩めても信号と認められないくらい低かった。ステファノーニ博士が適正な手順を踏んでプロファイルを作っていなかったために再検査はできず、控訴審の弁護団は、ナイフについていたDNAの証拠としての信頼性を損なうことに成功した。

これに対して検察側は、ステファノーニ博士とまったく無関係な法医学の専門家が発見したわずかな細胞（最初に綿棒で拭ったときには採取できていなかったもの）を再検査して、1回目の検査の結果を確認すべきだと主張した。しかし裁判長のクラウディオ・ヘルマンは、極小のサンプルを再検査する、というこの検察側の要請を却下した。

2011年10月3日、判事と素人からなる混成の陪審が、評決を合議するために別室に退いた。合議には思いのほか時間がかかり、そのあいだに法廷ではゆっくりと緊張が高まり、鬱積した感情が渦巻いていた。見直されたすべての証拠を考慮したとしても、振り子がいったいどちらに振れるのか、誰にもわからなかった。評決が読み上げられると、ノックスは席にくずおれて泣き出した。安堵と喜びの涙だった。カーチャーの殺人に関する陪審の評決は無罪。ヘルマン判事は「動機」に関する文書の概略で、ナイフについた2つ目のDNAサンプルの検査を許さなかったことは正しいとして、「2つの結果を合わせたとしても、いずれも正しい科学的手順で得られたものではないので、信頼できる結果にはなり得ない」と述べた。しかし2013年に刊行された『法廷における数学――法廷で数がいかに利用され、乱用されているか』の著者レイラ・シュナプスとコラリー・コルメスによると、ヘルマン判事は間違っていた。場合によっては、信頼性に欠ける検査を2回したほうが、1回だけの検査よりましなのだ［注67］。

シュナプスらの主張を理解するために、DNAの一致を見る検査の代わりに、サイコロを転がす実験を考えてみよう。あるサイコロが、6回に1回は6が出る公正なサイコロなのか、五分五分で6の目が出る偏ったサイコロなのかを知りたい。前提はいっさい置きたくないので、実際に実験を行うまでは、この2つの筋書きの可能性は五分五分だと見なしておく。

その上で、まずサイコロを60回転がす。サイコロに偏りがなければ、6が平均で10回出るはずだ。もしも偏っていたら、6は平均で30回出る。今、かりに実験で6が30回以上出れば、自信を持ってサイコロが偏っているといえる。なぜなら、偏っていないサイコロで6がたまたま30回以上も出るなんて、それこそ稀なことだから。同様に、もしも6の目の出た回数が10回以下なら、6の目が半々で出るサイコロでそのような

検査1回目　6の目が21回出た。偏っている確率は96%

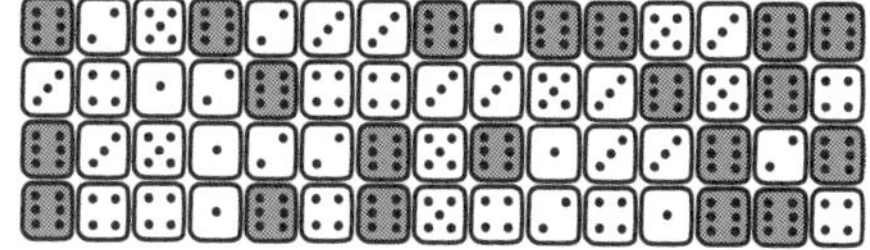

検査2回目　6の目が20回出た。偏っている確率は82%

［図13］ サイコロを使った実験を別々に2度行う。最初の検査では、60回サイコロを振って6が21回出た。ところが2回目の検査では、20回しか出なかった。2回目の検査は、最初の検査結果の結論を弱めているように見える。

結果になることはめったにないから、自信を持ってサイコロは公正だといえる。さらに6の出る目が10回から30回のあいだであれば、今度はサイコロが偏っている確率を計算することができる。具体的には、偏ったサイコロで6がその回数だけ出る確率と、偏っていないサイコロで6がその回数だけ出る確率を比較するのだ。

実際に実験を行って出た目を記録してみると、図13の上半分にあるように、6が計21回出た。偏りのないサイコロで6が21回出る確率は非常に低く、たったの0・0000297である。偏りがあるサイコロで6が21回出る確率もやはりかなり低いが、それでも0・00693で、公正なサイコロの20倍になる。つまり6が21回出た場合は、公正なサイコロではなく、偏りのあるサイコロである可能性

	公正なサイコロの場合の確率	偏ったサイコロの場合の確率	両方の筋書きを合わせた確率	サイコロが偏っている確率
検査１回目	0.000297	0.00693	0.00722	96%
検査２回目	0.000780	0.00364	0.00442	82%
集計した結果	0.00000155	0.000168	0.000170	99%

［表9］サイコロが公正である場合（第1列）と、6に偏っている場合（第2列）に、各検査で6の目が問題の回数だけ現れる確率。2つの筋書きの確率の和（第3列）と、そのサイコロが偏っている確率（第4列）。

がはるかに高い。さらに、この二つの筋書きを両方考慮した場合の、6が21回出る確率を得るには、この2つの確率を足せばよく、結果は０・００７２２になる〔ここではサイコロが偏っている事前確率と、偏っていない事前確率は等しく50％だと仮定している。ほんとうは2つの筋書きを組み合わせた「6が21回出る確率」は、この値の１／２だが、ここでは、このあとの計算で分子と分母の「１／２」を無視しているので結果は同じ〕。ということは、6が21回出る確率全体のなかに偏りがあるサイコロが占める割合は0.00693/0.00722で、これを整理すると０・９６になる。つまり、6が21回出たときにサイコロが偏っている確率は96％なのだ。これはかなり説得力のある議論だが、これだけではまだ断定できない。

そこで確認のために、2回目の検査として、さらに60回サイコロを転がしてみる。図13の下側の図の6を数えると、今度は20しかない。表9にまとめたように、6が20回出る確率は、公正なサイコロなら０・０００７８０、偏ったサイコロなら０・００３６４で、今回はたったの5倍だ。結果は１回

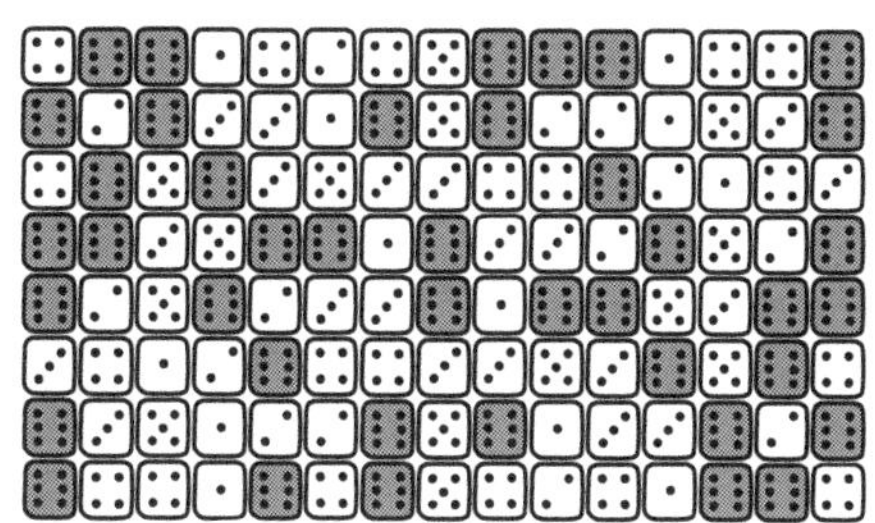

集計してみると、6の目が41回出た。偏っている確率は99％

［図14］2つの検査を合わせると、計120回サイコロを振って6が41回出たことになる。これは、サイコロが偏っている可能性が圧倒的に大きいことを示している。

目の検査と大きく変わらないが、先ほどと同じように計算してみると、サイコロが偏っている確率は82％となって、少し小さい。どうやら2回目の検査を行ったことで、1回目の結果に疑問が生じたらしい。確かに2回目の検査は、サイコロが合理的な疑いを超えて偏っているという確信を裏づけていないように見える。

ところが図14にあるように、この2つの結果を組み合わせてみると、結果としてはサイコロを120回振ったことになる。サイコロが公正であれば、6の目は平均で20回出るはずだが、全部で41回出ている。120回振ったときに6が41回出る確率は、公正なサイコロならたったの0・0000155で、一方、偏ったサイコロだと0・0001668で、少しだけ大きい。そしてこのことから、6が41回出たときにサイコロが偏っている確率は99％以上、という結果が得られる。

驚いたことに、いささか説得力に欠ける調査を2つ組み合わせた結果、どの調査よりも説得力がある結果を得ることができたのだ。これと似たテクニックは、「系統的レビュー」と呼ばれる科学の実践でよく使われている。医学における系統的レビューは、たとえば試行への参加者が少なすぎて単独では問題の治療の効果について結論が出せないような複数の臨床試験を対象として行われる。これらの独立した試行の結果を複数組み合わせることによって、効果や治療介入に関して統計的に有意な結論を引き出せるようになる場合が多いのだ。系統的レビューの使用例としてもっともよく知られているのは、おそらく代替医療の分析だろう（うわべの「プラスの効果」については次の章で説明するが、これは主として数学上の加工が原因だ）。なぜなら代替医療に関する大規模な臨床試験を行おうとしても、資金が足りないからだ。結論を出せそうにない検査を複数組み合わせた系統的レビューを行うことによって、尿路感染にクランベリーが効くとか［注68］、ビタミンCが風邪予防に役立つ［注69］といった代替療法の嘘が曝かれてきたのである。

シュナプスとコルメスは、これと同じように結論を出せそうにないDNA検査を2つ組み合わせることによって、カーチャーのDNAとソレチートの家の台所にあったナイフのつながりを示す強力な証拠が得られたはずだとしている。ヘルマンの決定によって、法廷はそのような証拠に耳を傾ける機会を失い、結果として、その証拠が裁判の結果にどのような影響を及ぼすかを理解する機会は失われたのだった。

それはほんとうに数学の問題なのか、疑うべし

完璧なＤＮＡサンプルから導かれる天文学的に小さな確率は、一見、きわめて説得力に富む統計値のように思われる。しかし法廷では、このようなきわめて大きな数値や小さな数値に眩惑されないように気をつける必要がある。常に、それらの数値がどのような状況から生まれたのかを考えて、どこからか抜き出してきたひどく小さな値だけを適切な解釈抜きで示されたからといって、容疑者の有罪や無罪が示されたわけではない、ということを覚えておく必要があるのだ。

サリー・クラークの事件でメドウがでっちあげた「７３００万に１つ」という数値は、このような警告の例といえる。（乳幼児突然死症候群で赤ん坊が１人死んだからといって、２人目の赤ん坊が乳幼児突然死症候群で死ぬ確率は変わらないという）誤った独立性を前提にして、（人口学的な細かい事実をあれこれつまみ食いし、それに基づいてクラーク家を乳幼児突然死症候群死のリスクが低いカテゴリーに分類するという）生態学的誤謬を犯したせいで、問題の確率は本来あるべき値よりはるかに低い数値になった。しかもこの数値を、赤ん坊の死を説明する筋書きの候補の確率としてではなく、サリーの無実の確率として提示したのだから、合理的な陪審員なら誰でも検察の誤謬を犯したはずだ。実際、ある陪

審員がサリーは有罪だと考えたのは、メドウが示した誤った値のせいだったという。

確率がきわめて低いからといって、すぐに誰かが有罪だと思い込まないように気をつけることも重要だが、同時に、それらの値が否定されたからといって誰かの無罪が裏付けられた、と思い込むのもよろしくない。アンドリュー・ディーンは検察の誤謬によって名誉を毀損された。ＤＮＡという証拠のみに基づいて有罪の確率を算出したために、有罪の可能性がはるかに高くなったのだ。これに対して控訴審では、弁護側がＤＮＡが一致する確率を見直し、２５００に１つという値を示して、ディーンが犯行現場の近くに住んでいてＤＮＡが一致するはずの何千人もの被疑者のうちの１人でしかないことを明らかにした。こうしてＤＮＡによる証拠は事実上無意味になったのだが、じつはこの議論も間違っていた。これは「弁護士の誤謬」と呼ばれるもので、ＤＮＡに由来する証拠をただ捨て去るのではなく、被疑者を指していたり被疑者を除外しているほかの証拠と合体させる必要がある。ディーンの最初の判決が妥当でないとされたのは、ひとつには陪審が検察の誤謬によって誤解をしたからだが、控訴審では、ディーン自身が有罪を認めた。レイプで有罪となったのだ。

シュナプスとコルメスは同じように説得力のある数学的理論を展開して、アマンダ・ノックスの控訴審で裁判長を務めたヘルマン判事は、ＤＮＡの再検査を拒否したことでノックスが自由の身になるのに手を貸したと断じている。２０１３年には控訴審でのノックスの無罪判決が破棄されて、ある裁判官が、後で見つかったDNAサンプルを再検査するよう命じた。ところがそのDNAはノックス自身のもので、カーチャーのものではないことが明らかになった。さらに2015年の上告審では、ナイフの回収および検査の方法に大いに問題があったことが裏づけられた。細かくいうと、回収されたナイフは密封されていない封筒に入れられた上で滅菌されていない段ボール箱に収められ、しかもその箱を取り扱った警官たちは防護服を着ておらず、そのなかに、カーチャーのアパートに行ってからその日のうちにナイフを取り扱った警察官が含まれていたというのだ。それに、実験室で遺伝子汚染が起きた可能性も否定できなかった。その実験室ではすでに少なくとも20個のカーチャー関連のサンプルが検査されていて、そのあとで凶器とされるナイフが調べられていたのである。もともとナイフについていたDNAがじつは汚染によるものなら、いくら再検査をしたところでDNAがカーチャーのものであるという事実は変わらず、どうしてナイフについていたのかもわからない。それどころか、汚染されたDNAサンプルがもっとたくさん採れていたら、再検査によってノックスが有罪であるという誤った確信がさらに強められていた可能性がある。

　わたしたちは往々にして、ややこしい計算や記憶しやすい数値といった小ぎれいな数学の議論の細部に目を奪われて、そもそもこの計算はもとの問題と関係があるのか、という適切な問いを発することを怠ってしまう。

＊＊＊

サリー・クラーク事件の場合、陪審にもっとも大きな影響を与えたのはメドウが示した統計値、つまり同一家族で乳幼児突然死症候群による死が2回起きる可能性の評価だった。ところがさらに細かく見ていくと、そもそもなぜこの数値が計算されたのか、という疑問が生じる。この裁判では誰一人、クラーク家の子どもが2人とも乳幼児突然死症候群で死んだとは主張していなかった。クリストファーが死んだときに検死を行った病理学者は、クリストファーが気管支の感染症で命を落としたことは確かだとしていて、これは乳幼児突然死症候群の診断とはまったく異なる。乳幼児突然死症候群というのは、じつはほかのすべての原因が除外されたときにつけられる診断名なのだ。弁護側は自然死を主張し、検察は殺人だと主張したが、じつは誰も、乳幼児突然死症候群が2人の子どもの死因だとはいっていなかった。メドウが乳幼児突然死症候群で同一家族内の2人の子どもが死ぬ確率として示した値は、この裁判とはまったく関係がなかったのだ。にもかかわらずその数値は、陪審がサリーは子どもを殺して有罪だという結論を下す際の重要な要素になったのだった。

サリーの弁護士は2003年1月の2回目の控訴審で、最初の判決が下ったあとで見つかった新たな証拠を提出した。それはサリーの次男ハリーの検死で得られた証拠で、脳脊髄液のなかに黄色ブドウ球菌があることを明確に示していた。専門家によると、この感染症から一種の髄膜炎を起こす可能性は非常に高く、どうやらそれがハリーの死因になったらしい。この新たな顕微鏡レベルの証拠だけでもサリーの有罪判決を破棄する根拠としては十分だったが、控訴審の裁判官たちは、最初の裁判における統計の誤用だけで原判決を破棄するに値する、と判断した。

２００３年1月29日、サリーは晴れて自由の身となった。サリーがスティーブと三男のもとに戻ったとき、息子は4歳になっていた。釈放されたサリーは声明のなかで、「ついに2人の赤ん坊の死を悲しむことが許されました。……わたしにとって、夫のもとに戻り、幼い息子の母親となって『再びきちんとした家族になる』ことが重要なのです」と述べている。再び家族とともに暮らせるようになったことは、サリーに計り知れない喜びをもたらした。しかしだからといって、誤審のせいで獄中で過ごすことになった日々や、最愛の２人を殺したといって責められたことの苦しみが消えたわけではなかった。２００７年3月、自宅でアルコール中毒により死亡しているサリーが見つかった。誤った有罪判決の影響から完全に回復することは、結局できなかったのだ。

法廷で得られたこれらの教訓を、自分たちの人生の別の部分に押し広げることができる。次の章で見るように、分別のある人は、新聞の見出しの目を惹く数値、広告が押しつけてくる主張、友だちや同僚からの伝言ゲームなどに懐疑的であるはずだ。数値を操作することで恩恵を被る人間がいるすべての分野で――つまり、数値が登場するほぼすべての分野で――その主張を疑いの目で受け止め、もっと説明してくれ、と求めるべきなのだ。自信を持って自分の数値が正しいといえる人は誰でも、喜んで説明をしてくれるはずだ。数学や統計は、訓練を受けた数学者にも理解しにくい場合がある。だからこそ、これらの分野には専門家がいる。必要になったら、ポアンカレのようなプロフェッショナルに助けを求め、専門家の意見を聞く。給料に見合う働きをしている数学者なら喜んで教えてくれるはずだ。それよりさらに重要なのが、数学の煙幕を張られる前に、ツールとして数学が適切かどうかを厳しく問いかけることだ。

定量化可能な証拠がどんどん増えて、近代司法のいくつかの領域で数学的な推論がかけがえのない役割を果たすようになったことは事実だが、その数学も、誤った使い方をすれば正義を損なうツールとなり、無実の人の人生を台なしにし、時には命を奪うことになるのである。

＊＊＊

4 真実を信じるな

メディアの統計の嘘を曝く

鵜呑みにできない「真実」が声高に語られている

『真実を信じるな』というのは、マンチェスター出身のロックバンド、「オアシス」の6枚目のアルバムのタイトルだ。1990年代、マンチェスター育ちのわたしはこのバンドに夢中だった。町のあちこちで彼らを見かけたし、2005年にこのアルバムが発表されるとすぐに、シティー・オブ・マンチェスター・スタジアムで行われたライブを見に行った。十代の頃はけっこう定期的にギグに通っていて、アポロやナイト・アンド・デイ、ロードハウスといったライブ・カフェ、バンドの規模がもっと大きいときはマンチェスター・アリーナなど、さまざまな場所に行った。

2017年にはオアシスはすでに解散して久しく、わたし自身もマンチェスターを離れていて、ギグにも10年以上行っていなかったが、昔出入りしていた音楽会場の多くはまだ健在だった。この年の5月22日の夜10時、マンチェスター・アリーナではアリアナ・グランデのコンサートが終わったところだった。観客は――その多くが十代の若者だったのだが――迎えに来た親と落ち合うためにロビーに出てきていた。その真ん中にじっと立ち尽くす、23歳のサルマン・アベディ。背中のリュックには自作の爆弾が入っており、まわりにはボルトやナットがぎっしり詰まっていた。10時31分、その爆弾が爆発した。死者22名、負傷者数百名という、2005年の一般人52名の命を奪ったロンドン同時爆破事件以降最悪のテロ攻撃だった。

当時、わたしはマンチェスターにいなかった。というよりも、そもそもイギリスにいなかった。仕事でメキシコシティを訪れていたのだ。メキシコ時間はイギリスより6時間遅れていて、まだ夕方だったので、わたしは次々に入ってくる爆破テロ事件の情報に見入っていた。イギリス人のほとんどは眠りについていて、事件のことなど知る由もなかったのだが……。自分自身がかつてギグの終了後にあのロビーを横切ったこともあったから、5000マイルも離れたところにいるのに、とても他人事とは思えなかった。当時起きていたさまざまなテロ事件よりはるかに大きなショックを受け、愕然としていた。それから数日間、この自爆攻撃に関する記事にできるだけ目を通して、故郷の人々がどう反応しているのかを知ろうとした。特に目を引いたのが、デイリー・スター紙のある記事の見出しだった。「〝聖戦の日時が重要だ〟――マンチェスター・アリーナの攻撃は、リー・リグビー記念日に実行された」。その記事を書いた記者は、当時アメリカの大統領ドナルド・トランプの国務副次官補だったセバスチャン・ゴルカの「マンチェスターの爆発は、フュージリア連隊のリー・リグビーが公衆の面前で殺されてから丸4年の節目に起きた。聖戦のテロリストにとっては日時が重要なのだ」というツイートを紹介していた。

ゴルカは、イスラム過激派のテロリストによる2つの襲撃の日付けが同じであることに目を付けた。1回目は2013年5月22日で、この日にイギリス軍フュージリア連隊の兵士リー・リグビーが、キリスト教からイスラムに改宗したナイジェリア系の男2人に肉切り包丁で襲われた。そして2回目が2017年5月22日で、この日にマンチェスター・アリーナで、生粋のムスリムであるリビア系の男が非政治的な人々を狙って自爆したのだ（このテロ事件では過激派組織IS（イスラミック・ステート）が犯行声明を出している）。ゴルカはそのツイートで、マンチェスター・アリーナでの襲撃はリー・リグビーの殺人が起きたその日に実行するという前提で慎重に計画されたものだ、と述べていた。もしこれがほんとうなら、イスラム過激派のテロリストはじつによく組織された結束の固いグループで、自分たちの好みの日に攻撃を実行できる、という説の信憑性が高くなるが、そうなると、実行犯であるアベディ自身の「一匹狼」という像とはうまく重ならなくなる。

これらのテロが、中央のコントロールなしにでたらめに行われているのではなく、背後に秩序立った組織があるとなると、脅威はさらに大きくなる。ゴルカがこのようなツイートをしたのは、たぶんイスラム・テロリズムの脅威を誇張するためだった。おそらく「我が国に侵入しようとするテロリストから合衆国を守る」というトランプの大統領令を支えようとしたのだ。多くのムスリムをアメリカから閉め出そうとするこの大統領令はまったく支持されず、当時はその違法性を巡っていくつもの裁判が起こされていた。でも、ほんとうにゴルカのいう通りなのだろうか、とわたしは考えた。デイリー・スター紙はゴルカの仮説を信じているようだが、わたしたちもこの仮説を信じなければならないのだろうか。ゴルカのいうことが根拠のない仮定のレトリックであれば、テロリストの思うつぼにはまることになる。2つのテロ事件がまったくの偶然に1年の同じ日に起きる可能性は、いったいどれくらいあるのだろう。

＊＊＊

読み物でも映像でも音でも、わたしたちは絶えず数字や数値に責め立てられている。たとえば、21世紀のライフスタイルが人間の健康に及ぼす影響に関する大規模なコホート研究の結果が、未だかつてない勢いで蓄積されつつある。コホート研究とは、病気にかかっていない人を大勢集めて長期間観察し、ある要因が発病に関係しているか否かを調査するもので、このタイプの研究からは膨大なデータが得られるが、それらのデータを解釈しようとすると、数値を扱うよりいっそうのスキルが必要になる。裏に特段の政治的意図があるわけではなく、単に統計を解釈するのが難しいというだけの話なのだが、それでもさまざまな理由から、ある発見の解釈にひねりを加えると特定の陣営が得をする、という場合がある。

フェイク・ニュースの時代には、誰を信用すべきかが見えにくい。みなさんはまさかと思われるかもしれないが、ほとんどの主要報道機関は事実に基づいて記事を作っている。正直であるということと正確であるということが、ほぼすべてのジャーナリストの倫理や公正性に関する規範一覧の筆頭（でなくともその近く）に据えられているのだ［注70］。真実を述べることはむろん倫理的な義務であって、名誉毀損の訴訟を起こされると費用がかかるだけでなくダメージも大きいから、金銭的な動機からも事実を正しく捉えようとする。

では、さまざまな報道機関が事実を伝える際の違いがどこにあるのかというと、そのストーリーを見る目が違っているのだ。たとえば２０１７年12月にトランプ大統領の〔企業と高額所得者に篤く、低額所得者は長期的に見て増税になるともいわれている〕減税・雇用法（「The Tax Cuts and Jobs Act」という名前自体に情報操作がないとはいえない）が可決されると、ＦＯＸテレビのジャーナリスト、エド・ヘンリーは「大きな勝利」、「大統領にとってなんとしても必要な勝利だった」と述べた。ところがMSNBCのローレンス・オドーネルは、この法律に賛成の票を投じた共和党の上院議員たちについて、「未だかつて議会では、飼い葉桶に首を突っ込んでいるこんなに醜い豚どもを見たことがない」と述べた。そしてCNNのジェイク・タッパーは、「これまでに、はたしてここまで〔人々の〕支持が少ない状況で可決された主要な法律があったでしょうか」と疑問を投げかけた。

この3人の言葉にそれぞれどのようなバイアスがかかっているかは、みなさんも容易におわかりだろうし、これら3つの報道機関がどのような政治目標を後押ししているのかも想像に難くない。人々の言葉から党派性を見抜くことは容易だが、数を使うと、もっと簡単にしかも気づかれないように偏りを作り出すことができる。統計をあちこちつまみ食いして、ある特定の角度からストーリーを示すのだ。ほかの数値を完全に無視してあっちこっちをはしょるだけで、歪んだ物語を伝えることができる。それに、研究自体が信用できない場合もある。規模が小さすぎたり、代表とはいえないものを対象にしたり、サンプルが偏っていたり、その上で誘導尋問を行って報告内容をえり好みすれば、信用ならない統計のできあがり。さらに微妙なのが、背景や文脈を抜きにして統計だけを用いる場合で、たとえば疾病件数が300%増えたという記述があったとしても、1人の患者が4人になったことをいっているのか、それとも50

万人の患者が200万人になったことを意味しているのか、判断のしようがない。つまり、文脈が重要なのだ。これらの数値のさまざまな解釈の仕方すべてが嘘だというわけではない。それぞれの解釈は、真のストーリーの、誰かが自分の好みの方向から光を当てた小さな断片であって、まるまる1つの真実ではない。それらの小さな断片をつなぎ合わせて、誇大広告の裏に潜む真のストーリーを見抜こうとするかどうかは、わたしたち次第なのだ。

この章では、新聞の見出し、広告の宣伝文句、政治的なキャッチフレーズのトリックや罠や歪曲などを分析して、曖昧な部分をはっきりさせていく。さらに、たとえば患者への助言集や科学記事といった本来信頼できるはずの場でも、これと似た数学的な操作が行われていることを明らかにする。その上で、ストーリー全体が語られていない場合に、それらが断片的な知識でしかないことを察知するための簡単な方法を紹介し、ねじ曲げられた統計を元に戻すためのツールを提供する。わたしたちはそうやって、「真実」を信じるべき時を見きわめる必要がある。

誕生日問題――頻繁に起きる「あり得ない一致」

数学的に誤った誘導のなかでもいちばん微妙でしばしば有効なのが、一見、数が関係しているとは思えない誘導だ。ゴルカの「聖戦のテロリストにとっては日時が重要」という言葉は、暗黙のうちに、2つのテロがたまたま同じ日に起きる確率を評価することを求めている。そうすることで、自分自身はそんなことはありそうにないと思っている、と表明しているのだ。そこでほんとうのところを知るために、「誕生日問題」と呼ばれる数学的な思考実験をしてみよう。

この問題では、「何人の人を集めれば、最低でも2人が同じ誕生日である確率が半々を超えるのか」が問われる。この問題を初めて出された人は、たいてい180人といった感じの数を選ぶ。つまり、1年の約半分に相当する人数を集めればよいだろう、というのだ。なぜなら、自分がその部屋にいるとして、ほかの誰かが自分と同じ誕生日である確率を考えるからだ。ところが実際には、180では多すぎる。みんなの誕生日が年間を通じてほぼ均等に分布しているという合理的な前提を置くと、答えはたったの23人になる。なぜかというと、問題の誕生日の日付けは決まっておらず、何月何日であろうととにかく2つの誕生日が一致すればよいからだ。

なぜそんなに少ない人数ですむのかを理解するために、まず、部屋のなかにいる全員を2人1組にするとしたら全部で何組作れるかを考える。というのも、ここではけっきょくのところ誕生日が一致する組の有無が問題だからで、今、部屋のなかに23人いたとして、全部で何組できるかを計算するために、全員をずらりと並べて互いに握手してもらうところを想像してみる。1人目は残りの22人と握手し、2人目はまだ握

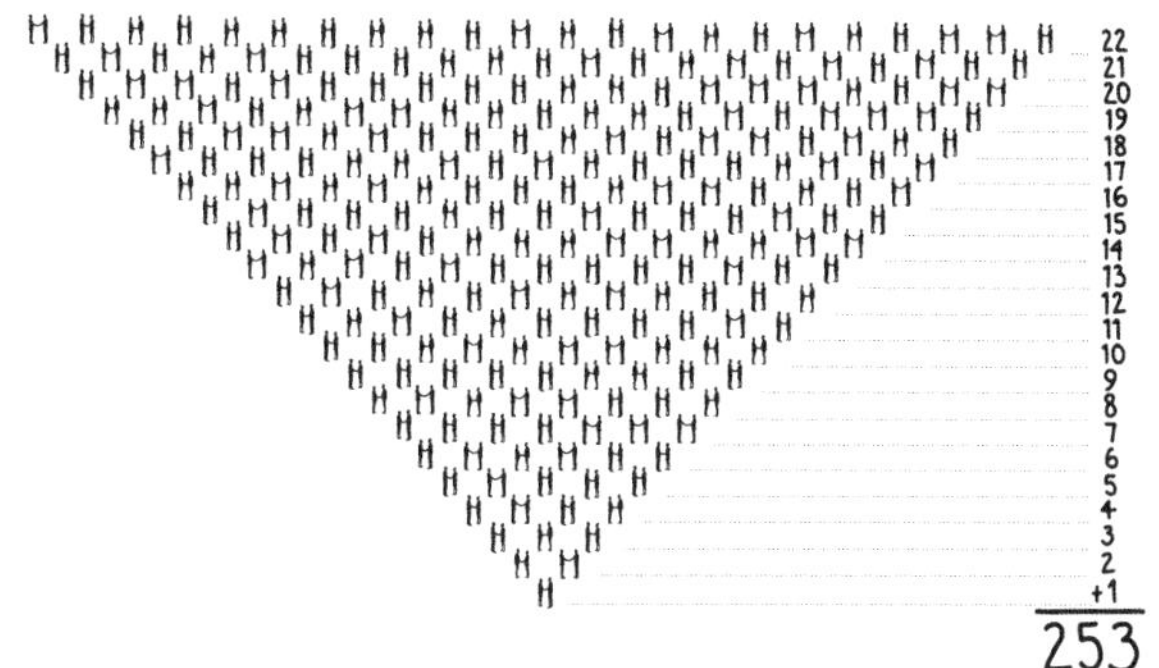

［図15］23人が互いに握手する場合の数。1人目はほかの22人と握手をする、2人目は21人と……としていくと、けっきょく最後から2番目の人が握手する相手は最後の1人だけとなる。23人のあいだの握手の総数は、22番目までの自然数の和になる。三角数の公式から、部屋にいるのが23人なら253組の対ができることがわかる。

手していない残りの21人と握手し、3人目はまだ握手していない残りの20人と握手して……という具合に進めると、最後には、後ろから2番目の人が最後の人と握手するから、あとはこれらすべてを22＋21＋20＋……＋1というふうに足し合わせる。この場合は23人だから簡単に答えが出るが、じつはこの計算にはかなりの根気が必要で、部屋にいる人の数が50を超すと、ひどく退屈な作業になる。このような和、つまり1から始まる連続する自然数の和は「三角数」と呼ばれている。なぜならそれだけの個数のものがあれば、図15のように並べて三角形を作ることができるからだ。幸いなことに、三角数にはきちんとした公式があって、一般に部屋にいる人の数をNとすると、握手の数はN×(N－1)/2で与えられる。23人なら、この式に23×22/2をあてはめて253組になる。これだけたくさんの組ができるのなら、そのなかに誕生日が同じ組が少なくとも1つある確率が50％を超えるのも当然といえる。

誕生日が重なる確率の正確な値を楽に求めたいのなら、まず、逆に誰一人誕生日が重ならない確率を考える。これはまさに第2章で登場したやり方で、あのときは、何人の女性がマンモグラフィー検査を受けると偽陽性の診断を受ける確率が2分の1を超えるのかを求めた。どの2人をとっても誕生日が重ならない確率を求めるのは簡単で、1人目は365日ある1年のどの日が誕生日でもよく、2人目は残る364日のうちのどの日でもかまわない。したがって1組の人の誕生日が同じでない確率は365分の364（つまり99・73％）で100％に近い。ところがこの場合は対が253組もあって、そのなかに誕生日が重なる組が1つもない確率を求めたい。つまり、残りの252組も誕生日が違っていなければならない。これらの組がすべて互いに独立だとすると、253組の人々のうちの誰も誕生日が重ならない確率は、1組の誕生日が同じでない確率、つまり365分の364にそれ自身をあと252回かけた値で$(364/365)^{253}$となる。365分の364という値はかなり1に近いが、それ自体を何度もかけていくとどんどん小さくなって、253組の誕生日がまったく重ならない確率は2分の1より少しだけ小さい0・4995になる。しかもこの場合は、「どの組でも誕生日が重ならない」か、「少なくとも1つの組で誕生日が重なっているか」の2つに1つの可能性しかない（数学の専門用語では「重複していない」という）。つまり必ずどちらかが成り立つから、この2つの確率を足すと1になる。したがって2人以上の誕生日が重なる確率は0・5005となって、2分の1を少しだけ超える。

ところがじつは、すべての組が互いに独立であるとはかぎらない。Aという人がBと同じ誕生日で、BがCと誕生日が同じなら、AとCの組に関してもわかることがある。早い話が、2人の誕生日は同じなのだ。つまり、AとCの組は、AとB、BとCの組と独立ではない。もしも独立なら、AとCの誕生日が重なる確率はたったの365分の1だが、そうはならない。このような依存性を考えに入れたうえで誕生日が重なる確率を正確に求めるには、独立と仮定した先ほどの場合より少し複雑な計算をする必要がある。どうするかというと、部屋にいる人の数を順繰りに1人ずつ増やしていくのだ。2人の場合は、誕生日が重ならない確率が365分の364であることがわかっている。そこに3人目を加えると、互いの誕生日が重なりさえしなければ、残る363日のどの日が誕生日でもかまわないから、3人が同じ誕生日でない確率は、(364/365)×(363/365)になる。4人目の誕生日は残りの362日のどれかでなければならず、このため4人全員の誕生日が違う確率は少しだけ小さくなって(364/365)×

（363/365）×（362/365）となる。23人目が加わるまで延々とこのパターンが続いて、23番目の人の誕生日は残りの343日のどれかでなくてはならない。したがって、23人の誕生日がすべて違う確率は、次のような長い積になる。

$$\frac{364}{365}\times\frac{363}{365}\times\frac{362}{365}\times\cdots\times\frac{343}{365}$$

この式から、（独立ではないということを考慮した場合に）23人のうちのどの2人も誕生日が重なっていない確率は0・4927となって、2分の1より少しだけ小さいことがわかる。ここでもう1度「重複がない」（「どの組でも誕生日が重ならない」か、「少なくとも1組は誕生日が重なっている」かの2つに1つの可能性しかない）という事実を使うと、残るただ1つの可能性、すなわち少なくとも2人の誕生日が重なっている可能性は、1から0・4927を引いた値で、2分の1よりほんの少し大きい0・5073になる。部屋にいる人数をさらに増やして70人にすると、対は計2415組できて、厳密な計算の結果、0・999という圧倒的な確率で誕生日が重なることがわかる。互いに独立な出来事の数を1から100まで増やしていったときに、2つの出来事が1年の同じ日に起きる可能性がどう変わるかを示したのが図16である。

わたし自身、この誕生日問題の驚くべき結果を使って、著作権代理人のクリスをあ

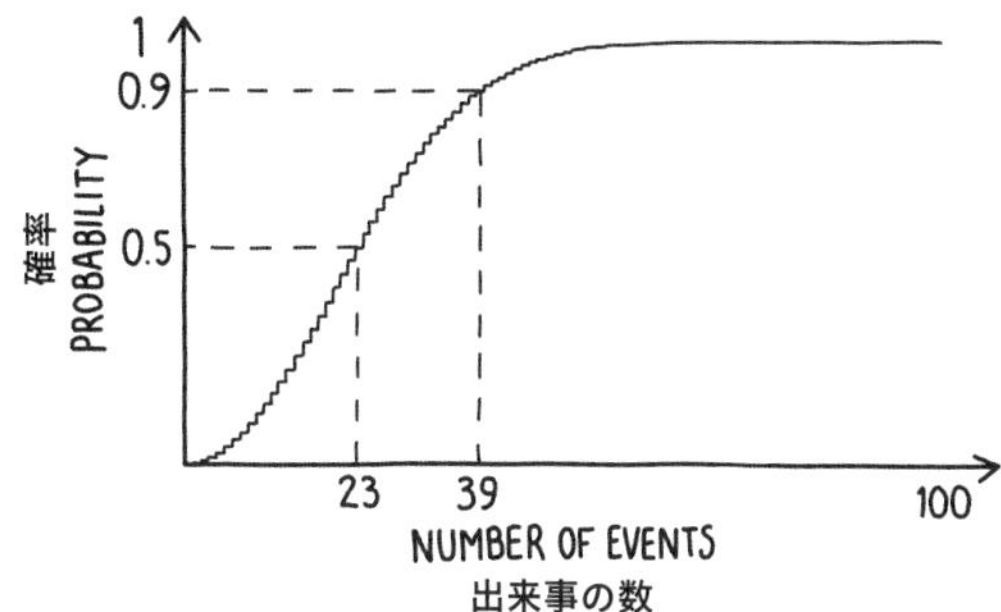

［図16］2つ以上の出来事が同じ日に起きる確率は、出来事の数が増えるにつれて増えていく。独立な出来事が23個あれば、少なくとも2つの出来事が同じ日に起きる確率は2分の1より少し大きくなる。独立な出来事が39個あれば、その確率は0.9に近くなる。

っといわせたことがある。パブで初めて顔合わせを行ってこの本の執筆に関する打ち合わせをしたときに、誕生日が重なっている人を見つけられるかどうかに次の1杯を賭けよう、と持ちかけたのだ。相手はわりと静かなパブのなかをざっと見回すと、すぐにこの賭けに乗ってきた。しかもそれだけでなく、もし誕生日が重なっている人が1組でもいたら、飲み物をあと2杯おごろうと言い出した。誕生日が一致するなんてまずあり得ない、と思ったのだ。わたしはパブのなかにいる1人ひとりに近づいて、怪訝な顔をする人々に、通り一遍の説明を繰り返した（「あのう、すみません」といいながら近寄っていって、「わたしは数学者で……」と切り出すのだ）。そうやって20分が過ぎたあたりで2人の誕生日が重なっていることがわかったので、あとの2杯はクリスのおごりになった。もっとも、わたしは公平とはいえなかったかもしれない。なぜなら、1杯目の飲み物を頼みにカウンターに向かったときにざっと店内にいる人の数を数えていて、約40人だということを知っていたからだ。これだけの人数でわたしが賭けに負ける確率はたったの11%だから、フェアに賭けをするのであれば、クリスは1杯賭けて、こちらが2杯賭けるべきだった。びっくりするほど少ない数の出来事が重なる確率がかなり高いという事実のおかげで、手軽な数学をちょっと使ってパブで何も知らない犠牲者をカモにできるだけでなく、より重要な結論が導かれる。具体的には、聖戦を行う側が意のままに攻撃できる、というゴルカの暗示を検証することができるのだ。

2013年4月から2018年4月までの5年間に、イスラム過激派のテロリストによる西洋（EU、北米、オーストラリア）への攻撃は少なくとも39件あった。これらの攻撃が年間を通してランダムに起きたとすると、2つの出来事が同じ日に起きることはあり得ないように思われる。ところが、39件の攻撃からは741組の対が作れるから、実際には2つの出来事が同じ日に起きる確率はきわめて高く、図16にあるように約88%に上る。これだけ確率が高いとなると、むしろ、どれか2つの出来事が同じ日に起きなかった場合、そのことにこそ驚くべきなのだ。むろんここから、今後テロリストの攻撃がどれくらい起きそうなのかがわかるわけではないが、ゴルカがイスラム過激派のテロリストたちの組織力を過剰に評価したとはいえるだろう。

＊＊＊

この「誕生日問題」の論法を使うと、（前章でも見てきたように）現在多くの刑事裁判で活用されているDNA関連の証拠を解釈する際にも幾重にも慎重を期す必要があることがわかる。2001年にアリゾナ州の6万5493件のサンプルから成るDNAデータベースをさらっていたある科学者が、まったく無関係な2人のプロファイルが部分的に一致していることに気がついた。13ある遺伝子座のうちの9つが一致していたのだ。ちなみに、無関係の個人2人のDNAがここまで一致するのは、約3100万プロファイルに1つとされていた。このショッキングな発見が引き金となって、さらにプロファイルが合致するDNAがないかどうか調べることになった。データベースのプロファイルをすべて比較してみると、遺伝子座が9つ以上一致するプロファイルが計122組あった。

全米の弁護士たちはこの研究に基づいて［注71］、今やDNAの識別子としての独自性が疑われるとして、1100万のサンプルから成る国立DNAデータベースを含む他のDNAデータベースでも同様の調査を行うよう求めている。6万5000人という小規模なデータベースですら122組が一致するとなると、はたしてDNAはほんとうに人口3億の国で容疑者をただ1人に特定する決め手となり得るのか［注72］。DNAプロファイルに関する確率はじつは正確ではなく、そのため全米のDNA鑑定に基づく判決にも疑義が生じるのでは？　そう考えて、裁判で被告人を弁護する際にアリゾナのデータベースの一件を証拠として提出し、DNAの証拠としての信頼性を揺るがそうとする弁護士も現れ始めた。

じつは、三角数の式を使うと、アリゾナのデータベースにある計6万5493個のサンプルから計20億を超えるサンプルの対ができることがわかる。したがって無関係なプロファイルの対が一致する確率が3100万に1つだとすると、このデータベースでは部分的な（つまり9つの遺伝子座の）一致が計68件起きることになる。計算で得られたこの68件という数字と実際に発見された122件との差は、件のデータベースに近親者のプロファイルが含まれているという事実で簡単に説明できる。無関係な人々のプロファイルよりも近親者のプロファイルのほうが、部分的な一致が見つかりやすいのだ。三角数に基づく理屈からいうと、このデータベースを巡る発見によってDNAの証拠としての信頼性が揺らいだわけではなく、データベースが数学と見事に合っていることがわかったのだ。

数字で示されていても信用できるとはかぎらない

デイリー・スター紙の元の記事では、フュージリア連隊の兵士リー・リグビーが殺された日とマンチェスター・アリーナ襲撃の日が一致する、という事実が強調されていただけで、ゴルカの主張を評価する際に不可欠な確率には触れられていなかった。これとは対照的なのが、多くの広告会社による数字の使い方で、彼らは商品を実際よりもよく見せられる数字が見つかると、その数字を派手に目立たせる。広告を打つ側は、数字が疑う余地のない厳然たる事実の実例として広く受け止められていることをちゃんと知っているのだ。広告に数字を加味するとぐっと説得力が増し、宣伝する側の主張に力が加わる。一見客観的な統計が、「わたしたちの言っていることを鵜呑みにするのではなく、この疑いの余地のない証拠を信じなさい」と語りかけているように感じられるのだ。

ロレアル社は２００９年から２０１３年にかけて、ランコム・ジェニフィック・シリーズを「アンチエイジング」商品として宣伝、販売した。ごく普通の科学的に見える宣伝文句（「若さはあなたの遺伝子のなかに。若さを再び作動させるのです」「さあ、遺伝子の活性を高めて、『若さのタンパク質』生成スイッチを入れましょう」）の傍らには、たった7日間で顧客の85％が「完璧に明るい」肌に、82％が「驚くほどなめらかな」肌に、91％が「ぷるぷるの柔らかい」肌になり、82％が肌の「全体の見かけがよく」なったとしていることを示す棒グラフが載っていた。肌の改善に関するひどく曖昧な記述はさておき、これらの数字はきわめて印象的で、製品の効能を保証しているように見えた。

ところがこれらの数字を裏づけているはずの研究をほんの少し掘り下げてみると、まったく別のストーリーが見えてくる。この研究に参加した女性はジェニフィックを1日2回使い、その上で「肌がもっと輝いてみえる／明るくなった」「肌のトーン／色つやがもっとなめらかになった」「肌が柔らかくなった」といった記述に対する自分の評価を問われていた。しかも、9点満点でこれらの記述への賛成の度合いを評価することになっていて、1点は「まったく賛成できない」、9点は「まったく賛成」だった。つまり、参加者は自分の肌のつやや明るさや柔らかさやなめらかさを問われたわけではなく、肌の状態がよくなったという記述にどれくらい賛成か、反対かを問われたのだ。さらに、「完璧に」とか「驚くほど」といった形容詞をつけろともいわれていなかった。

調査の結果を見ると、82％の女性が7日後に肌がなめらかになったという記述に賛成しているが（6から9までの点をつけていた）、「まったく賛成」は30％未満だった。同様に、肌がもっと輝いて見える／明るくなったという記述には85％が賛成していたが、ここでも「まったく賛成」したのは35・5％だけ。ロレアル社は、自分たちの調査結果が印象的に見えるように改ざんしていたのである。

さらに問題だったのがこの調査の規模で、参加者がたったの34人では、信頼できる結果とはいいがたい。なぜなら「少量の抜き取りによる揺らぎ」という現象があって、一般に標本の数が少ないと、数が多い場合と比べて真の平均からのばらつきが大きくなるからだ。この現象を理解するために、今、裏と表が半々に出る公正なコインがあるとしよう。いささか事情があって、こちらとしては相手に、「このコインは裏が出やすい」ということを納得させたい。たとえば、少なくとも75％の割合で裏が出れば、相手を納得させられるとしよう。この場合、サンプルサイズ、つまりコイン投げの回数が増すとともに、相手を説き伏せられる可能性はどう変わっていくのだろう。

こちらは、コインを1回だけ投げて終わりにしようとするかもしれない。それで裏が出れば大いに満足。1回投げて裏が出たのだから、閾値の75％を超えたことになる。ちなみにこのコインはもともと公正だから、1回投げて裏が出る可能性は半々だ。コインが偏っていることを納得させる〔裏が出る場合が75％以上となる〕確率は、1回投げたときが最大なのだが、相手にすれば、もっとデータがないと納得できない、だから、もう一度コインを投げてくれ！　と主張する権利がある。2回投げて、しかもコインが偏っていることを納得させるには、2回とも裏が出ないとまずい。1回が裏で1回が表だと、裏の割合が半分にしかならないからだ。図17からわかるように、偏っていないコインを2回投げたときに裏が2回出るケースは、同等に起こりうる状況が4つあるうちの1つだけだから、こちらのもくろみが成功する可能性は4分の1。図18か

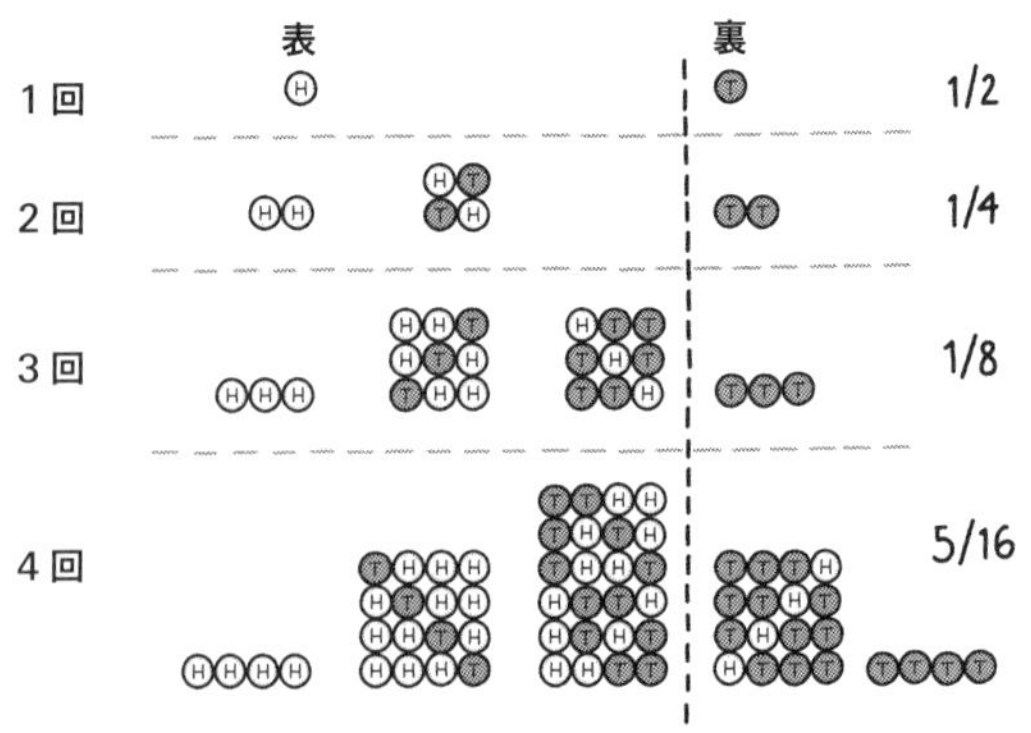

［図17］コイン投げの回数を1回から4回へと変えていったときに出る表裏の組み合わせの一覧。破線の右にあるのが、裏の出る割合が75%以上になる場合。

らも、コイン投げの回数が増えるにつれて、少なくとも75%は裏が出るという確率が急激に減っていくことは明らかだ。相手が100回投げてくれと言い出した日には、コインが偏っていることを納得させられる可能性は0・0000009に落ち込む。

サンプルの数が大きくなるにつれて、平均（この場合は、裏が50%出るのが平均）からのばらつきは減っていく。つまり、ほんとうでないことをほんとうだと納得させるのはどんどん難しくなる。したがって、調査に34人しか参加していないのであれば、ロレアルの宣伝に示されている結果の信頼性は疑うべきなのだ。

サンプルの規模が小さい広告では、通常、サンプルの規模がひどく小さいことを隠すために、得られた結果を実際に得られた数

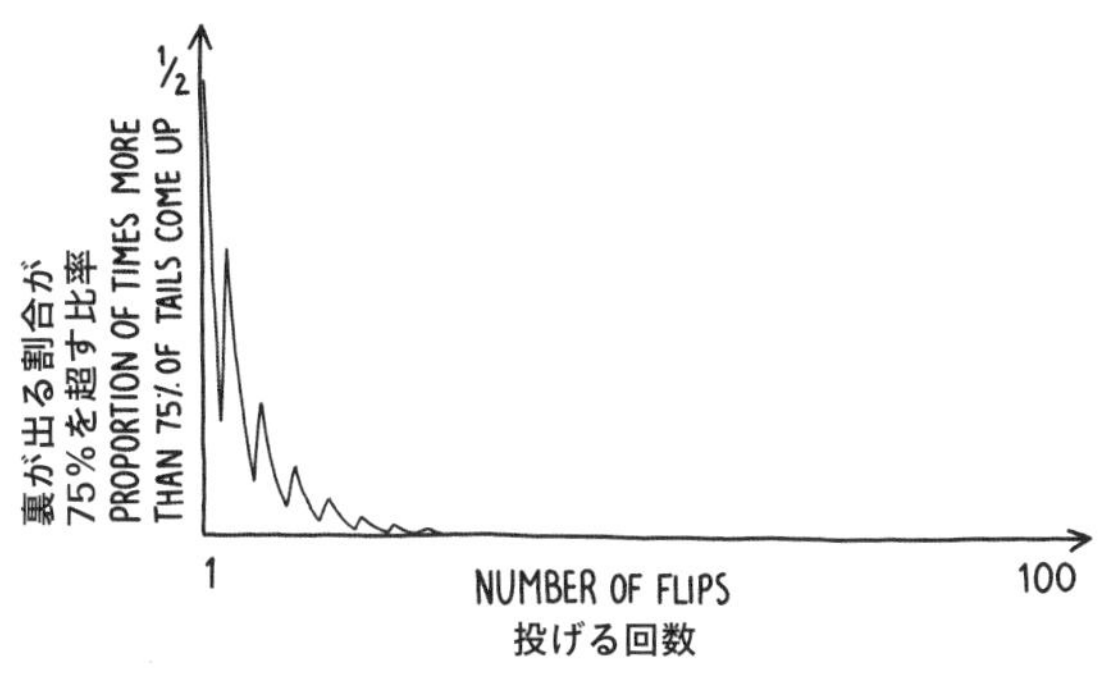

［図18］公正なコインで、偏っていて裏が出やすいということを納得させられる可能性は、投げる回数が増すとともに急速に減る。

を使った比（34人中28人が驚くようななめらかな肌）ではなく、パーセンテージ（82％が驚くほどなめらかな肌）で表す。ところがサンプルの規模が小さいということを隠し通すのはかなり難しく、動かぬ証拠が見つかる場合がある。ジェニフィック・シリーズの広告でもそうだが、まったく同じ値がいくつも見つかるのだ（この場合は、まったく同じく82％の人が、肌全体の見かけがよくなったとしている）。規模の小さな調査では選べるパーセンテージの選択肢がわりと少ないので、自社製品が優れてはいるが優れすぎてはいないことをみんなに納得させるのが難しくなる（たとえば95～100％という値を出すと、何やら怪しげに見えてしまう）。調査の規模が大きくなると、別々の問いに対してまったく同じ数の人が「はい」と答える可能性ははるかに小さくなる。

連邦取引委員会（FTC）は2014年にロレアル社を、ジェニフィック・シリーズの誇大広告で告発した［注73］。広告のグラフの数値は「誤っているか、誤解を招く」もので、科学的な調査で証明されたものではないというのだ。ロレアル社はこれを受け入れて、「これらの製品に関して、いかなる検査や研究の結果も不正に伝えるような主張はやめる」とした。ジェニフィックの調査には、規模が小さいせいで生じるバイアスだけでなく、いわゆる「応募法によるバイアス」や「選択バイアス」がかかっていた可能性もある。たとえば、ロレアル社がウェブサイトなどに広告を出して調査の参加者を募ったとすると、はじめから製品がもたらす恩恵に敏感で、よい評価を与えそうな女性が集まっていた可能性が高い（応募法によるバイアス）。あるいは、過去にロレアル社の製品を高く評価していた特定の女性を一本釣りしたのかもしれない（選択バイアス）。

研究のための、あるいは政治的なスローガンを作成するための調査や世論調査では、ほかにも調査する側に都合のいい数値を得るための怪しげな方法がいろいろある。たとえば、34人を対象とする1回目の調査でよい結果が得られなければ、もう一度調査を行えばいい。どちらにしても平均からは大きくずれるから、遅かれ早かれこちらが求めていた印象を与える結果が得られるはずだ。あるいは、もっと大規模な調査を行って、もっともよい反応を返した参加者だけを拾うという手もある。これは「データの操作」あるいは専門用語ではないが「データのでっちあげ」と呼ばれているものだ。この現象のよくある例が「報告バイアス」で、代替医療や超感覚的知覚（超能力）などの疑似科学現象を調べている科学者たちは、これらの主張に共感する研究者のあいだにしばしば報告バイアスが見られることを嘆いている。一方破廉恥な研究者は、「マイナスの結果」のほとんどを廃棄して、「プラスの結果」（たとえばその治療で恩恵を被ったとか、シャッフルしたカードの次のカードの色が超能力で正確に選ばれたとする参加者）だけを示して、実際より優れた結果が出たように見せかける。そして複数のバイアスが組み合わさると、バイアスがいっさいかかっていないサンプルから予測されるのとはまるで違う結果になる場合がある。ちょうど、リテラリー・ダイジェスト誌の編集者が思い知らされたように。

標本抽出の偏りで大統領選の予測が大ハズレ

きわめて信頼度の高い月刊誌リテラリー・ダイジェストは、1936年の合衆国大統領選挙に先立って、勝者を予想するための世論調査を行うことにした。この選挙の候補者は、現職の大統領フランクリン・D・ルーズベルトと、共和党の対抗馬アルフレッド・ランドンだった。ダイジェスト誌には、1916年以降のすべての大統領選で次期大統領を正確に予測してきたという誇らしい歴史があり、4年前の1932年でも1％以内の誤差でルーズベルトの勝利を予測していた〔注74〕。さらに1936年の世論調査は、それまでに行われたどの調査よりも広範で野心的なものになるはずだった。ダイジェスト誌は自動車登録証明の記録と電話帳の名前に基づいて約1000万人（ざっと有権者の4分の1）の名前をリストアップした。8月にはその全員に世論調査票を送り、雑誌でも「……過去の経験を基準とするならば、この国の人々は1％以内の誤差で4000万人〔有権者〕の一般投票の実際の結果を知ることになるであろう」と高らかに宣言してみせた〔注75〕。

10月31日までに240万の調査票が戻ってきたので〔大統領選挙は11月の第1月曜の後の火曜日に実施される〕、それらを数え、すぐにその結果をダイジェスト誌で発表した。「ランドン＝129万3669票、ルーズベルト＝97万2897票」というのがその記事の見出しだった〔注76〕。ダイジェスト誌の予想によると、一般投票ではランドンが55％対41％で大差をつけ（第三の候補、ウィリアム・レムケが4％）、選挙人投票の531票のうちの370票を取って勝つはずだった。ところがその4日後に本物の選挙結果が発表されると、編集者たちは大いにショックを受けることとなった。なんと、ルーズベルト大統領が再選されたのだ。しかもきわどい勝利ではなく、地滑り的な勝利だった。ルーズベルトは一般投票で60・8％を獲得したが、これは、1820年以降もっとも大きな値だった。そして選挙人投票では、ランドンの8票に対して523票を取った。ダイジェスト誌は、一般投票に関する予想値を20％近くも外していた。調査の規模が小さければ大きなばらつきが出ても不思議はなかったのだが、リテラリー・ダイジェスト誌が行ったのは240万人を対象とする世論調査だった。こんなに大規模なサンプルで、なぜこんなに大きく外れたのか。

答えは、サンプリングの偏りにあった。1つ目は、「選択バイアス」。1936年のアメリカは、相変わらず大恐慌にあえいでいた。車や電話を持っている人は、社会のなかでもどちらかというと裕福な階層だったので、ダイジェスト誌が自動車登録証明や電話帳に基づいて作ったリストは上流や中流の有権者に偏り、政治的な意見でいうとかなり右寄りで、ルーズベルトをあまり強く支持していなかった。それより貧しい人々、ルーズベルト支持の核となった人々の多くはダイジェスト誌の世論調査から完全に外れていたのだ。

この調査の結果に関してさらに重要だったと思われるのが、「非回答バイアス」という現象だ。もともとのリストには1000万の名前が載っていたが、実際に回答した人はその4分の1足らずだった。つまりこの調査は、元来意図していた人々を対象とするものではなくなっていたのだ。たとえ最初の対象者の選び方が人口学的に人口全体を代表するものになっていたとしても（じつは違ったのだが）、回答してきた人々の政治に対する態度と、回答しなかった人の政治に対する態度が違っていたのだ。回答してきたのは、一般に裕福で学のある人々で、ルーズベルトではなくランドンの支持者である場合が多かった。この2つの標本抽出の偏りが相まってひどく不正確な結果となり、ダイジェスト誌は物笑いの種になったのだった。

同じ年にフォーチュン誌は、たったの4500人を対象とする調査を行って、1%以内の誤差でルーズベルトの勝利を予想してみせた［注77］。リテラリー・ダイジェスト誌とは比べものにならない結果である。ダイジェスト誌はそれから2年を待たずに消滅することになるが、この世論調査の一件によってそれまで非の打ちどころのなかった信頼性が大きく損なわれたことがかなり影響したという［注78］。

「黒人の命は軽くない」への反論の数学的嘘

政治に関する世論調査の担当者たちは、正確な結果を得るにはもっと統計に意識的になる必要があるということを痛感してきたわけだが、その一方で当の政治家たちは今まで以上に、統計を操作したり乱用したり誤用しても逃げ切れるということに気づき始めている。ドナルド・トランプは2015年11月の共和党の指名選挙で、次のような数値が記された画像をツイートした。

黒人犠牲者のうち白人に殺された者　2％
黒人犠牲者のうち警官に殺された者　1％
白人犠牲者のうち警官に殺された者　3％
白人犠牲者のうち白人に殺された者　16％
白人犠牲者のうち黒人に殺された者　81％
黒人犠牲者のうち黒人に殺された者　97％

これらの数値は「サンフランシスコの犯罪統計局」によるものとされていたが、犯罪統計局なるものは実在せず、この統計もまるででたらめであることが判明した。2015年にFBIが発表した本物の比較統計（生の数字は219ページ表10を参照）は次の通り。

黒人犠牲者のうち白人に殺された者　9％
白人犠牲者のうち白人に殺された者　81％
白人犠牲者のうち黒人に殺された者　16％
黒人犠牲者のうち黒人に殺された者　89％

明らかに、トランプのツイートでは「白人犠牲者のうち白人に殺された者」と「白人犠牲者のうち黒人に殺された者」の数値が入れ替えられ、黒人による殺人の数がきわめて過剰に強調されている。しかしそれでもこのツイートは7000回以上リツイートされ、9000の「いいね」がついた。これは「確証バイアス」の古典的な例で、人々がこの嘘のメッセージをリツイートしたのは、自分が尊敬する情報源からの情報で、しかもすでに自分が持っている先入観と合致するからだ。その情報がほんとうか嘘かを確認するためにいったん立ち止まろうとはせず、それをいえばトランプ自身も、情報の真偽を確認しようとしなかった。FOXニュースのビル・オライリーになぜこの画像を広めたのかと尋ねられたトランプは、いかにも大仰に「わたしはこの地球上で人種差別からもっとも遠い人間だと思う」と述べた上で、「……あらゆる統計値をチェックしろとでもいうのかね？」と言い添えた。

＊＊＊

トランプがこの画像をツイートした2015年当時、アメリカでは警官の残虐行為、特に黒人を狙った残虐行為に関する国民的議論が高まっていた。武器を持たない十代の黒人トレイボン・マーティンやマイケル・ブラウンの死はそのもっとも有名な例で、これらの事件がきっかけで「黒人の命は軽くない（ブラック・ライブズ・マター）」という運動が起き、急速に拡大した。2014年から16年にかけてアメリカ全土で、「黒人の命は軽くない」という合い言葉の下、行進やシット・インなどの大規模な抗議運動が行われ、2016年9月にはイギリスでも、この運動の支部が発足した。ところが彼らの抗議は、右寄りのジャーナリスト、ロッド・リドルの強い怒りを引き起こすことになった。そしてわたし自身はある数学関連のブログ［注79］がきっかけで、リドルがイギリスのタブロイド新聞「サン」に寄せたコメントに注目することになった。アメリカにおける本家の「黒人の命は軽くない」運動の基盤に関する、次のようなコメントだ。

この運動は、アメリカの警官が容疑者を単に逮捕するのではなく、撃ってしまうことへの抗議として生まれた。

確かに、アメリカの警官は引き金を引きたがる傾向がいささか強い。ひょっとすると、特に黒人の容疑者がうろついているのを見ると、引き金を引きたくなるのかもしれない。

しかしまた、アメリカの黒人にとって最大の危険が……そのう……ほかの黒人であることも間違いない。

黒人が黒人に対して行う殺人は、平均すると年間4000件以上発生している。アメリカの警官に殺された黒人の数は――正当か否かはさておいて――年間10

0人を少し超える程度である。

さあ、数学してご覧なさい！

というわけで、わたしは数学をしてみた。

まず、2015年の統計を見てみよう。年間のデータとしては最新で、リドルもこのデータにアクセスできたはずだ。表10にあるように、FBIの統計によると、2015年には白人が3167人、黒人が2664人、殺されている［注80］。犠牲者が白人である殺人のうちの、2574件（81・3％）が白人の加害者によるもので、500件（15・8％）が黒人によるものだ。また、犠牲者が黒人である殺人のうちの229件（8・6％）は白人によるもので、2380件（89・3％）は黒人によるもの。したがって、「『黒人による黒人の』殺人が年間4000件起きている」というリドルの言葉はかなり大げさで、7割ほど盛られている。2015年の時点でアメリカの全人口に黒人が占める割合は12・6％にすぎず、白人が73・6％を占めていることを考えると、そもそも殺人事件の被害者の45・6％を黒人が占めているのは憂慮すべき事態だといえる［注81］。

警官に殺された人の数を巡る議論のほうがこれよりはるかに目立っているのに、実際の値を把握することは容易でない。白人警官ダレン・ウィルソンが十代の黒人マイ

犠牲者の人種／民族	総計	加害者の人種／民族	
		白人	黒人
白人	3167	2574（81.3％）	500（15.8％）
黒人	2664	229（8.6％）	2380（89.3％）

［表10］2015年の殺人に関する統計。犠牲者と加害者の人種／民族で分類されている。総計の欄と白人・黒人の犠牲者の欄に差があるのは、犠牲者の人種／民族が異なるか、わかっていない事件があるからだ。

ケル・ブラウンを撃ち殺し、その後ミズーリ州ファーガソンで抗議活動が起きたことが「黒人の命は軽くない」運動にとっての転機となり、これらの抗議がきっかけで、FBIの「警察による殺人の年間集計」に光が当てられた。ところが、FBIが記録している全米の警察官による殺人の件数が実際の半分以下であることが判明した［注82］。この事実を受けて、ガーディアン紙は2014年に、より正確な数値を集めるために「勘定済み（ザ・カウンテッド）」というキャンペーンを張った。このプロジェクトは見事な成功を収め、2015年10月には当時のFBI長官ジェームズ・コミーが、警察官が殺した市民の数に関するFBIのデータがガーディアン紙のデータより劣っているのは「恥ずべきことで、ばかげてもいる」と述べることになった［注83］。

ガーディアン紙が把握した数値によると、2015年に警察官は「正当か否かはさておいて」（何やらリドルを思わせる表現だ）が1146人を殺しており、そのうちの307人（26・8％）が黒人で、584人（51・0％）が白人だった（残りの犠牲者はいずれでもないか、人種がわからない）。ここでもリドルの数値は大外れで、警察による黒人の殺害が年間100件という数値は、実際の数の3分の1にも満たない。

リドルが「アメリカで黒人が殺されたときに、ほかの黒人に殺された可能性と警官に殺された可能性のどちらが高いか」という問いに答えたかったとすると、この正しい数値に基づけば、黒人が殺した黒人の数は警察官が殺した数の8倍（2380対307）になる。ただし、この問いは決して誠実な問いではない。2017年の1年間に犬が殺したアメリカ市民は40人だったが、熊は2人しか殺していないから熊より犬のほうが残忍だ、といえるだろうか。そんなばかな。犬が熊より危険だからたくさんの人を殺したのではなく、アメリカに熊よりたくさんの犬がいるから殺される人が多くなっただけのこと。あるいはこういってもいい。もしもみなさんが熊か犬と同じ部屋に閉じ込められるとしたら、どちらを選びますか？　他の人はどうか知らないが、わたしなら犬と同じ部屋を選ぶ。

これと同じ理屈で、アメリカには4020万人の黒人市民がいるのに対して、法を執行するフルタイムの「警察官」（バッジをつけて銃を携行している人々）が63万5781人しかいない［注84］ことを考えると、黒人による黒人の殺人が警察官による黒人の殺人より多いのも驚くにはあたらない。リドルが問うべきは、「黒人市民が1人で町を歩いていて誰かに出くわしたとき、相手に殺されると思って強く怯えるのは、相手

殺人者	黒人市民が犠牲となった殺人件数	人口規模	1人あたりの殺人件数
黒人市民	2380	40,241.818	1/16908
警官	307	635,781	1/2071

［表11］黒人市民が犠牲となった殺人事件の件数。別の黒人が殺したか、警官が殺したかで分類。2つのグループの総数を示したうえで、それを使って1人あたりの殺人の割合を算出した。

が別の黒人であるときか、それとも警官であるときか」ということだった。

この問いに答えるには、黒人および警官1人あたりが殺した黒人犠牲者を比べる必要がある。表11にあるように、1人が殺した人数を求めるには、黒人あるいは警察官といった特定のグループによって殺された黒人犠牲者の総数を、そのグループの総人数で割らねばならない。2015年には黒人による黒人の殺害が2380件発生したが、全米の黒人市民は4020万人を超えているから、1人あたりに均すと1万7000人に1件となり、かなり小さな数字になる。これに対して同じ年に警察官は、「正当か否かはさておいて」307件の黒人殺害に関与していた。警察官の数は全部で63万5781名だから、これを1人当たりに均すと2000人に1件を少し下回る程度で、黒人市民の8倍を超える値になる。どうやら通りを歩いている黒人は、近づいてくるほかの黒人よりも、近づいてくる警官を恐れる必要があるらしい。

もちろんここでは、警察官と遭遇するのは衝突の場面であることが多いとか、通常アメリカの警官が武装しているといった点は考慮していない。殺傷力が高い武器を使う許可を得ている人々が、全体としてはその力を一般市民より多く行使するというのは、特に意外なことではない。これとまったく同じ計算をすると、白人市民の場合も、（警官に殺された白人市民より、白人市民が殺した白人市民のほうが多いにもかかわらず）ほかの白人市民（白人1人当たりの白人が犠牲になった殺人の割合は9万対1）より警官（警官1人当たりの白人が犠牲になった殺人の割合は1000対1）を恐れるべきだということがわかる。警官1人当たりが行う白人殺しが黒人殺しの2倍になっているのは、国内に白人のほうが多く住んでいるからだ。しかしここでも、たったの2倍という数字がどうも気になる。なぜならアメリカには、黒人の6倍の白人がいるのだから。

というわけでリドルの統計は間違っていたわけだが、たぶんそれより重要なのは、あのサン紙の記事が、「いちばん殺されたのは誰か」ではなく「いちばん殺しているのは誰か」を問うことによって、「黒人の命は軽くない」運動の核となる数値を避けて通っている点だ。全人口の12・6％を占める黒人が、警官による殺人の26・8％の犠牲者となっていて、一方、全人口の73・6％を占める白人は、警官による殺人の51・0％の犠牲者でしかない。この差を説明できる何らかの目に見えないつながり（前章で見た交絡変数のようなもので、あの場合は低体重出生児に喫煙が及ぼす「恩恵」を説明することができた）が存在するのか。そのようなつながりがあることは、ほぼ確かだといえる。たとえば、貧しい人々のほうが犯罪を犯しやすく、アメリカでは黒人のほうが貧しい可能性が高い。はたして警察によって大勢の黒人が殺されているという事実を、これらの要素を使って説明できるかどうかは、さらに見ていく必要がある。

「加工肉でがんリスク上昇」報道の数学的からくり

サン紙が統計を巡る論争に巻き込まれたのは、リドルの記事が最初でもなければ、最後でもなかった。２００９年には、「うっかり豚を食うと命に関わる（Careless Pork Costs Lives）」という見出し――Careless Talk Costs Lives（「不注意なおしゃべりは命に関わる」の意。第二次大戦中にイギリスで使われた機密保持を呼びかける標語）のもじり――で、世界がん研究基金の５００ページに及ぶ研究報告に含まれる何百もの結果のなかの１つを巡る記事を掲載した。その記事で紹介されていたのは、１日に加工肉を50g摂取したときに健康にどのような影響が出るかを示す結果だった［注85］。このタブロイド紙は、ベーコンサンドを毎日食べていると大腸がんのリスクが20％上がるという「事実」を示して、読者を仰天させたのだ。

ところがこれは、わざとセンセーショナルに表現された数値だった。同じことを「絶対リスク」、すなわち、特定のリスク因子にさらされた人とさらされない人（つま

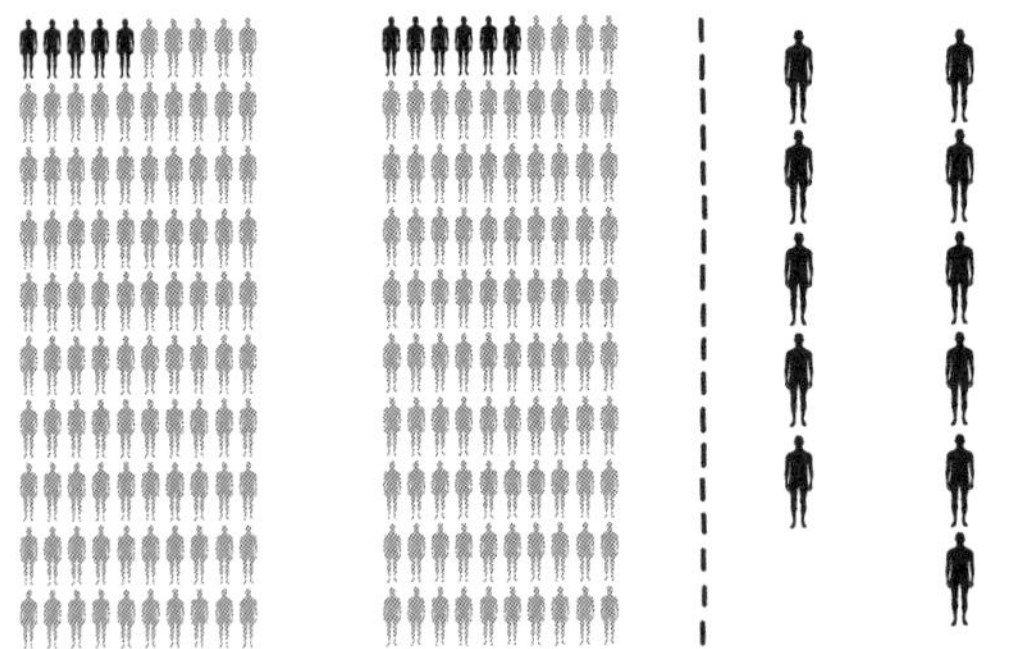

［図19］絶対リスクの値（100人につき5人対100人につき6人）を比べる（左）と、加工肉を50g 食べることによるリスクの増加は少なく見える。わりと少数のがんになった人に焦点を絞ると（右）、相対リスクの増加は20％（5人のうちの1人）で、大きく思える。

り、ベーコンサンドを食べた人と食べなかった人）の各グループのうちの、特定の結果を生ずる（つまり、がんを発症する）と予想される人の割合で表すと、「加工肉を1日に50g食べると、一生のうちに大腸がんを発症する絶対リスクは5％から6％に上昇する」ということになる。図19の左側は、各100人の2つのグループの運命を表したもので、毎日ベーコンサンドを食べる100人のなかで大腸がんを発症する人の数は、ベーコンサンドを食べない100人のなかの大腸がんを発症する人の数より1人多い。

ところがサン紙は、より客観的な絶対リスクではなく、「相対リスク」に焦点を絞ることにした。相対リスクとは、全人口がある特定の結果（がんの発病）に至るリスクと、特定のリスク因子（ベーコンサンドを食べている）にさらされた人がその結果に至るリスクとの比を示す値である。相対リスクが1より大きければ、そのリスクにさらされた人のほうがさらされない人より病気になりやすいといえるし、1より小さければ、リスクが減るといえる。図19の右側では、病気にならなかった人が無視されていて、こうすると相対リスクの上昇（5分の6または1・2）が、より劇的に感じられる。1日に50gの加工肉を食べると、確かに相対リスクは20％上がるが、絶対リスクでいうとたったの1パーセントポイントしか上がっていない。だが、リスクが1パーセントポイント上がったくらいでは、新聞の売り上げは大して増えない。このきわめて扇情的な見出しを受けて、案の定メディアでは「我らがベーコンを救え」という大騒動が勃発し、この数字への猛反発から、その後数日にわたって、「ベーコン戦争」を宣言した科学者たちに「健康ファシズム」という烙印が押されたのだった。

＊＊＊

メディアは注目を集めるために、もう1つ、わたしたちが「標準的集団」だと思って受け入れている対象をわざと変える、という方法をとることがある。相対リスクを報告する場合には、特定の部分集団のリスクの増減を全人口に対するリスクと比べて示すのが、もっとも誠実なやり方だ。時には、全体のなかのもっとも大きな部分集団の疾病リスクのレベルを基準にして、そこからのリスクのぶれを全体に対する相対的な値として示す場合もある。めったにない疾病なら、病気にかかっていない人の集団が全人口とほぼ一致するから、病気にかかっていない人の集団のリスクは、一般の人々のリスクとほぼ一致する。今、ＢＲＣＡ１遺伝子やＢＲＣＡ２遺伝子に変異がある女性が乳がんにかかるリスクに関する報告を考えてみる。この場合は、全体の０・２％とされるこれらの変異がある女性のなかでの絶対リスクの増加を論じたほうが、残りの99・８％の変異がない女性のなかでのリスクの減少について論じるより賢明だと思われる。ところが残念なことに、そのような正直な報告は必ずしもよい見出しにならない。そのため、大手報道機関がストーリーを売るために統計値の示し方を操作する例が後を絶たない。

２００９年にデイリー・テレグラフ紙に掲載された「10人中９人が、高血圧になる可能性を高める遺伝子を持っている」という見出しの記事には、「科学者たちは、全人口の約90％で生じているある遺伝子の変異によって、高血圧を発症する可能性が18％増加していることを発見した」と書かれていた。ところがこの記事の元ネタであるネイチャー・ジェネティクス誌の論文には、「問題の遺伝子にある種の変異がある（全人口の10％に相当する）人では、別の変異がある（全人口の90％に相当する）人よりも高血圧のリスクが15％低くなっている」と書かれているだけで［注86］、どこを見ても18％

という数値は存在しない。テレグラフのストーリーは厳密には正しいのだが、基準となる集団をわざとリスクが低い10％、つまり小さいグループに変えていた。15％低くなるということは、基準値の1が0・85になるということだ。そこでこの記事を書いた人物は、0・85になったものを1に戻すには、0・85という小さな値の約18％の増分が必要になる、と考えたのだ。要するにテレグラフはちょいと数学の手品をして、相対リスクを大きくしただけでなく、全人口の10％にとっての朗報を90％にとっての凶報にしおおせたのだった。このような数字の操作は、決してテレグラフの専売特許ではない。多くの新聞がこれとよく似た怪しげな方法でストーリーをねじ曲げ、読者の関心を惹こうとしている。

センセーショナルな記事を読み終えたところで、絶対リスクが示されていないことに気づく、というのはよくあることだ。ちなみに絶対リスクというのは普通は（決して100％を超えない）2つの小さな数値で、片方は問題になっている状況や介入の影響を受けた対象に関する値を表し、もう片方がそれ以外の対象に関する値を表している。あるいは、人口の半分以上でリスクが増しているとか減っていると主張されている場合もあるが、そのような記事に出くわしたら、その主張を受け入れるかどうか慎重に考える必要がある。見出しの裏に潜む真実を探るには、絶対的なデータにアクセスできるような資料を使ってその問題をフォローするか、元になっている科学論文に当たればよい。最近はオンラインで、これらの科学論文に無料でアクセスできるようになってきているのだから。

医療研究でも使われる、数字の印象をよくする手法

リスクや確率に関するいかがわしい報告を上げているのは、決して新聞だけではない。医療の分野にはもっと多くの統計ゲームがあって、治療のリスクを伝えたり薬の効果や副作用といった情報を示す際に、提示する側がそれらをうまく使って、物事を自分に都合よく進めようとすることがある。特定の解釈をそれとなく押しつける簡単な方法としては、たとえばさまざまな数値にプラスの方向から、あるいはマイナスの方向から光を当てるというやり方がある。2010年に行われたある研究では、医療処置に関する数値を織り込んだいくつかの記述を被験者に示した上で、各処置のリスクを1（まったくリスクがない）から4（とてもリスクが大きい）までの尺度で評価させた[注87]。たとえば、「ルー氏は手術が必要である。この手術で命を落とす人が1000人中9人いる」とか、「スミス氏は手術が必要である。この手術を受けて生きながらえる人が1000人中991人いる」という記述を示したのだ。ここでみなさんも、ルー氏やスミス氏の気持ちになってしばし考えてみていただきたい。

むろんこの2つの記述は同じ統計値を2つの対照的なやり方で——一方は死亡率を

使い、もう一方は生存率を使って——表したものだ。この実験からは、数値に慣れていない被験者にとって、生きるほうに着目してプラスに表された記述のほうがまるまる1点近くリスクが少なく感じられることがわかった。ちなみに、もっと数字に慣れている人ですら、マイナスに表されたもののほうがリスクが高いと感じていた。

臨床試験の結果を細かく調べてみると、プラスの結果を相対的な表現で報告しているケースが多く見られる。そうすることで、感じられる恩恵を最大にしようというのだ。その一方で副作用に関する報告では、絶対的な言葉を使ってリスクを最小に見せようとする。これは「ミスマッチド・フレーミング」と呼ばれるやり方で、世界一流の医療雑誌3誌に掲載された治療の害益に関する論文のざっと3分の1で、これらの手法が用いられていることが判明している［注88］。

それよりさらに心配なのが、患者に助言するための文献でもこのような現象が多く見られることだ。アメリカの国立がん研究所（NCI）は1990年代の末に、一般の人々に乳がんのリスクに関する情報を伝えるために「乳がんリスク評価ツール」を作った。そのオンライン・アプリには、ほかの多くの研究と並んで、最近乳がんのリスクが高い女性たちを対象として行われた臨床試験の結果の報告があがっていた。その試験は、タモキシフェンという薬の効用と起こりうる副作用を評価するもので［注89］、1万3000人を超える女性がほぼ同数の2つのグループ（臨床試験の、「処方群」

と「対照群」（と呼ばれるもの）に分けられて、処方群にはタモキシフェンが処方され、対照群には比較対照としてプラセボが処方された。

5年にわたる研究が終わったところで、薬の効果を評価するために、それぞれの群で侵襲性乳がんになった女性の数を比べ、侵襲性乳がん以外のがんになった人の数も確認した。そして国立がん研究所の乳がんリスク評価ツールでは、相対リスクの減少が報告された。「（タモキシフェンを摂取した）女性では、侵襲性乳がんの診断が49％少なかった」というのだ。49％というのはかなり大きく、印象的な数値である。ところがその一方で、起こりうる副作用は絶対的なリスクの値を使って示され、「……タモキシフェン群の子宮がんの年間比率は1万につき23で、これに対してプラセボ群は1万に対して9・1だった」となっていた。これらの数字はかなり小さく、これくらいならタモキシフェンを処方されても子宮がんのリスクはあまり変わらないように見える。国立がん研究所の研究者たちは、意図的かどうかは別にして、オンラインのリスク評価ツールでデータを示す際に、タモキシフェンによって乳がんが減るという効果を強調し、なおかつ子宮がんのリスクが上がるという印象を最小限にしたのだ。2つの統計値をこれらの数値に基づいて公平な土俵に乗せるのであれば、乳がんのリスクが49％減ったのに対して、子宮がんのリスクが153％上がった、と書くのが正しい。

ところが原論文の抄録ですら、乳がんの減り具合は49％とあるのに対して、子宮がんの増え具合は相対リスク比で2・53と記されている。小数の代わりにパーセントを用いることで効用を際立たせる手法は「比率バイアス」と呼ばれるトリックの一種で［注90］、人がこのタイプのトリックにいかに弱いかは、単純な実験で確認されている［注91］。その実験では、目隠しをした被験者にトレイからランダムにゼリービーンズを取ってもらって、赤いゼリービーンズを取ると1ドルもらえることになっている。その上で、白いゼリービーンズが9個と赤いゼリービーンズが1個載っているトレイと、91個の白いゼリービーンズと9個の赤いゼリービーンズが載っているトレイのどちらを選んでもよいことにすると、じつは後者のほうが赤を引く確率は低いのに、後者を選ぶ人が多くなる。おそらくこれは、トレイに載っている赤の個数が多いので、ほかの色がどれだけあっても赤を引く可能性が高いと感じられるからなのだろう。実際、ある被験者は、「赤が多いほうのトレイを選びました。だって、勝つ方法がたくさんあるように思えたから」と述べている。

タモキシフェンの功罪を巡る研究の絶対的な数値を見てみると、侵襲性乳がんに関しては、投与なしの群で1万人に対して261件なのに対して、投与ありの群では1万人に対して133件というふうに減っている。皮肉なことに、プラスの効果とマイナスの副作用で表現方法を変える「ミスマッチド・フレーミング」や、小数の代わりにパーセンテージを使う「比率バイアス」を持ち込まないで、絶対的な数値を使っていれば、乳がんリスク評価ツールを使う人々にも、全体としての乳がんの阻止例（1万対128）が副作用としての子宮がんの発症例（1万対14）をはるかに上回っていることが簡単にわかったはずだった。生の臨床データに小細工をする必要は、まったくなかったのだ。

多くの人を惑わせる「平均への回帰」の正体

医療の世界における統計の虚偽記載の大半は、どうやら統計のよくある落とし穴に気づいていない研究者によって無意識に行われているらしい。臨床試験では通常、体調の優れない人々の集団を対象として、その症状に対して提案された治療を施して彼らの状態が改善するかどうかを観察し、その薬の効果を判断する。もしも症状が緩和されれば、ごく自然にその治療を信用しようということになる。

たとえば、関節痛に苦しめられている人を大勢集めてきて、生きている蜂で刺す間じっと座っているように、といいきかせる（そんなばかな、と思われるかもしれないが、これはアピパンクチャーと呼ばれるれっきとした代替医療である。最近アピパンクチャーが人気なのは、ひとつには、グウィネス・パルトロー〔アメリカの歌手、女優〕がGoopという自身のライフスタイルに関するウェブサイトで推薦したからだ）。この療法で、不思議なことに何人かの痛みが消えたとしよう。セラピーが終わると、概して気分がよくなっていた。この場合に、アピパンクチャーが実際に関節痛に有効な治療である、という結論を出すことができるのか。おそらく、出すことはできない。実際、アピパンクチャーが体調不良の治療として有効だという科学的証拠はどこにもない。しかも、蜂毒セラピーに対する拒絶反応は決して稀ではなく、少なくとも1人の患者が拒絶反応で命を落としている。だとすると、この架空の試験でのプラスの結果をどう説明すればよいのだろう。なぜ患者の体調がよくなったのか。

関節痛のような症状では、時間とともにつらさが変わる。試験に参加した患者、なかでもアピパンクチャーのような極端な代替手段の試験に応募した人たちが、特に痛みが強いときに参加して、是が非でもこの不調をどうにかしてほしい！　と思っていた、というのは大いにありうることだ。痛みがもっとも強いときに治療を受ければ、治療の効果とは無関係に、しばらくしてから痛みが減る可能性が高い。これはよく知られている現象で、「平均への回帰」といういかにもな名前がついている。そしてこの現象は、ランダムな要素が結果に絡むさまざまな試行に影響を及ぼす。

「平均への回帰」がどういうものなのかを理解するために、ある試験の結果を考えてみたい。学生たちに、彼らがまるで知らないテーマに関する「はい／いいえ」の二択問題を50問出す。すると学生たちは事実上まったくでたらめに当て推量をすることになって、テストの点は0点から50点までばらけるはずだ。そうはいっても、ほんの少

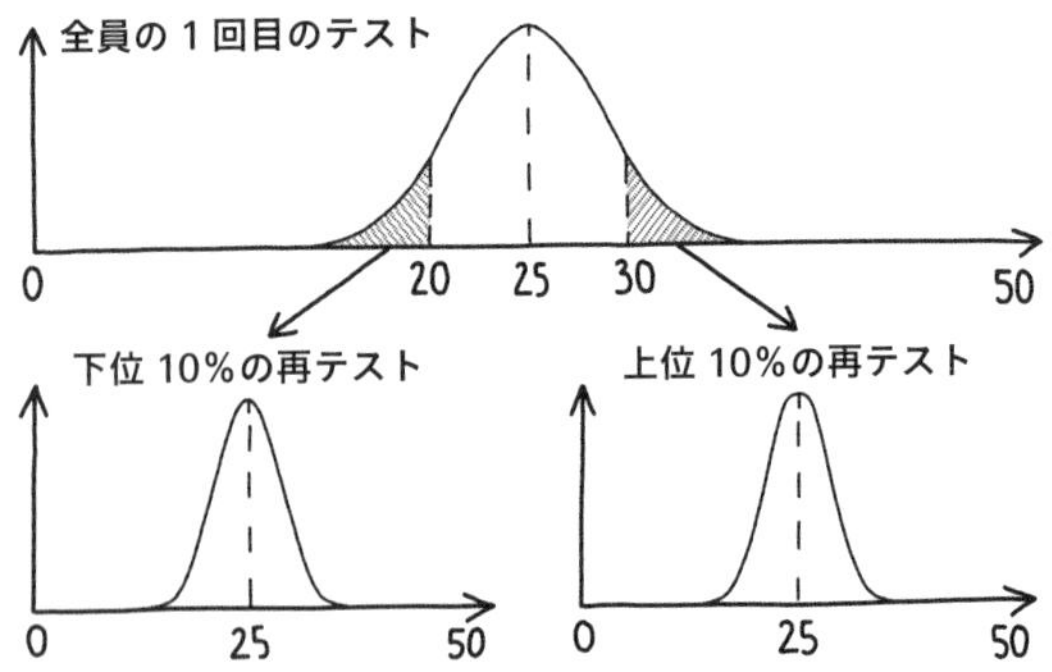

［図20］「はい／いいえ」の二択問題計50問の点数の分布。上位10％（右の影の部分）に再テストを施すと、その平均点数は全体の平均点数と同じになる。下位10％（左の影の部分）についても、同じことがいえる。高得点群も低得点群も、平均に回帰したのだ。

しか正解しない学生はごくわずかだろうし、ほぼすべてに正解する学生もごくわずかだろう。図20の点数の分布からも、明らかに平均の25に近い点を取る人のほうが多い。さらに上位10％の学生を分析すると、上澄み部分なのだから、その得点は全体の平均よりかなり高いはずだ。

そこでこの上澄みの学生たちを対象として、まったく新しい問題でもう一度テストを行うことにする。その場合、彼らの点は平均よりかなり高くなると考えてよいのか。むろん高くなるはずはなく、彼らの得点は再び25点という平均の周囲になめらかに分布するはずだ。下位10％についても同じことがいえて、1回目のテストで極端に点が低かった学生も、平均すると2度目の試験では平均値に向かって回帰する。

実際の試験では、学生の才能や頑張りによって結果が大きく左右されるが、さらにもう1つ、そこには運の要素が絡んでくる。試験にどんな問題が出されるか、あるいは試験の準備をしているときに取り組んだテーマが出題されるか否かによって結果が違ってくるのだ。このように何らかのランダムな要素が絡んでいるときは、「平均への回帰」が威力を発揮する。特に多肢選択式の試験では偶然の要素が強くなり、このため準備をしていなかった学生でも正解を出すことができる。1987年にアメリカで行われたある実験では、「テスト不安」を抱えており、多肢選択式で行われる大学進学適性試験（SAT）の成績が予想外に悪かった学生25人に血圧降下剤のプロプラノロールを投与して、再度試験を行った[注92]。ニューヨーク・タイムズ紙によると、この研究の結果、「高血圧をコントロールする薬によって、過度の不安に悩まされている学生たちの大学進学適性試験の得点が劇的に上がった」という。400点から1600点の尺度でいうと〔SATは数学と英語の2科目で、各々の最低点は200点、最高点は800点〕、プロプラノロールを摂取した学生の得点が平均で130点も上がったのだ。初めは、プロプラノロールが著しく効いたように見えた。ところが、「テスト不安」に苛まれていない学生が再試験を受けた場合も、点数が40点ほど上がった。この実験が、IQなどの本人の学力を示す値のわりに試験結果が悪かった学生だけを集めて行われたことを考えると、点数がかなり上がったからといって驚くにはあたらない。たとえプロプラノロールがなくても、単なる「平均への回帰」の結果として、当然点数は上がったはずなのだ。

この実験には、予想外の低い点数を取っていながらプロプラノロールを投与されずに再試験を受けたグループが存在しない。つまり対照群がないのだから、これだけでは薬の効果があったかどうかを判断することはできない。処方が行われた群のデータだけを見ていると、薬の効果のおかげでパフォーマンスが向上したといいたくなる。しかしまったくランダムな多肢選択式試験の結果からすると、極端な現象を見せていた対象が平均に回帰する現象は純粋に統計的なものであることがわかるのだ。

＊＊＊

臨床試験では、偽の因果関係を推定しないことがきわめて重要だ。それには、（すでに第2章、第3章で見たように）たとえば患者をランダムに2つのグループに振り分けて、ランダム化比較試験〔治療や薬などの有無以外が公平になるように留意した比較研究〕を行えばよい。乳がんのホルモン療法に用いられるタモキシフェンの試験では、「処方群」の患者には本物の薬が投与され、「対照群」にはダミーかプラセボが投与される。特に、この2つの群の患者だけでなく処方を管理している人間にも自分たちがどちらの群と向き合っているのかがわからないようにした試験、いわゆる「二重盲検試験」は、広く臨床試験の偉大なる代表とされている。ランダム化された二重盲検法による対照試験では、対照群で生じた改善と処方群で生じた改善の差はすべて処方だけに起因すると考えることができ、「平均への回帰」の影響を考える必要がない。

対照群の患者の状態がよくなる現象は、昔からプラセボ効果と呼ばれてきた。たとえそれが砂糖を丸めただけのものでも、治療らしきものを受けるとなんらかの改善が見られるのだ。ところが最近になって、まったく異なる2つの現象が組み合わさって、この効果が生じていることが判明した。1つ目は――たぶんそれほど大きくはないのだろうが――純粋に心因性の効果で、治療されていると思っただけで患者の気分がよくなる現象だ。このような「真のプラセボ」効果は、患者自身の症状の判断が変わることによって生じる。しかも、患者が本物の治療を受けていることを知っていると心因性の効果は大きくなり、さらに面白いことに、その治療に携わっている人間が自分は本物の治療をしていると承知しているときにも、この効果が表れる。だから、二重盲検法にする必要があるのだ。

もう1つ、対照群の患者の症状に改善が生じるより大きな理由と思われるのが「平均への回帰」なのだが、これは単なる統計的な効果であって、患者には何の恩恵ももたらさない。プラセボ効果を生じさせるこれら2つの要素のうちのどちらが強く効いているのかを突き止めるには、ダミーで治療したときと、まったく治療しないときの効果を比べるしかない。このような試験は往々にして非倫理的だとされるが、それでもこれまでに十分な数の研究が行われていて、その結果を見ると、いわゆるプラセボ効果のほとんどが、じつは患者に何の恩恵ももたらさない「平均への回帰」の結果であるらしい［注93］。

代替医療を支持する人の多くは、たとえその治療がプラセボ効果にすぎなくても、プラセボの恩恵が大きい場合もあるのだから治療を行う価値がある、と主張する。だが、プラセボ効果のほとんどが平均への回帰によるものであれば、患者は何の恩恵も被らないわけで、このような主張は信頼性に欠ける。そうかと思えば、「人工的な臨床試験」を信用するよりも「現実世界」の結果、つまり「治療のあとで患者の状況がどう変わったかだけに焦点を当てた非対照試験の結果」を考えることのほうが重要だ、と主張する代替医療の指導者もいる。案の定これらの偽医者は、平均への回帰がもたらす見せかけの効果を自分たちの非科学的治療がもたらした真の恩恵だと誤解させられそうな論拠であれば、どんなものにでもしがみつく。ピュリツァー賞を受けたアメリカの小説家アプトン・シンクレアが述べたように、「その事実を理解しないことに相手の給料がかかっている場合、相手にその事実を理解させることは難しい」のだ。

＊＊＊

平均への回帰は、医療から遠く離れた立法の場でも、因果関係の解釈に影響を及ぼしてきた。1991年10月16日、32歳のスザンナ・グラティア・ハップは両親とともにテキサス州キリーンのルビーズ・カフェテリアのテーブルに着いていた。昼食のピークを迎えたレストランはひどく混雑しており、150人を超える人々でぎゅう詰めだった。12時39分、失業中の商船船員ジョージ・ヘナードが青のフォード・レンジャーのピックアップトラックでこのレストランに突っ込んだ。正面ガラスを突き破ってダイニング・エリアに乗り込んだヘナードは、すぐに運転席から飛び降り、片手に自動拳銃のグロック17を、もう一方の手にルガーP89を構えると、撃ち始めた。

グラティアと両親は、初めは強盗だと思って地面に伏せ、テーブルを倒して即席のバリケードにした。しかし次々に銃声が響くうちに、恐ろしいことが明らかになっていった。あの男は強盗をするためにここに来たのではない。無差別に人を殺すため、なるべくたくさんの人を殺すためにここに来たのだ。

やがてヘナードが、3人のテーブルから数メートルのところにやってきた。グラティアはハンドバッグに手を伸ばした。そのなかには、かなり前に護身用にと贈られたスミス・アンド・ウェッソンの38口径があるはずだった。だがグラティアは、バッグのなかを探りかけたところで手を止めた。リボルバーを、念のため車の座席の下に残してきたことを思い出したのだ。テキサス州では法律で、武器を隠して携帯することが禁じられていた。「人生最悪のばかげた決断でした」とグラティアは述べている。

グラティアの父は勇敢にも、レストランにいる全員が撃たれる前に銃撃者を取り押さえようと決意した。テーブルの後ろからさっと立ち上がり、ヘナードに駆け寄ろうとしたが、実際には1mも進めなかった。胸を打たれて床に崩れ落ちたのだ。瀕死の重傷だった。ヘナードはさらなる犠牲者を求め、グラティアと母が隠れているテーブルから遠ざかっていった。そのときトミー・ヴォーンという客が、一か八かでレストランの後ろの窓を突き破った。壊れた窓から逃げられるかもしれないと思ったグラティアは、母ウルスラの手をつかみ、「行こう、走らなくちゃ、ここから出なくちゃ」といった。グラティアは全速力で走ってすぐに窓を抜け、無傷でレストランの外に出た。母がついてきているかどうか、後ろを振り返ってみたが、母の姿はなかった。ウルスラは横たわっている夫の身体のそばに這っていき、死にかけている夫の頭をそっと撫でていた。ヘナードはあわてることなくウルスラが座っている場所に戻ると、その頭を確実に撃ち抜いた。

グラティアの両親は、その日ヘナードが殺した23人のうちの2人だった。このほかに、27人が負傷した。当時としては、アメリカ史上最悪の銃乱射事件だった。グラティアは武器を隠して携帯することを合法化するために、全国を講演して回った。1991年にこのルビーズ銃乱射事件が起きた時点で、10の州が法律で許可証を発行したうえでの銃の隠匿携帯を許可していた。それらの法律では、申請者がいくつかの客観的基準を満たしさえすれば、許可証を発行する側は裁量抜きで銃を隠匿所持する許可証を発行しなければならなかった。1991年から95年のあいだに、さらに11の州が同じような法律を可決し、1995年の9月1日には〔州知事だった〕ジョージ・W・ブッシュがサインして、テキサス州もそれに続くこととなった。

アメリカでは銃規制が激しい議論を呼んでいたから、当然銃を隠し持つことに関する法律が暴力的な犯罪にどのような影響を与えるのかに大きな関心が集まった。銃規制を支持する側は、隠し持った武器が増えれば、些細な口論が致命的な形でエスカレートしたり、犯罪者の入手できる銃の数が増えたりする、と主張した。銃を持つ権利を擁護するロビー団体は、被害者側が武装しているかもしれないと思えば、加害者も犯罪を思いとどまるはずで、少なくとも市民がもっと早くに銃乱射を止めようとすることができる、と主張した。この法律の導入前後の犯罪率に関する初期の研究結果を見ると、銃の隠匿所持に関する法律が施行された直後には、殺人や暴力犯罪の割合が減ったようだった［注94］。

しかしこれらの研究は、じつは典型的な2つの要素を無視していた。まず、銃の隠匿所持に関する法律が次々に導入されていた時点で、国内の暴力犯罪が減っていたという事実。1990年から2001年までのあいだに、警察官は増員され、収監される人が増えて、クラックコカインの流行もある程度収まりつつあった。この3つの要素が重なって、アメリカ全土における殺人の件数は、1年に10万人につき10人から、10万人につき6人に減っていたのだ［注95］。殺人の減少傾向は、銃の隠匿所持に関する法がある州でもない州でもほぼ同じだった。法律がある州での殺人の発生率と全国の殺人の発生率と比べてみると、法律の効果はかなり割り引かれるようだった。おそらくそれよりもさらに重要だったのは、ある研究から得られた次のような結果だろう。平均への回帰という現象を考えに入れると、これらのデータは「……銃の携帯を許可する法律に殺人率を下げる効果がある、という仮説をまったく支持していない」というのだ［注96］。暴力犯罪のレベルが高くなったから州政府が銃の隠匿所持に関する法律を作る、という事例が多かったのだが、これらの法律ができたあとで相対的な殺人率が落ちたように見えたとしても、おそらくそれは法律自体とは無関係だった。むしろこれらの法律と関係があったのは、導入前に相対的に犯罪率が増加していたという事実で、このため異様に犯罪率が高い状況が自然に収まったときに、この法律が役に立ったという誤った印象が生まれたのだ。

統計の嘘に騙されないために

アメリカでは今も、銃規制法に関する議論が活発に行われている。２０１７年10月、ホワイトハウスでの責務から解放されたばかりのゴルカは、58名が命を落として数百名が負傷したラスベガスでの銃乱射事件を受けて、銃規制に関する円卓会議に出席した。この章の冒頭でも見たように、裏づけのない大胆な主張で有名なゴルカは、火器や附属品の販売規制を巡る論戦に猛然と切り込んで、議論を意外な方向に転がした。

……これは無機物を巡る問題ではない。最大の問題は銃乱射ではない。あれは特異な例なのだ。みなさんは、異常値のために法律を作るわけではない。わたしたちにとっての大問題は、アフリカの黒人のアフリカの黒人に対する銃犯罪なのだ……黒人の若者たちは、互いをどんどん殺し合っている。

ゴルカはアフリカ系アメリカ人といいたかったのだろうが、それにしても、これはまさしくこの章ですでに信用できないことが判明している悪しき統計の焼き直しではないか。このようなゴルカの度重なる反則からも、どのような場合に悪しき統計に対してさらにガードを固めるべきなのかがわかる。自分が引用する数字の精度を軽んじる姿勢を一度でも見せた人間が、時とともに慎重になる可能性はまず無い。政治を巡るファクトチェックのパイオニアの1人、ワシントン・ポスト紙のグレン・ケスラーは定期的に、政治家の語ったことが真実をどれくらい曲げているかを1から4までの「ピノキオ」という尺度で分析しており、その報告には何度も同じ名前が登場している。

統計が操作されたことを示す兆候のなかには、さらにわかりにくいものもある。統計を示した側に自分の数値が正確だという自信があれば、何も恐れることはなく、ほかの人々がチェックできるようにその値の背景や情報源を開示できるはずだ。テロリズムに関するゴルカのツイートのように、背景が抜けているのは信頼性のレッドカードなのだ。ロレアルの広告キャンペーンでも見たように、調査の規模や、実際に発せられた問いや、対象者の選び方などの調査結果に関する詳細がない場合も要注意。国立がん研究所の「乳がんリスク評価ツール」のように、プラスのこととマイナスのことで表現方法を変えるミスマッチド・フレーミングや、印象を変えるためのパーセンテージによる表示や、絶対的な値なしでの相対的値や指標による表示は、信頼性に関する警鐘を鳴らしている、と捉えるべきだ。代替医療の試験の結論によく見られることだが、きちんとした対照群がない研究や、対象となる集団の一部に関するデータから導かれた偽の因果関係といったトリックにもしっかり目を光らせる必要がある。そしてアメリカの銃犯罪の統計のように、そもそも極端だった統計値が突然上下したら、平均への回帰を疑うべきなのだ。

さらに広くいうと、誰かが統計値を押しつけてきたら、「何を比べているのか」「動機は何か」「これがすべてなのか」を自問してみよう。これら3つの問いに対する答えを得ようとすると、数値の信頼性を決めるための長い旅に出ることになるかもしれない。そしてその旅の果てに答えが見つからないときは、その事実自体が何かを物語っているのである。

＊＊＊

数学を使って嘘をつく方法は、じつに多種多様だ。新聞が主張する統計値や広告が支えとする統計値、政治家たちが滔々（とうとう）とまくし立てる数値は誤解を招くことが多く、時には不誠実で、端から端まで正確であることはめったにない。その数値には、普通は真実の種が含まれているが、真実が丸ごと示されることはきわめて稀だ。そのような歪みは、わざと虚偽の表示を行った結果かもしれないし、自分たちの計算が間違っているとか、自分たちがなんらかの偏りを押しつけているといったことにまるで無自覚な人間が誤ったことを行っているのかもしれない。この先の章では、もっと不吉な状況において、そのような純粋に数学的な間違いがどれほど破滅的な結果をもたらすかを見ていく。

ダレル・ハフは、古典ともいうべき『統計でウソをつく法――数式を使わない統計学入門』〔講談社〕という著書で、「統計は、数学に基盤があるにもかかわらず、科学であると同時にアートである」と述べている。けっきょくのところ、自分が出くわした統計値をどれくらい信用するかは、そのアーティストがわたしたちに描いてみせた絵がどれくらい完璧であるかによって決まる。もしもそれが細かいところまできっちり描き込まれ、背景もあって信頼できる情報源があり、明確に説明されていて、推論の鎖に則ったリアルな風景であれば、こちらも安心してその数値を信頼することができる。しかしそれが怪しげな推論に基づく主張で、たった1つの統計だけを支えとして、それ以外はすべて空っぽなキャンバスに描かれた風景だったとしたら、その「真実」を信じてよいかどうか、よくよく考える必要がある。

5　小数点や単位が引き起こす災難

わたしたちが使っている記数法、
その進化と期待外れな点と

桁違いのミスの致命的影響

2015年5月、ノーサンブリア大学スポーツ科学部の2年生だったアレックス・ロセットとルーク・パーキンは、カフェインが運動に及ぼす影響を調べる研究に参加することになった。各自にカフェインが0・3g投与され、その後で運動能力の測定が行われる予定だった。ところが単純な数学的ミスのせいで、2人は集中治療室で生命を賭けて戦う羽目に陥ったのだった。

予定では、水で薄めたオレンジジュースにカフェインを溶かしたものを飲んでから、ウィンゲイト・テストという、よくある運動能力検査を行うはずだった。全力でエアロバイクのペダルを漕ぎ、カフェインが無酸素運動での出力にどのような影響を及ぼすかを見るのだ。ところがまだバイクに近づいてもいないのに、カフェイン入りの飲み物を摂取したとたんにめまいがして目がかすみ、動悸がし始めた。2人はすぐに救命救急室に担ぎ込まれ、透析装置につながれた。そしてそれから数日のうちに約20キロもやせたのだった。

研究担当者たちは、摂取すべきカフェインの算出を間違えて、0・3gではなく30gの粉末カフェインをジュースに溶かしていた。そのため2人は数秒間にコーヒー300杯分のカフェインを摂取することになったのだ。ちなみにカフェインは、成人でも10g摂取しただけで命に関わるとされている。幸い2人はともに若くて健康だったから、途方もない量を摂取したにもかかわらず、長期的な後遺症はほとんど残らなかった。

どうしてこんなことになったのかというと、担当の研究者が自分の携帯に数値を打ち込む際に、小数点を右に2つずらしてしまったからで、そのため0・3gが30gになったのだ。小数点の打ち間違いがとんでもない結果をもたらしたケースは、これが最初ではなく、これとよく似た間違いが、笑える結果から命に関わる結果まで、ほかにもさまざまな結果をもたらしてきている。

＊＊＊

２０１６年の春、マイケル・サージャントという建設労働者が、１週間の仕事の対価として４４６・６０ポンドの請求書を送った。数日後、自分の口座に４万４６６０ポンド払い込まれていることを知ったサージャントは、驚きもし、興奮もした。相手方の社長が小数点を打ち間違えたのだ。それから数日間、サージャントはロックスターのような生活を送った。新車にドラッグ、酒にギャンブル、デザイナーズ・ブランドの洋服に腕時計、そして宝石に何千ポンドも使ったところで、ついに警察が不正に気づいた。サージャントは残金を返し、ささやかなご都合主義的行動の償いとして社会奉仕をすることになった。

これよりはるかに大規模だったのが、２０１０年のイギリス総選挙の準備期間中に保守党が配った文書のミスだった。現職の労働党政権下におけるイギリスの豊かな地域と貧しい地域の格差を浮き彫りにするはずのその文書には、イギリスの最貧地域の女の子の54%が18歳になる前に妊娠しているが、もっとも豊かな地域ではその値は19%でしかない、と書かれていた。これらの数字は13年に及ぶ労働党政権下で進んだと思われる社会の不平等を浮き彫りにするもので、労働党に対する痛烈な批判となるはずだった。ところが労働党の評論家や政治家たちが実際の数値は５・４%と１・９%だと指摘したことで、この数字による批判の矛先は逆に保守党に向かうことになった。小数点を巡る派手な間違いはさておき、ある地域の女の子の半数以上が十代で妊娠している、と自信満々で言い立てる保守党の態度を見れば、彼らが選挙民の実態をまったく把握していないのは明らかだ、と思われたのだ。保守党は小数点を間違えたことで大恥をかいたが、それでも2010年の総選挙には勝ったから、これは致命的な誤りとはいえないかもしれない。

だが85歳の年金生活者メアリー・ウィリアムズにとって、小数点の誤りはまさに致命的だった。2007年6月2日、訪問看護師のジョアン・エヴァンスが同僚に代わってウィリアムズ宅を訪れた。エヴァンスは、糖尿病を患っているウィリアムズ夫人にその日の分のインシュリンを打つことになっていた。1本目のインシュリンのペン型注入器に指定された36単位のインシュリンを入れて打とうとすると、ペンが詰まってしまった。持っていった残り2つのペン型注入器で試してみてもうまくいかない。インシュリンを打たないとウィリアムズ夫人の容態が悪化してしまうと思ったエヴァンスは、車にとって返し、通常の注射器を持ってきた。ペン型注入器の場合はインシュリンの「単位」で目盛りが打ってあるのに対して、注射器の場合はミリリットルで目盛りが打ってあり、エヴァンス自身は、1「単位」が0・01㎖であることを知っていた。そして、1㎖目盛りの注射器にインシュリンを計り取っては夫人の腕に注射するという手順を3回繰り返して、投与を終えた。いったん動作を止めて、ほかの患者なら1回ですむのになぜ何度も注射しなければならないのか、と考えたりはしなかった。そしてウィリアムズ夫人の家を出ると、さらに巡回を続けた。その日もかなり遅くなってから、エヴァンスはようやく自分がとんでもない間違いをしたことに気がついた。0・36㎖のインシュリンを投与する代わりに、その10倍の3・6㎖のインシュリンを投与してしまったのだ。すぐに医師に連絡を入れたが、ウィリアムズ夫人はすでにインシュリンの過剰投与による致命的な心臓発作を起こしていた。

今述べた話のような明白な間違いを皮肉るのは簡単だが、これと似た話がごろごろしていることを考えると、確かに単純なミスが起こる可能性はあって、実際に起こっており、しばしば深刻な結果をもたらしている、と考えるべきだろう。これらのミスがきわめて深刻な影響をもたらすのは、1つには10進法のせいでもある。たとえば22という数でいうと、1つひとつの「2」が、2と20と200という異なる数を表していて、いずれも前の数の10倍になっている。この倍率が10だからこそ、小数点の打ち間違いが深刻な結果をもたらすのだ。もしわたしたちが2進法――コンピュータを組み込んだ現在のすべての技術の基礎となっている記数法――を使っていたら、それぞれの桁の数は前の位（くらい）の2倍にしかならないから、それほどのミスにはならなかったはずだ。インシュリンを2倍、カフェインを4倍処方したとしても、ここまで深刻な想定外の結果は生じない。

この章では、さらに、わたしたちが日常生活で勘定する際に使っている記数法がもたらした手痛い過ちを見ていく。もうずっと前に使われなくなったと思われる記数法の隠れた影響を明らかにすると、そこから自分たちの歴史が、さらには生き物としての自分たちの姿が垣間見えてくる。自分たちが使っている記数法にどんな不具合があるのかを突き止め、よくある間違いを避けられるとして支持されている記数法を見ていこう。そうやって、人間の文化の進化と並行する道に沿って、自分たちの計数システムの自然淘汰の歴史をとことんたどってみよう。そして、文化がもたらす偏りだけでなく、数学的な思考のなかに潜む偏り――自分たちの無意識に深く染み込み、気づかないうちに自分たちの視野を狭めているもの――の正体を曝くのだ。

位取り表記のありがたみを再確認

現在わたしたちが用いている記数法は、「位取り10進法」と呼ばれている。「位取り」というのは、同じ数字でも異なる位にあれば異なる数値を表すことを意味し、「10進」というのは、隣の位の数が元の位の数の10倍、あるいは10分の1の大きさになっていることを指す。位間の倍率である10は「底（てい）」と呼ばれる。わたしたちがなぜほかでもない10を底にしているのかというと、たまたまわたしたちの生物的な条件に合っているからで、別によく考えて決めたわけではない。人類の祖先のなかには別の底を選んだ人々もいたが、記数法を展開した文化のほとんど――アルメニア人やエジプト人やギリシャ人やローマ人やインド人や中国人——が10を底とした。理由は簡単で、わたしたちが子どもたちに数え方を教える場合と同じように、数を勘定しなければならなくなった祖先たちが10本ある手の指を使ったからだ。

10は広く人類に受け入れられた底だったが、なかには人体の別の点に注目して、別の底を採用した文化もある。カリフォルニアに住むネイティブ・アメリカンのユキ族は、指そのものではなく指の股を数えたので、8が底になった。シュメールの人々は60を底にしていたが、この場合は右手の親指で指しながら、4本の指の計12個の関節を数え、さらに左手の5本の指で組数を表して、12が5組（＝60）というところまで数えていく。27を底とする記数法を使っているパプア・ニューギニアのオクサプミン族は、左の親指から始めて（1）、指から腕、肩、首、耳と上がっていって、目、鼻を加えてから（14）、さらに逆の目から腕へと降りていって、最後にもう片方の手の小指（27）で数え終わりとなる。こうしてみると、10本の指だけが記数法のヒントになったとはいえなくても、わたしたちの祖先が初めて数学を発展させたときに、指がいちばん目立っていたから、もっとも広く使われる部位になった、といえそうだ。

文化のなかで勘定するための仕組みが確立されると、さらに高度な数学を発展させて、実際的な目的に使うことができるようになる。事実、多くの古代文明が、洗練された数学を使いこなしていた。たとえばエジプト人は、紀元前3000年頃には数を足したり引いたりかけたりしていて、簡単な分数も使うことができた。ピラミッドの体積の求め方も知っていたし、ピタゴラスのはるか前にピタゴラスの定理――一辺の長さの比が3、4、5、というふうにいわゆるピタゴラス数になっていれば、その三角形は直角三角形になるという事実――に気づいていたという証拠もある。エジプト人もよくある10という底を使っていたが、位取りは行わず、10のべきが変わるごとに異なる神聖文字を使っていた。それらの数は絵で表現されていて、特に順序が決まっているわけではなかった。絵を見れば、その値がわかるからだ。1は、今のわたしたちと同じように、すっと縦に一本線を引いただけ。10は牛のくびきで表され、100は巻いた綱、1000は華麗な睡蓮、1万は曲がった指、10万はヒキガエルで、さらに100万は、無限や永遠を人格化したヘフ神で表されていた。古代エジプト人にすれば、いわば100万が最大の数で、1999を表したいときには、睡蓮を1つと巻いた綱を9つ、さらに牛のくびきを9つ描いて縦棒を9本引いたはずだ。これは不格好なやり方だが、それでも10億くらいまでなら十分表せる。だが、もしもエジプトの人々が宇宙にある星の数を表すとしたら（わたしたちが使っている位取り10進法で表すと、1,000,000,000,000,000,000,000という膨大な数になるという）、ヘフ神を10億×10億回描く必要があるが、実際にはそんなことは不可能だ。

ローマ人の文明は、多くの面でエジプト人より進んでいた。彼らは本やコンクリートや道や屋内トイレなどの発明や公衆衛生の概念を大々的に普及させたことで有名だが、その記数法はむしろ原始的で、Ｉ（＝１）、Ｖ（＝５）、Ｘ（＝10）、Ｌ（＝50）、Ｃ（＝１００）、Ｄ（＝５００）、Ｍ（＝１０００）という７つの記号を使って数を表していた。この記数法はかなりややっかいだったが、ローマの人々は常に数を左から右、いちばん大きいものから小さいものへと書くようにしていたから、書かれている文字を足すだけで、どんな数を表しているのかがわかった。たとえばＭＭＸＶは1000＋1000＋10＋5だから、２０１５なのだ。

数字を延々と連ねるのは面倒なので、ローマ人は、１つ例外をもうけることにした。大きな数の左側に小さな数があるときは、大きな数から小さい数を引く。たとえば２０１９は、ＭＭＸＶIIII ではなく ＭＭＸＩＸ になる。最後のＸからＩを引けば９になるので字数が減る、というわけだ。これだけでもかなりややこしい気がするのだが、今日わたしたちがローマ数字と呼んでいる統一された記号や規則は、じつは当時ローマ人が使っていたものとは違う。たとえばローマ文化の元になったとされているエトルリアの都市国家では、Ｉ、Ｖ、Ｘ、Ｌ、Ｃではなく｜、∧、×、↑、＊といった記号が使われていたという説があり、この点は今も議論が続いている。ここまでで紹介したローマ数字の表記法の記号や規則は、ローマ時代以降のヨーロッパで何百年もかけて発展してきたもので、実際にローマ人が使っていた記数法はこれよりはるかにばらついていたらしい。

ただし、エジプトの神聖文字が消滅したのに対して、ローマ数字はローマ帝国が崩壊しても消えなかった。実際に、今でも多くの建物を飾っている。竣工年をローマ数字で表すことで、最近完成したプロジェクトに古めかしさを加えようというのだ。その結果、1800年代後半は石造建築にとって特に厳しい時代となった。たとえばボストンの公共図書館には、この建物が1888年に竣工したことを示すMDCCCLXXXVIIIという13文字の年号が刻まれているが、これはここ1000年でもっとも長いローマ数字である。ローマ数字で表したほうが重々しい感じがすると考えるのは建築家だけではなく、ファッションスタイルの手引書の提案によると、腕時計にローマ数字を使うとより洗練された感じになるらしい。実際に、イギリスでいちばん在位期間が長い女王Elizabeth IIをElizabeth2と書くと、まるで映画の続編のように見えてしまう。映画やテレビの番組の制作年もローマ数字で記されているが、これは、ローマ数字の読み取りにくさという性質を生かした、映画の登場直後からの習慣だ。こうしておくと、ほとんどの人は自分たちが見ている作品が最新でないことに簡単には気がつかず、それでいて映画会社の著作権はきちんと表示されていることになる。

ローマ数字がごく狭い範囲で生き残っていることは確かだが、ついに世界を征服するところまではいかなかった。なぜなら表記が複雑すぎて、高等な数学を展開するには不向きだったからだ。実際、ローマ帝国からは高名な数学者は出ておらず、数学への貢献もまったくなかったことはよく知られている。これまでに見てきたように、読み取る側からすれば、ローマ記数法の数字の1つひとつが一連の記号を足したり引いたりせよと指示しているややこしい方程式のようなものなのだ。そのためローマ数字を2つ足すだけでも一苦労で、たとえば今日わたしたちが算数の授業ですぐに習うように、2つの数を上下に並べておいて各列の数字を足していくということすらできない。実際、ローマ数字で表された異なる数が2つあったとして、それらの同じ位置に同じ記号があるからといって、その記号が同じものを表しているとはかぎらない。単純にMMXIXのそれぞれの数字からMMXVのそれぞれの数字を（X引くVが5で、I引くXがマイナス9といったふうに）右から左に引いていけば、2019年と2015年の差が4年であることがわかる、という具合にはいかないのだ。なんといっても、ローマ人に位取り法の概念がなかったことが致命的だった。

＊＊＊

ローマ人やエジプト人よりずっと前に現在のイラクあたりで暮らしていたシュメールの人々は、はるかに高等な記数法を使っていた。文明の創始者といわれることが多

いシュメール人は、じつに多様な技術を開発し、灌漑や鋤や（おそらく）車輪などの農業用の道具を生み出していった。シュメールの農業社会が急激に成長すると、役所としても土地の区画を正確に測ったり、租税を決めて記録したりする必要が出てきた。そこでシュメール人は約５０００年前に、世界初の位取り記数法を発明した。そしてけっきょくは、この記数法の基本概念が地球上に広まることになる。この記数法では、数を書く順序が決まっている。同じ記号でも、左にあるもののほうが右にあるものより大きな値を表すのだ。現代の位取り記数法では、２０１９という数の「９」という数字は１が９個、「１」は10が１つ、「０」は１００（＝10×10）がゼロ個、「２」は１０００（＝10×10×10）が２つあることを表す。つまり左に１つずれるたびに、同じ数字が10倍の値を表すことになる。シュメールの人々は底を60としたが、位取りの原理そのものは今とまったく同じで、いちばん右の桁が１の個数を表し、その左の桁は60がいくつあるかを、そのまた左は３６００（＝60×60）がいくつあるかを表していた。シュメールの60進法で表された２０１９は、１が９個と、60が１つと、３６００がゼロ個と、21万６０００（＝60×60×60）が２つだから、10進法の４３２００６９になる。逆に、シュメールの人々が２０１９を60進法で表そうとすると、|33|39 になる。ただし、|33は60が33個（＝１９８０）という意味で、|39は１が39個という意味だ。

位取りの発明はまちがいなく、古今東西におけるもっとも重要な科学上の発見といえる。15世紀に広くヨーロッパで10を底とするインドアラビアの位取り記数法（今に至るまでわたしたちが使っている記数法）が受け入れられた直後に科学革命が始まったのは、決して偶然ではない。位取り記数法のおかげで、いくつかの単純な記号さえあればどんな大きな数にも対処できるようになった。エジプトやローマの記数法では、記号がどこに置かれようと違いはなく、記号そのものが値を決めていた。したがってこれらの文明では、無理なく表せる数値にかぎりがあった。ところがシュメールの人々は、60個の記号を用いてどんな数でも表すことができた。洗練された位取り記数法があればこそ、（土地を分割するといった農業の場面で自然に生じる）二次方程式を解き三角法などの高等な数学を行うことができたのだ。

シュメール人が60進法を採用したのは、主として割り算や分数がかなり簡単になるからだった。60には約数がたくさんあって、1、2、3、4、5、6、10、12、15、20、30、60はいずれも60を割り切り、あまりが出ない。1ポンド（＝100ペンス）や1ドルや1ユーロ（＝100セント）を6人で分けようとすると、あまった4ペニー（セント）を誰が取るかでもめることになる。ところがシュメールの1ミナは60シェケルだから、2、3、4、5、6、10、12、15、20、そして30人でも公平に分けられる。シュメールの60という底を使うと、1つのケーキを12人で平等に分けることができるのだ。「12分の1」というのは「60分の1」が5つのことだから、シュメール人の60

進法であれば0・5（点の次の最初の桁は、10進法の場合の「10分の1」の個数と同じで、「60分の1」の個数を示す）という小ぎれいな形に書けるが、わたしたちが使っている10進法では0・08333……（100分の1が8個に、1000分の1が3個に、1万分の1が3個に……）というなんとも醜い形になる。このためシュメールの天文学者は、夜空の弧を丸いケーキと同じように360（つまり6×60）度に分け、それを使って天文の予測を立てたのだった。

古代ギリシャの人々はシュメールの伝統に則って、1度を60分（′で表す）に、1分を60秒（″で表す）に分けた。実際、（円を分割する際の）「分＝ミニッツ」はごく小さな分割という意味でしかなく、「秒＝セコンド」には「度」の2つ目の分割といった程度の意味しかない。天文学では今も位取り60進法が使われており、天文学者たちはそれを使って夜空の大小さまざまな物体の大きさを把握している。天文に関係していることから、「度」は360°というふうに小さい丸で表わされるが——温度でもこの記号が使われている——この丸は、元来、太陽を表していたと考えられている。しかし「度」を細かく分けた「分」と「秒」を′と″で表したあとで、「度」を上付きの○で表すことにした理由はそこまでロマンチックではなく、むしろごく自然に（上付きの）○、Ⅰ（′）、Ⅱ（″）という列を完成するという数学的な理由だったのかもしれない。

時間の表記と分割を巡る混乱の歴史

天文学で使われる分や秒にはあまりお目にかかったことがないかもしれないが、日常生活のなかには誰でも見慣れた60進法があって、じつはそれがわたしたちの日々の生活のリズム、つまり時間を律している。朝目を覚ましてから、夜眠りに落ちるまで、わたしたちは知ってか知らずか、しばしば60進法で考えている。周期的な日々の時を分けた「時間」がやはり60分に分けられ、さらに1分が60秒に分けられているのは決して偶然ではない。

とはいえ時間そのものは、12個でひとくくりになっている。主として10という底を使っていた古代エジプトの人々は、それでも1日を24に分けた。太陽暦の月の数を模して、昼間を12時間、夜を12時間としたのだ。昼間は日時計を用いて全体を10等分し、その時間を記録し、そのうえで、昼間の前後のまだ真っ暗ではないが日時計が使えない時間として、2時間の「薄暮」をつけ足す。そして夜間も、この場合は特定の星が夜空に上がるタイミングに基づいて、やはり12に分けた。

エジプトの人々は日のあるあいだを12時間としていたが、昼の長さは季節によって変わるから、1時間の長さも年間を通じて変わることになった。同じ1時間が、夏には長くなり、冬には短くなる。これに対して古代ギリシャの人々は、天文に関する計算をきちんと前に進めるには、時間を均等に割る必要があると考えた。そして、1日を24の均等な長さの時間に分けるという理想を掲げた。しかしこの理想が現実となるには、14世紀にヨーロッパ初の機械式時計が登場するのを待たねばならなかった。そして1800年代初頭には信頼できる機械式時計が普及し、ヨーロッパのほとんどの都市で1日を12の等しい時間からなる2つのグループに分けられるようになったのだった。

英語圏の多くでは今も1日を12時間の塊2つに分けるのが普通だが、それ以外のほとんどの国では24時制の表記が使われている。24時制では、たとえば朝の8時（08:00）と夜の8時（20:00）を数字で区別することができて、12時間の差が明確になる。これに対してアメリカ、メキシコ、イギリスとコモンウェルス（オーストラリア、カナダ、インドなど）のほとんどが、未だにａｍ（ante meridiem：午前）とｐｍ（post meridiem：午後）という略称を使って朝の8時と夜の8時を区別している。そしてそのせいで――特にわたしの場合――問題が生じることがある。

当時、オクスフォードの大学院生だったわたしは、アメリカのプリンストンにいる共同研究者に招待された。父譲りなのか、旅に関しては神経質なところがあって、海外に旅立つために家を出るときには決まって頭の後ろのほうで「お金、チケット、パスポート」と唱える心配そうな父の声が聞こえる。ピタゴラスの定理を思い出そうとするたびに「斜辺の上の正方形の面積は、残りの2つの辺の上の正方形の面積の和に等しい」という、高校で数学を習ったリード先生のアイルランドなまりが聞こえてくるのと同じように。

案の定、飛行機の出発時間の4時間前にはヒースロー空港に着いていた。そしてそこで自分の論文助言者に出くわした。旅慣れてリラックスした感じのその人は、少し早目の2時間半後のフライトに乗る予定だった。その旅は、学術面ではじつに実り多いものとなったのだが、旅行に関していささか心配性なわたしは、最終日のニューヨーク観光を早めに切り上げて、プリンストンに戻ってぐっすり眠り、翌日の旅に備えることにした。そして荷物を詰めると、部屋をきれいに掃除して、お金とチケットとパスポートをチェックし、さらにもう一度チェックをした上で、9時のフライトに遅れないように目覚ましを4時にセットした。

予定通り朝の4時に目を覚まし、プリンストンから電車に乗り、2時間半後にニューアーク空港に到着したのだが、出発便のボードを見ても自分のフライトが載っていない。何度見ても、8時59分のセントルシア行きの次はジャクソンビル行きの9時1分になっている。そこで案内デスクにいって、カウンターにいる女性にフライトのことを尋ねてみた。「本日のロンドン行きのフライトは1本だけで、夜の出発になっております」。そんなばかな。なんでこんなミスをしたんだろう。慎重に準備しておきながら、自分が乗る予定のフライトが存在しないということは見逃していたらしい。

そこで、はたと気がついた。そしてその女性に、夜の便は何時発ですかと尋ねてみた。

「ああ、それでしたら9時の出発です」

わたしは、午前と午後を間違えていたのだ。24時制だったらあり得ない間違いだ。ありがたいことに、わたしは時間が進む方向に間違えていた。おかげで14時間後のフライトを待つだけですんだが、インターネット上には、逆方向に間違えたせいでフライトに12時間遅れ、大枚を叩いて新しいチケットを買うことになった人々の話があふれている。もちろん、この経験でわたしの旅行不安が減ることはなかった。

21世紀のわたしたちが、フライトに間に合うように空港にたどり着くだけでもたいへんなのに、19世紀初頭のてんでんばらばらで混乱した時間体系のなかでの長距離旅行がどんなに難しかったか、どうか想像してみてほしい。1820年代にはヨーロッパのほとんどの国が1日を均等な24の時間に分けていたが、その時間は国によってひどく異なっていて、ほぼ無意味だった。ほとんどの国が自分の領土ですら単一の時間に統一できておらず、隣の国とすり合わせることなどとうてい不可能だった。イギリスの西部ブリストルの時間はパリより優に20分は遅れていて、ロンドンの時間はフランス西部のナントの時間より6分進んでいた。なぜこのようなばらつきが生じるのかというと、各国が太陽の位置に基づく地方時間を使っていたからだ。オクスフォードはロンドンより1と4分の1度西にあるので、太陽はロンドンの約5分後に天のもっとも高いところに来る。このためオクスフォード地方時間はロンドン地方時間より5分遅れる。24時間は地球が軸のまわりを回る３６０度の1回転に対応しており、経度の1度が時間の4分に相当している。ブリストルはロンドンより2と2分の1度西だから、オクスフォードよりもさらに5分遅れる。

地方時間のままでは急成長を遂げた鉄道網での長距離旅行にさまざまな支障が出ることから、けっきょくはイギリス全土の時間を調整することになった。各都市がその地域の地方時間を使っているせいで時刻表が乱れ、運転手と信号手のあいだで混乱が生じて、列車同士が異常に接近するという事例が何件も重なったのだ。グレートウェスタン鉄道は１８４０年に、自社の鉄道網で全面的にグリニッジ標準時（ＧＭＴ）を使うことを決めた。そして１８４６年には、工業都市であるリバプールとマンチェスターの当局がこの決定を受け入れた。技術が発達したおかげでグリニッジの王立天文台から全国にほぼ一瞬で時報を送信できるようになり、町の時計をそれに合わせられるようになったのだ。全国のほぼすべての都市がすぐに「鉄道」時間と自分たちの町の時間を合わせることを決めたのに対して、特に宗教的な伝統が強いいくつかの町は、「神が与えた」太陽時間を放棄して鉄道が押しつける魂のない現実主義を取ることを拒み続けた。イギリス議会が１８８０年に法律を通したことで、ようやく太陽時間の熱烈な支持者の大半が共同歩調をとれるようになったわけだが、それでもオクスフォード大学を構成するカレッジの1つ、クライスト・チャーチのトム・タワーの鐘は、相変わらず正時5分過ぎに鳴っている。

イタリア、フランス、アイルランド、ドイツもすぐに、自国内で一律に同じ時間を使うことにした。このためパリの時間はグリニッジ標準時より9分進み、ダブリンの時間は25分遅れることになった。ところが、アメリカではそう簡単にいかなかった。アメリカ本土は経度にして58度分にわたって切れ目なく続いており、全体で単一の時間を使うことは実際的でなかった。なにしろ、全体で4太陽時間近くの差があって、冬はメイン州で太陽が沈んだときに西海岸がランチタイムになるのだから、どう見ても地方時間が必要だった。しかしそれにしても1800年代半ばの状況は極端で、主な都市が各々独自の地方時間を使っていた。そのため1850年の時点では、ニューイングランド地方に展開する鉄道会社のほとんどが、本部がある場所やもっとも人が多い駅の時間に基づく固有時間を使っていた。線路が分かれていて特に列車の往来が激しい駅では、最大で5種類の地方時間が使い分けられていて、このように時間がばらばらなせいで混乱が生じ、さまざまな事故が起きたとされている。1853年に起きた特にひどい事故で乗客14人が命を落としたことから、ついにニューイングランドの鉄道時間の標準化整備計画が作られた。最終的に、全米をいくつかのタイムゾーンに分けて、それぞれのゾーンが隣より1時間遅れる形で東から西へと進むという案が示された。国中の多くの人々が「正午が２つある日」と呼んだ１８８３年11月18日に、全国の駅の時計がリセットされた。こうしてアメリカは、インターコロニアル〔植民地間。後のアトランティック〕、イースト〔東〕、セントラル〔中央〕、マウンテン〔山岳〕、パシフィック〔太平洋〕の、５つのタイムゾーンに分かれることとなった。

カナダのサー・サンドフォード・フレミングは、アメリカが全土をタイムゾーンに分割したことに触発されて、１８８４年10月にワシントンＤＣで開催された国際子午線会議で、地球全体を24のタイムゾーンに分割し、地球規模の標準化された時計を作ることを提案した。地球が計24本の南極から北極に伸びる架空の線、つまり子午線で分割されている、と見なすのだ。この場合、１日はグリニッジの本初子午線の真夜中から始まることになる。こうして１９００年には、地球上のほぼすべての場所がなんらかの標準タイムゾーンに属することになったのだが、地球上のすべての国が本初子午線に基づいて時間を計るようになったのは、１９８６年のことだった。この年にネパールが、ようやくその時計をグリニッジ標準時の５時間45分前に合わせたのだ。タイムゾーンと隣のタイムゾーンとの時間差は規則的で１時間と決まっており、そのおかげで時間を巡る混乱やトラブルは大幅に減って、隣り合う国をまたぐ時刻表を作ることも、交易を行うことも、きわめて容易になった。とはいえ、タイムゾーンを導入したからといって、混乱がゼロになったわけではない。一般には、計算ミスをした場合に時間が数分ではなく1時間違ってくる場合があり、この差がとんでもない大失敗を招きかねないのだ。

＊＊＊

１９５９年、フィデル・カストロは「7月26日運動」のリーダーとして、弟のラウルやチェ・ゲバラとともにアメリカが支持するキューバの独裁者フルヘンシオ・バティスタの政権を転覆させた。そしてすぐにマルクス・レーニン主義の哲学に則って、キューバの一党支配を確立した。工業や商業を国有化し、全面的な社会改革を行ったのだ。アメリカ政府にすれば、ソビエトと仲のよい共産主義国を玄関前に放置しておくことなどできるはずもなかった。冷戦が頂点に達した１９６１年の時点で、アメリカはカストロの政権を転覆する計画を立てていた。大統領のジョン・Ｆ・ケネディは、ソビエトがベルリンで報復行動に出ることを恐れ、このクーデターへのアメリカの関与をなんとしても伏せておこうとした。そして結局は、２５０６旅団と呼ばれる１０００人以上のキューバ反体制派の集団に訓練を施し、グアンタナモにある秘密基地からキューバに侵攻させることにした。その上で、ニカラグアの近くにB26爆撃機を駐屯させて、この侵攻をバックアップしようというのだ。亡命キューバ人部隊である２５０６旅団は、4月17日にキューバ南部の海岸、ピッグス湾から侵攻を開始することになった。反乱のきっかけを作りさえすれば、抑圧された多くの人が亡命者の大義に加わるにちがいない。

この計画は、決行前からトラブルに見舞われた。攻撃予定の10日前、4月7日にこの計画を嗅ぎつけたニューヨーク・タイムズ紙が一面で、アメリカ政府がカストロ政権に対する反体制派を訓練していることを大々的に報じたのだ。侵攻の可能性に神経をとがらせたカストロは、反乱を支援しそうな著名な反体制派の人々を投獄し、軍に臨戦態勢を取らせた上で、厳重な警戒態勢を敷いた。それでも侵攻の2日前の4月15日土曜日には、アメリカのB26がカストロの空軍を叩くためにキューバに飛んだ。ところがこれが大失敗で、カストロ側の作戦機を複数破壊はしたものの、少なくとも1機のB26が攻撃を受けてキューバの北の海に不時着した。

このへまな攻撃を受けて、キューバの外務大臣ラウル・ロアが国連に乗り込んだ。ロアは国連総会の特別委員会で、アメリカがキューバを爆撃した、と主張した。まったくおっしゃる通り。この問題に世界の注目が集まったために、ケネディ大統領としてはこれ以上アメリカの関与を示す証拠を残すわけにいかず、17日朝に予定していた亡命者の上陸を援護する空爆も、中止せざるをえなかった。

2506旅団はキューバの反体制派だけで構成されていて、アメリカとはっきりしたつながりがあるわけではなかったから、大統領にすれば、彼らの行動は知らなかった、としらばっくれることができる。そこでケネディは、4月17日の朝にピッグス湾の海岸に上陸することを旅団に許可した。かくしてこの旅団は、準備万端のキューバ軍2万人と向き合うことになった。ところが国際的な報復を恐れるケネディは、ここに至っても、カストロの軍を砲撃せよとも、飛行機で上空から支援せよとも命令しようとしなかったので、侵攻した亡命者たちは、18日の夜には絶体絶命の窮地に陥った。この時点でついにケネディは、瀬戸際での救出作戦としてニカラグアに駐屯するB26にキューバ軍を叩くよう命じた。空爆の開始は19日午前6時半、キューバ東方海上の空母から飛来したジェット飛行機が、それらの爆撃機を援護することになっていた。

指定された時間が近づいたので、艦載ジェット機は、B26と合流するべく空母を飛び立った。しかしキューバ東部時間6時半になっても、B26爆撃機は姿を見せなかった。じつはB26はニカラグア中央時間で動いており、まるまる1時間後のキューバ東部時間7時半に現地に到着したのである。しかし艦載ジェット機はとうの昔に援護任務をあきらめて引き返しており、カストロ側の飛行機はアメリカ軍のマークがついた無防備なB26を2機撃ち落とすことに成功、この反乱の企てにアメリカが関与していることを示す明確な証拠を手に入れたのだった。こうして、タイムゾーンを巡る単純なミスが政治に途方もない影響を及ぼした結果、キューバはそのままソビエトの腕のなかに飛び込み、その1年後にキューバミサイル危機が訪れたのだった。

12進法は10進法より優れていると主張する人たち

ピッグス湾侵攻がうまくいかなかったのは、1つには、1日——つまり世界——を12時間ずつ2グループのタイムゾーンに分けたために、結果として待ち合わせ時間を1時間勘違いすることになったからだといえる。しかし地球全体を別の底で分割したとしても、やはり破滅的なミスは起きていたはずだ。60分割、あるいはただの10分割でも、ニカラグアのタイムゾーンとキューバのタイムゾーンの差は現在の24分割と同じくらいになる。じつは、底が12の記数法（12進法）のほうが、現在一般に使われている10進法よりはるかに優れていると考える人は多く、実際イギリスの12進法協会やアメリカの12進法協会は、12進法なら約数が1、2、3、4、6、12の6つあるが、10進法では約数が4つ（1、2、5、10）しかないから12進法のほうが優る、と主張している。そして、これには確かに一理ある。

わたしは2人の子どもから、ものを等しく分けることが重要だということを、痛みとともに教わった。彼らは間違いなく、片方がお菓子を5つもらってもう片方が6つもらうよりも、各自が1つだけもらったほうがよいと思っている。先日わたしは、祖父母の家に向かう途中でガソリンスタンドに立ち寄ると、スターバーストというソフトキャンディーを1箱買って、後部座席にいる子どもたちに2人で分けなさいといった。ところがわたしは、スターバーストが1箱に11個入っているということ、つまり2人で分けろといっておいて奇数個のお菓子を渡したことに気がつかなかった。その瞬間から北へ向かう長い旅のあいだじゅう、2人は延々と言い争い続け、おかげでわたしは以来、菓子は必ず偶数個買うよう気をつけている。ちなみに子どもが3人いる友だちは、必ず3の倍数個の菓子を買うようにしているという。子ども向けの菓子を作っている方々には、12個入りで売り出せば、子どもが1人、2人、3人、4人、6人、さらには12人いても大丈夫なので多くのファンを獲得することができ、子どもの機嫌を損ねなくてすむ可能性が最大になる、ということをお伝えしておきたい。ついでにいっておくと、今度何かを分ける際に（たとえば子どものパーティーでケーキを切り分けるときに）、全員が同じ量になることを重視するのなら、12等分しておけば相手の人数に対応しやすい。もっとも子どもというのは、別にお菓子やケーキでなくても何かしらけんかの種を見つけるものだが……。

10より12のほうが底として上等であるという主な根拠の1つに、シュメール人が採用した60と同様、12を底にしたほうが「感じのよい」閉じた形の小数で表せる場合が多い、という事実がある。たとえば3分の1は、10進法だと無限に続く0・3333……というやっかいな形で表すしかないが、12を底にすると12分の4になり、0・

4と表すことができる（12進法では、小数点以下の最初の位が12分の1を表す）。それにしても、なぜこんなことで大騒ぎをするのか。なぜなら、数値を正確に表すことができないと、何度も計測を繰り返すうちに誤差が生じるからだ。たとえば、1mの木材を3等分してスツールの脚を作るとしよう。粗っぽい10進法を使うと、1本目の3分の1は33㎝で測り取り、2本目の3分の1も33㎝で測り取ることになる。ところがそうすると、3本目の3分の1は34㎝になる。その結果、できあがったスツールの脚の長さはそろわず、座り心地がきわめて悪くなる。12進法の定規であれば、1mの3分の1、つまり12分の4を正確に測り取ることができて、木材をちゃんと長さの等しい3本の脚に切り分けることができるのだ。

12進法を擁護する人々は、12を底にすれば数値を丸めなくてもいいし、よくある問題の多くが解消されると主張する。この意見は、ある程度正しい。スツールがぐらぐらするくらいは大したことでないのかもしれないが、10進法で表示された数をどこかで切り捨てなければならないことから生じる「丸め誤差」は、時としてはるかに深刻な事態を招くことがある。

たとえば1992年に行われたドイツの選挙では、この単純な丸め誤差のせいで、勝利を収めた社会民主党の党首が危うく議員になりそびれるところだった。それというのも、緑の党の得票率が4・97％ではなく5・0％と報じられたからだ［注97］。

これとはまったく別の例として、新たに作られたバンクーバー証券取引所の指数が、1982年の時点でほぼ2年間、市場の業績は上向きであったにもかかわらず急落し続けたことがあった〔注98〕。なぜこんなことになったのかというと、集計処理を行うときに、毎回指数の値を小数点以下3桁で切り下げるという方法で丸めていたために、常に指数の値が減ったからだ。1日に3000の集計処理が行われていたので、結果として指数は1カ月で約20ポイント下がり、市場の信頼が損なわれたのだ。

ヤード・ポンド法とメートル法のあいだのトラブル

12進法にすれば丸め誤差が減ることは確かだが、人々がびっくり仰天して大混乱に陥る可能性がある。それを思えば、先進国が今すぐ12進記数法に切り替えるとは考えにくい。ところが、これまでに急成長を遂げてきた先進工業国のなかには広く帝国度量衡の単位〔ヤード・ポンド〕を用いてきた国が多くあって、この度量衡では12という底がかなり多用されている。長さの単位でいうと、1フィートは12インチで、1インチは12ライン、さらに、重さの単位である帝国ポンドは、元来12オンスだった。ちなみにオンス（ounce）という単語は、インチ（inch）と同じように12分の1を意味するラテン語のウニシア（unicia）からきている。実際、宝石や貴金属の計量に用いられるトロイ衡という単位系では、未だに1トロイポンドは12トロイオンスである。また、昔のイギリス通貨のポンドは20シリングで、1シリングは12ペンスだった。したがって1ポンドは240ペンスとなり、20通りのやり方で等分できた。

帝国度量衡の単位にはいくつか利点があるような感じもするが（もっともよくいわれるのが、子どもたちを難しいかけ算の表に無理やり慣れさせられる、という点だ）、16オンスが1ポンドで、14ポンドが1ストーン、11キュービットが1ロッドで、4ポピーシードが1バーリーコーンといった具合にてんでんばらばらなので、今では10進メートル法に取って代わられて、ほとんど使われなくなっている。メートル法が多用されていない国は世界にたったの3つ、アメリカとリベリアとミャンマーだけだ。ちなみにミャンマーは、現在メートル法に転換している最中だ。アメリカがメートル法に従おうとしないのは、主として多くの市民が懐疑的で頑固な伝統主義者だからである。現代アメリカ人の生活を覗き見る窓ともいうべき「ザ・シンプソンズ」というテレビアニメのあるエピソードでは、おじいちゃんが「メートル法は悪魔の道具だ。わしの車は、1ホッグスヘッド〔50ガロン強、約240L〕で40ロッド〔1ロッドが5・5ヤードなので220ヤード。約200m〕走る。わしにすればそれでいいんじゃ！」とわめく。

イギリスは1965年にメートル法に切り替え始め、今やメートル法の国、ということになっている。そうはいっても自分たちが生み出した帝国度量衡を完全に放棄したわけではなく、相変わらず、高さや距離に関してはマイルやフィートやインチに、ミルクやビールに関してはパイントに、そして重さの話をするときは、ストーンやポンドやオンスに頑強にしがみついている。実際2017年2月には、イギリスの環境食糧農林大臣で2回保守党の党首候補になったアンドレア・レッドサムが、EUを離脱すればイギリスの製造者たちは古い帝国度量衡を使って商品を売ることが許されるはずだ、と述べたくらいだ。この話は、過ぎ去りし「黄金時代」への郷愁にひたり切っている「ザ・シンプソンズ」のおじいちゃんのようなごく少数の人々にはアピールするだろうが、帝国度量衡に戻ったとたんに、イギリスは国際交易でほぼ完全に孤立することになる。12進法に転換するのと同じで、帝国度量衡への切り替えを行うには途方もない金と時間がかかる上に、不要な官僚的手続きを山のようにこなさねばならない。未だにメートル法が全世界で受け入れられたと言い切れないのは、主としてそれらの数少ない国で暮らす人々の気後れや官僚制度やコストのせいなのだ。そうはいってもアメリカは、国内のほぼ全域で帝国度量衡を使っている最後の工業国という地位を返上しないかぎり〔注99〕、換算で生じる失敗を経験し続けることになるだろう。

＊＊＊

1998年12月11日、NASAは製作費1億2500万ドルのマーズ・クライメイト・オービターを無事に打ち上げた。これは、火星の気候を調べると同時に火星探査機マーズ・ポーラー・ランダーとの通信を中継するためのロボットで、ポーラー・ランダーと違って、火星の表面に達するようには設計されていなかった。じつは、火星の表面からの距離が85kmを切ると、大気の抵抗によって壊れてしまうのだ。翌年の9月15日に太陽系を横断する9カ月の旅が無事終わると、オービターを火星の表面から約140kmの理想的な高度に持っていくための一連の最終作戦が始まった。9月23日の朝、メインの補助エンジンが始動すると、オービターは予定より49秒早く赤い火星の後ろに入ったまま、二度と姿を現さなかった。事故調査委員会は、オービターが火星表面からの距離が57km未満の軌道に入ってしまった、と結論した。その距離には、壊れやすい探査機を破壊するだけの大気が存在している。この間違いの原因をさらに調べてみると、アメリカ航空宇宙防衛関連企業ロッキード・マーティン社が作成したソフトウェアの一部が、オービターの推進に関するデータを帝国度量衡で送っていたことがわかった。一方、世界最先端の科学機関の1つであるNASAは、当然これらの測定が標準的な国際メートル法で行われていると思っていた。この食い違いのせいでオービターはエンジンを強くふかしすぎ、火星の大気に深く突っ込んで、338kg（あるいはお好みなら745ポンド）の宇宙のゴミになったのだ。

＊＊＊

世界のほぼすべての国がメートル法に転換したことに気づいたカナダは1970年に、NASAのようなミスが起きないように、メートル法に転換することを決めた。1970年代の半ばには、製品の単位はメートル法で表示され、温度は華氏ではなく摂氏で、降雪量はセンチメートルで測定されるようになっていた。1977年には道路標識の単位もすべてメートルに代わり、制限速度も時速何マイルではなく、時速何キロと表示されていた。そうはいっても実際的な理由から、メートル法への転換に時間を要した業界もあった。1983年にエアーカナダが購入したボーイング767は、計器の目盛りがすべてメートル法で表示された初の機体だった。燃料を量るときもガロンやポンドではなく、リットルやキログラムを使う。

1983年7月23日、新しいボーイング767が、エドモントンからの通常の飛行を終えてモントリオールに着陸した。そして、短時間で燃料の補給や乗員の交代などの整備補給を終えると、17時48分に乗員8名、乗客61名を乗せた143便としてモントリオールからの帰路に就いた。

飛行機は高度4万1000フィート、つまりメートル法の電子測定機でいうと高度1万2500mでの航行に入り、ロバート・ピアソン機長も自動操縦に切り替えてくつろいでいた。離陸して約1時間が経った頃、コントロールパネルで光が点滅し、大きな警報音が響き始めたので、機長はぎょっとなった。左のエンジンの燃料圧が低すぎるという警告だった。燃料ポンプの故障だと思った機長は、落ち着いて警告のスイッチを切った。重力があるから、ポンプなしでも燃料はエンジンに流れ込むはずだ。数秒後、また警報が鳴り響いて光が点滅した。今度は右のエンジンだ。またしても、機長は警告を切った。

そうはいっても、ひょっとすると両方のエンジンに欠陥があるのかもしれない。そう考えた機長は、機体を調べるために近くのウィニペグの飛行場へと航路を変えることにした。そうしているあいだにも、左のエンジンはぶつぶついった挙げ句に止まってしまった。機長はウィニペグに緊急無線を送り、片方のエンジンだけで緊急着陸する必要があると告げた。さらに、左のエンジンを再点火しようと試みるうちに、コントロールパネルがまた別の音を発し始めた。機長自身も一等副操縦士のモーリス・クインタルも一度も聞いたことがない音だった。エンジンが2つとも止まったために、エンジンから電気を供給されていた飛行計器が動かなくなったのだ。2人がその警告音を聞いたことがなかったのは、両方のエンジンが使えなくなる事態への対処が訓練に含まれていなかったからだ。2つのエンジンが同時にだめになる確率は、無視できるくらい小さいとされていた。

じつはその日、エンジンが不調になる前にも、機体にはある不具合が生じていた。ピアソンが機体を引き継いだ時点で、燃料計の具合がおかしいという報告があったのだ。24時間後に燃料計の代替部品が届くまで飛行機を駐機させておくよりは、というので、機長は燃料計なしですませるために、帰路の飛行に必要な燃料の量を手計算で割り出すことにした。15年以上の経験があるベテランパイロットにとって、これは決して珍しいことではない。地上勤務員が平均の燃料効率に基づいて計算を行い、さらに誤差分の余裕を持たせると、エドモントンまでの飛行には2万2300kgの燃料がいるという結論になった。モントリオールに到着した時点で計深棒を使って調べたところ、燃料はまだ7682L残っていた。この体積に燃料の密度である1L当たり1・77kgをかけると、飛行機にはすでに重量にして1万3597kgの燃料が積み込まれている計算になる。したがって地上整備員はさらに8703kgを足して、計2万2300kgにする必要がある。密度が1・77kgの燃料をさらに8703kg足すということは、燃料タンクに4917L足せばよいということだ。

おそらく機長は、飛行を開始してからではなくこの時点で問題があることに気づくべきだったのだろう。地上整備員の計算をチェックしたときに、ジェット燃料の密度が水の密度である1L当たり1kgより小さいことを思い出すべきだった。ところがここでも、カナダがメートル法になってまだ日が浅いという事実が影響した。残念なことに、エアーカナダがメートル法への転換をぐずぐず引き延ばしているあいだじゅう、飛行機の資料には1・77という誤った密度が載っていた。1・77は燃料のリットトル表示の体積をポンド表示の重量に変換するための倍数で、キログラムに変換するための倍数ではない。正しい値はその半分以下の０・８０３で、この値をかければリットルをキログラムに換算できる。このミスのせいでわからなかったのだが、モントリオールで引き継ぎを受けた時点で、じつは燃料は６１６９kgしか残っていなかった。つまり地上整備員は、算出した４９１７Lの４倍の２万００８８Lを足す必要があったのだ。要するに１４３便は、２万２３００kgの燃料が必要だったにもかかわらず、その半分以下の燃料で離陸していた。エンジンは機械が故障して止まったのではなく、単なる燃料切れだった。

　動力を失った飛行機は、ウィニペグに向けて滑空を続けた。タイミングさえ合えば、動力なしで着陸するプロペラ停止飛行ができるかもしれない、というのが唯一の望みだった。幸いなことに、機長は経験を積んだグライダーのパイロットでもあったから、早速ウィニペグにたどり着く可能性を最大にする最適滑空速度を計算し始めた。ところが１４３便が雲を抜けたところで、バックアップ・バッテリーでかろうじて動いている機器を使って調べてみると、ウィニペグには絶対に行き着けないことがわかった。そこで、ウィニペグの管制センターに無線を入れて状況を説明すると、その周辺で唯一の滑走路が現在の位置から12マイル〔約20km〕のギムリにある、との情報が得られた。さらなる幸運が重なったというべきか、一等操縦士のクィンタルはカナダ海軍のパイロットだった頃にギムリ基地に駐屯したことがあり、その飛行場のことをよく知っていた。ただし、ウィニペグの管制官もクィンタルも知らなかったのだが、その後ギムリ基地は民間空港になっていて、さらにその一部がモータースポーツのアリーナに転用されていた。そしてまさにその瞬間、アリーナではカーレースが行われ、滑走路のすぐそばには車やキャンプ用のバンに乗った何千人もの人がいたのである。

飛行機が滑走路に近づいたので、クィンタルは車輪を下ろそうとした。しかしエンジンが停止していたので、液圧システムが動かない。後ろの車輪は、重力だけで下ろすことができた。前輪も降ろせたのだが、定位置でロックをかけることはできなかった。これはちょっとした幸運で、おかげで多くの命が救われた。エンジン音がいっさいしていなかったために、地上の観客が滑空してくる100トンの金属の塊に気づいたときには、飛行機は人々のほぼ頭の上に来ていた。飛行機が滑走路に触れると、機長は全力でブレーキをかけた。後ろの2つのタイヤが破裂した。同時に、ロックがかかっていなかった前の車輪が機体の重さを支え切れずに後ろに折れた。機首が地面を打ち、着陸装置から火花が飛び散った。摩擦が増したおかげで、飛行機は速やかに停止した。唖然としている見物人までほんの数百メートルのところだった。機転の利くレース関係者が滑走路に駆け寄り、摩擦によって機首の下で出た火を消して、69名の乗客と乗員は無事、緊急脱出装置で地上に降り立ったのだった。

ミレニアム・バグのせいで発生した偽陰性の悲劇

ピアソン機長が、ほぼすべての機器やコンピュータを使えないまま着陸に成功したことは、じつに印象的な偉業である。21世紀に入ると、さまざまな近代技術が第1章で見たような指数的な加速度で発展し、普及していった。特にコンピュータは現代生活の隅々にまで広がり、その結果わたしたちは、コンピュータの故障に対してますます脆弱(ぜいじゃく)になった。そして新たな千年紀が始まる数年前には、コンピュータのソフトウエア頼りで運営を進めてきた企業の前に「ミレニアム・バグ」が姿を現わした。この突然のソフトウエアの不調を招いたのは、1970年代から80年代の途方もなく単純なコンピュータ・プログラミングにおける過失だった。

誰かに誕生日を尋ねられて、年号の最初の2桁をはしょって年／月／日の6桁で答えることは珍しくない。10歳の子どもと110歳のお年寄りの2人に誕生日を書いてくれと頼んだら、多少曖昧な事態が生じるかもしれないが、普通は、文脈などから各自の年齢を正しく判断することができる。ところがコンピュータは、このような文脈抜きで作動する場合が多い。しかもメモリをできるだけ節約するために（コンピュータが登場したばかりの頃はメモリが貴重だった）、ほとんどのプログラマが年号の最初の2桁を省いた6桁の日付フォーマットを使っていた。つまり、その日付を1900年代のものと解釈するようにしたのだ。したがってその日付がじつは2000年代のものだと、エラーが起きる可能性があった。21世紀の始まりが近づくと、コンピュータの専門家たちは、2000年と1900年を、さらにはほかの世紀の最初の年を区別できないコンピュータがたくさんあるはずだ、と言い出した。

時計の針がついに2000年1月1日零時の先に進んだときも、ほぼ何も変わらないように見えた。飛んでいた飛行機は落ちず、資金は消えず、核ミサイルが発射されたわけでもなかった。身近なところで劇的な出来事が起きなかったことから、多くの人が、専門家はミレニアム・バグの影響を大げさに言い募って不安を煽ったにすぎない、と考えるようになった。なかには、コンピュータ業界がわざと問題を膨らまして儲けようとした、という皮肉屋もいた。そうかと思えば、前もって厳重な準備をしたおかげで起こりえたさまざまな災害を回避できたのだ、と考える人もいた。そして、補修されずに放置されたシステムに関するたくさんのたわいない噂が流れた。面白いことに、アメリカの公式時間を刻むアメリカ海軍天文台のウェブサイトには、19100年1月1日という表示が出た。だが、ミレニアム・バグが引き起こした症状のなかには、そう簡単に笑い飛ばせないものもあった。

1999年当時、シェフィールドにある北部総合病院の病理学研究室は、地域のダウン症検査の中枢として機能していた。イギリス東部で妊婦を対象とする検査が行われると、その結果はシェフィールドに送られて、国民保健サービス（NHS）の「疫学ローカル・エリア・ネットワーク（PathLAN）」というコンピュータ・システム上の高度なモデルを使って解析される。妊婦の生年月日や体重や血液検査の結果などのデータを入力して、胎児がダウン症である可能性を算出するのだ。妊婦はこうして得られた評価を参考にして、妊娠をどのように続けていくのかを決め、リスクが高いときはより精密な検査が行われる。

２０００年１月、シェフィールドの研究室のスタッフは月初めからずっと、疫学ローカル・エリア・ネットワークで散発的で些細なエラー（日付に関するエラー）がずいぶんたくさん起きているなあ、と感じていた。だがどれも簡単に直せるエラーだったので、特に不安になったわけではなかった。ところが１月下旬に、北部総合病院が運営するある病院の助産師が、ダウン症候群のハイリスク患者数が自分の予想より少ないのだが、と問い合わせてきた。その３カ月後にも、再び同じ人物から同じような問い合わせがあったが、どちらの場合もラボのスタッフは、まったく問題はないと請け合った。５月になって別の病院の助産師から、これまた検査結果のなかのハイリスク患者の数が少なすぎるのではないか、という問い合わせがあった。こうしてついに、病理学研究室の管理者が検査の結果を見直すことになった。そしてすぐに、何かがおかしいことに気がついた。コンピュータ内部の日付が下２桁だったために、不都合が生じていたのである。「２０００年虫（ミレニアム・バグ）」が思いっ切り噛みついていた。

病理学研究室のコンピュータモデルでは、妊婦の生年月日を入力し、その値を現在の日付と比べて年齢を算出することになっていた。母親の年齢はダウン症の重要なリスク因子で、年齢が上がるにつれて胎児がダウン症である可能性は高くなる。ところがこのコンピュータモデルは、2000年の1月1日以降、たとえば1965年という誕生年を2000年から引いて母親の年齢を35歳とするのではなく、0から65を引いてマイナス65というコンピュータには理解できない年齢をはじき出していた。その無意味な値は警告にはつながらず、リスク計算の結果をひどく歪ませた。高齢の母親の多くが、本来よりリスクの低いカテゴリーに入れられたのだ。そして（第2章で紹介した悲惨な「偽陰性」物語のなかのクリストファーの母フローラ・ワトソンのように、不運にも）150人以上の妊婦に、誤って、妊娠中の赤ん坊がダウン症である確率は低い、という手紙が送られることになった。つまり、偽陰性が生じたのだ。その結果、正確な通知があればさらに検査を受けていたはずの4人がダウン症の子どもを産むことになった。さらにそのほかにも2人、妊娠後期に中絶せざるを得なくなり、深く傷つく妊婦が出たのだった。

2進法から10進法への変換誤差のせいで戦死

わたしたちがますます頼りにするようになってきたコンピュータは、もっとも原始的な底、2を底とする2進法に基づいて動いている。10進法の場合は、底が10なので、すべての数を9つの数字と0で表すことができる。これに対して底が2の2進法では、0以外の数字が1つあればよい。2進数はすべて、1と0の連なりなのだ。実際「2進（binary）」という言葉は、「2つの部分からなる」という意味のラテン語（binarius）に由来する。2進位取り記数法では、ちょうど10進法で10倍になるように、1つ左の桁にある同じ数字が元の桁の2倍の数を表す。右端の桁は単位量、つまり1を表し、2桁目は2の塊りの個数を、3桁目は4の塊りの個数を、4桁目は8の塊りの個数を表す。10進法の11を2進法で表すには、1が1つと、2が1つと8が1つ必要だが、4は必要ない。したがって11を2進数で表すと、1011になる。「世間には10種類の人しかいない。2進法がわかる人と、わからない人」という古い数学のジョークがあるが、もちろんこの10は2進数で表した2である。

2進法がコンピュータの底になったのは、2進法で数学をするとよいことがあるからではなく、コンピュータの構造にその理由がある。現代のコンピュータはどれも、何十億個ものトランジスタと呼ばれる極小の電子部品からなっていて、それらの部品が互いにやり取りをして、データを移したり貯めたりする。トランジスタを通る電圧の流れをうまく使って数値を表すわけだが、各トランジスタにとって判別可能な10種類の電圧を準備しておいて10進法を使うよりも、電気が流れる、流れないという2種類の電圧を使ったほうが合理的だ。このような「真か偽か」のシステムにしておけば、小さな電圧で信頼できる信号、多少揺らいだからといって間違いが生じない信号を送ることができる。数学者たちは、これらのトランジスタが出力する真と偽の2つの値と「かつ（ａｎｄ）」「または（ｏｒ）」「否定（ｎｏｔ）」などの論理操作を組み合わせれば、理屈の上ではいかなる数学的な計算でも可能であることを示してみせた。どんなに複雑な計算でも、答えがありさえすれば、必ずそれを求めることができる。今に至るまで、コンピュータは長い時間をかけてこの理論を実現し続けてきた。信じられないような複雑な作業でも、人間が求めることを1と0の列に変換して冷徹な論理を適用し、それらの列をあっちに動かしこっちに戻して明快な答えを出すことで、その作業をやり遂げられる。わたしたちは、机の上やポケットのなかの機械で位取り2進法をこき使って日々奇跡を成し遂げているわけだが、じつはこのもっとも素朴な底が、わたしたちの期待を裏切ることがある。

＊＊＊

1986年に米軍に入隊したとき、クリスティーン・リン・メイヤーズはまだ17歳だった。彼女はドイツに赴任して、3年間コックとして勤めてから現役を退くと、ペンシルベニア州インディアナ大学でビジネスを学んだ。そしてデイヴィッド・フェアバンクスと恋に落ちた。学費を得るために1990年10月に再び予備兵に登録し、第14需品分遣隊〔アメリカ陸軍の後方支援部隊〕に配属された。水の浄化を担うこの部隊は、1991年のバレンタインデーに「砂漠の嵐」作戦に参加することになった。中東への出発は3日後。アメリカを発つその日に、恋人のフェアバンクスはひざまずいてプロポーズし、メイヤーズは喜んでその申し出を受けた。しかし、失くしてはいけないからといって、指輪は受け取ろうとしなかった。「わかった、じゃあ、戻ってくるまで取っておく」。それが、フェアバンクスがサウジアラビアに向けて発とうとしている婚約者と交わした最後の言葉だった。フェアバンクスは指輪を家に持ち帰り、ステレオの傍らの婚約者の写真の上に置いた。しかし、その指輪を彼女の指にはめる機会はついに訪れなかった。

第14需品分遣隊は、サウジアラビアの石油で潤うダーランの町にある空軍基地をあとにして、近くの湾岸にあるアル・コバールの仮兵舎に入った。メイヤーズが所属する隊だけでなく、ほかのアメリカ軍やイギリス軍の隊も入っているその宿舎は、波板でできた倉庫を最近になって人間が住めるように改造したものだった。メイヤーズは到着から6日が経った2月24日の日曜日に家に電話を入れて、無事到着したこと、じきに40マイル北のクウェートとの国境に近い場所に移動することを母に告げた。翌日、シフトを終えたメイヤーズは、くつろいだり運動をしたりしている兵士たちの傍らで眠ろうとしていた。その時点ですでにメイヤーズの運命を決める出来事が始まっていたのだが、本人はそんなことを知るよしもなかった。

イラクは湾岸戦争のあいだに、サウジアラビアに向けてスカッドミサイルを40発以上発射していたが、それなりの効果があった攻撃は10回に満たなかった。ほぼすべてのミサイルがサウジアラビアに達したが、狙っていた軍事目標ではなく民間人の居住地区に着弾したのだ。イラクの攻撃がうまくいかなかったのは、１つにはアメリカ軍にパトリオットミサイルシステムがあったからだ。このシステムは、飛んでくるミサイルを探知して、攻撃的な発射物を途中で「迎撃」するためのもので、その成否は、最初のレーダー探知がうまくいくかどうかにかかっていた。レーダーで発射物が探知されると、次にもっと細かい確認探査が行われて、問題の発射物が本物のミサイルであって１つ目のレーダーの過剰反応による誤ったノイズではないということを確認する段取りになっていた。その際、２つ目のレーダーには、より詳細な探査を行うために、発射体が最初に探知された時間と場所とその速度の概算値が送られることになっていた。これらの情報に基づいて、１つ目のレーダーよりも狭い範囲に限定して、発射物の現在位置を突き止めるための細かい確認を行うのだ。

パトリオットシステムでは、精度を保つために、時間を10分の１秒まで計測することになっていた。10分の１は、10進法なら０・１になるが、残念なことに２進法では、

０・０００１１００１１００１１００１１……という無限循環小数になる。最初に０・０があって、あとは００１１という４桁がひたすら繰り返されるのだ。どんなに性能のいいコンピュータでも、無限個の数を記憶装置に収めることはできない。そのためパトリオットミサイルでは、10分の１を24桁の２進数で近似しているが、これによって値を切り捨てることになり、約１０００万分の１秒の誤差が生じる。パトリオットシステムのコードを書いたプログラマは、このくらいの誤差なら何の影響もないと判断した。ところが、じつはシステムが長く運用されるうちに、内部時計の誤差は積もり積もってかなりのものになる。実際、記録された時間の誤差は、12日後には１秒近くになるのだ。

２月25日20時35分の時点で、パトリオットシステムはすでに４日間連続して稼働していた。メイヤーズが眠っていたちょうどその頃、イラク軍がサウジアラビアの東岸に向けて弾頭つきスカッドミサイルを発射した。数分後、ミサイルがサウジアラビア領空を横切ると、パトリオットの最初のレーダーがミサイルを感知して、そのデータを確認のための２つ目のレーダーに送った。ところが最初のレーダーから次のレーダーにデータが伝わる時点で、検出された時間に３分の１秒近くの遅れが生じていた。飛来するスカッドの速度は秒速１６００ｍを超えており、誤った時間に基づく計算の結果、５００ｍ以上ずれた場所が探索対象領域として指定されることになった。そのため第2のレーダーがその場所を探索しても何も見つからず、警報は誤報と判断されてシステムから除去された［注100］。

20時40分、スカッドミサイルはメイヤーズが眠っている兵舎に命中し、彼女を含む28名の兵士が命を落とし、100名近くが負傷した。戦争が終わる3日前に行われたこの単発の攻撃で命を落とした米軍兵士の数は、第1次湾岸戦争で死亡した兵士の3分の1にあたる。しかもこれは、もしもコンピュータが異なる言語、つまり異なる底を用いていれば阻止できたはずの攻撃だった。

そうはいっても、どんな底を使おうと、すべての数を有限個の数字だけで正確に表すことはできない。底を変えればパトリオットミサイルの探知エラーは防げたかもしれないが、その代わりに間違いなく別のエラーが起きていたはずだ。したがって、たまにエラーが起きたとしても、2進数はエネルギーと信頼性の点で有利であって、現在のわたしたちのコンピュータの底としてはもっとも理にかなった選択なのだ。ただし、実生活で2進法を使おうとすると、それらの利点はすぐに吹き飛ぶ。

＊＊＊

混んだバスのなかで押し合いへし合いしながら、誰か見知らぬ魅力的な人と言葉を交わしている自分を思い描いてほしい。降りる停留所が近づいたので携帯の番号を交換することにして、相手が07XXX－XXX－XXXという11桁の数字の組み合わせ――イギリスではよくある携帯電話の番号――を喜んで教えてくれたとする。この場合の携帯の番号と同じくらい多様な組み合わせの数を2進法で実現するとなると、最低でも30桁は必要だ。ということで、バスが停車するまでに、111011100110101100100111111111という数を書き取る自分を想像してみよう。「7番目の0のあとは、1ですか、0ですか」

わたしたちにもっとも直接的に関わるのは、社会に広く浸透している0か1かの二者択一的思考がもたらす害だろう。有史以前から、人間にとっては迅速な「イエス／ノー」の決断が、生死の分かれ目となっていた。ヒトの原始的な脳にとって、落ちてくる岩が自分の頭に当たるかどうか、その確率を計算している暇はない。危険な動物に直面したら、戦うのか逃げるのか、素早い決断が必要になる。すべての選択肢の重みを測ってからゆっくり決断するよりも、素早くて（用心深い）決断のほうがよい。社会がどんどん複雑になっていく間も、わたしたちはこのような二者択一の判断を行い続けてきた。同胞である人間を、よい人悪い人、聖人か罪人か、友人か敵かというステロタイプに落とし込む。このような分類は乱暴だが、おかげで簡単な近道が手に入り、誰かと向き合ったときにどう反応するかを迅速に決めることができる。さらにこれらのステロタイプは、二者択一的な戯画――人気のある、さまざまな二元的宗教に欠かせない戯画——によって強化されてきた。それらの宗教を信じる人にすれば、善や悪にどのような特徴があるのか、いっさい疑問の余地はない。

しかし今日のほとんどの人々にとって、このような迅速な決定や絶対的な戯画化はあまり適切でない。わたしたちには、人生の重要な選択についてもっと深く考える時間がある。人間は、たった1つの二項対立的な記述に基づいて分類するには複雑すぎ、曖昧すぎ、微妙すぎるのだ。二者択一的な思考をしていると、わたしたちのお気に入りの登場人物たち、文学の世界でいえばハリー・ポッターのスネイプ先生やギャッツビーやハムレットの居場所がなくなる。わたしたちがこのような複雑なペルソナ、道徳的な曖昧さが刻み込まれたペルソナを好むのは、そこに、複雑で欠けたところのある己の人格が反映されているからだ。それでもわたしたちは、自分が赤なのか青なのか、左なのか右なのか、有神論か無神論かといった安心で確実な二者択一的なレッテルに手を伸ばし、自分がどんな人間なのかを外の世界に見せようとする。意見が2つあったとして、じつはそのあいだにきわめて多様な色があるにもかかわらず、自分はその片方の意見に与（くみ）すると規定することによって自らを騙すのだ。

＊＊＊

わたしの専門分野である数学の世界では、人々が己に課したこのような偽りの二分法をどうやって除去するかが最大の課題となっている。数学ができると思う人と数学はできないと思う人では、後者があまりに多すぎる。だからといって、数学をまったく理解できない人など、ほぼいないといってよい。数を勘定できない人はめったにいないのだから。逆の端に目をやれば、ここ何百年にわたって既知の数学すべてを知っている数学者などどこにも存在しなかった。わたしたち全員が、この両極の間のどこかに立っている。そしてその人がどれくらい左に、あるいは右に行くかは、自分にとって数学という知識がどれくらい有益だと思うかによって変わってくる。

身の回りの記数法を理解すると、たとえば種としてのヒトの歴史や文化をより深く理解することができる。それらの記数法は奇妙でなじみがないように見えるかもしれないが、恐れるべきものではなく、言祝ぐべきものなのだ。さまざまな記数法は、先人たちの伝統のさまざまな面を反映しており、彼らがどんなふうに考えてきたのかを教えてくれる。そしてまた、曇りのない鏡となってわたしたちの生物としてのもっとも基本的な仕組みを映し出し、数学が手の指や足の指と同じようにヒトに固有のものであることを明示する。記数法はわたしたちに現代の技術で用いられる言葉を教え、単純な数学の誤りを避けるのを助けてくれる。事実、次の章でも見るように、数学を基盤とする現代の技術は、わたしたちが過去に犯した過ちを細かく分析することによって、（時には怪しげな成功とともに）今後起こるかも知れない同じような計算間違いを避けるための方法を提供しているのだ。

6 飽くなき最適化

アルゴリズムのとどまる所を知らない威力、進化から電子商取引まで

アルゴリズムが危険な失敗を起こす理由

「100m先を、右に曲がってください……右です」。衛星ナビの姿なき声が指示を出した。ロベルト・フルハットは妻と2人の子どもを乗せて仮免運転中で、数分前に運転歴15年のベテランである妻から運転を引き継いだばかりだった。フルハットがナビの指示に従って国道A6を右折しかけたとき、対向車線から重さ2tのアウディが時速45マイル〔時速約70km〕で突っ込んできた。衛星ナビに集中するあまり、右折禁止の道路標識を見逃していたのだ。驚いたことにフルハット本人は傷も負わずに自力で車から出てきたが、不運にも4歳の娘アメリアは、3時間後に病院で息を引き取ったのだった。

どんどん忙しなくなる生活を少しでも楽にしようと、今ではみんなが衛星ナビなどの装置に頼っている。衛星ナビは、複雑な作業を行ってA地点からB地点までの最速の経路を決定する。このような作業を成し遂げるには、運転者の求めに応じ、その都度アルゴリズムを用いた計算を行うしかない。異なる二点をつなぐ経路のすべての候補を1つの装置に収めることはきわめて困難で、しかも運転者が指定するかもしれない始点と終点の数は膨大だから、作業はますます難しくなる。その難しさを考えると、衛星ナビのアルゴリズムがほとんど間違えないのはお見事というほかない。ただし、いったん間違いが起きると、大惨事につながる可能性がある。

アルゴリズムとは、ある仕事を明確かつ正確に細かく表した一連の指示のことである。自分が持っているレコードの整理から食事作りまで、作業自体は何でもよい。とはいえ世界最古のアルゴリズムの記録は、じつに数学的だった。実際、古代エジプトの人々は2つの数をかけるための簡単なアルゴリズムを知っていたし、バビロニアの人々は平方根を求める手順を知っていた。紀元前3世紀には、古代ギリシャの数学者エラトステネスが、ある範囲の数から素数をあぶり出すための「ふるい」と呼ばれる簡単なアルゴリズムを発明した。そしてアルキメデスは、円周率の数値を求めるための「取り尽くし法」を編み出した。

ヨーロッパでは啓蒙時代より前に、機械操作の技術が発達した結果、時計に似た道具や後には歯車を用いた計算機などを使って、アルゴリズムを実際に実行する装置を作ることができるようになった。19世紀半ばにはさらに技術が進み、博学者のチャールズ・バベッジが初の機械式コンピュータを作成し、さらに先駆的な数学者エイダ・ラブレイスが、この機械のための初のコンピュータ・プログラムを作った。実際ラブレイスは、バベッジの装置を使えば、元来の目的である純粋な数の計算だけでなく、他のさまざまな作業も実行できるということに最初に気づいた人物だった。音符や（たぶんもっとも重要なものとして）文字などをコード化しさえすれば、機械で操作できるというのだ。第二次大戦の際には、連合軍がまず電気機械式の計算機を用いて、さらには純粋に電気仕掛けの計算機を使って、そのような作業を行った。アルゴリズムを走らせて、ドイツ軍の暗号を解こうとしたのである。原理的には人間の手でアルゴリズムを実行することも可能だったが、試作品の計算機は人間が束になってかかってもかなわない精度とスピードでコマンドを実行することができた。

コンピュータが実行するアルゴリズムはどんどん複雑になり、今では日々の雑事を効率的に処理する上で欠かせないものになっている。検索エンジンに質問項目を打ち込んだり、携帯電話で写真を撮ったり、コンピュータゲームをしたり、デジタルの個人秘書に午後の天気はどうなるのかを尋ねたり、これらすべてにアルゴリズムが関わっている。そのうえわたしたちは、古くさい解では満足せず、自分の問いともっとも強く関係している解を示せ、と検索エンジンに迫る。最初に見つかった解ではだめなのだ。午後5時に雨が降る確率を正確に知りたい。そうすれば出勤するときにコートを持っていくかどうかを判断できるから。そして衛星ナビには、最初に見つけた経路ではなく、AからBまでもっとも早く行ける経路を教えろと求める。

作業を遂行する際の指示一覧であるアルゴリズムの定義には、一見、アルゴリズムを妥当なものにするデータ、つまり入力と出力は入っていない。たとえば料理のレシピというアルゴリズムなら、入力は材料で、食卓に出す料理が出力になる。衛星ナビの場合は、こちらが指定する始点と終点と装置のメモリに入っている地図が入力で、装置が勧める経路が出力になる。これらのデータによって現実世界とつながらないかぎり、アルゴリズムもただの抽象的な規則の集まりでしかない。アルゴリズムの不具合がニュースになるのは、たいていの場合は入力が正しくなかったり、想定外の出力がある場合で、規則自体に問題があるわけではない。

この章では、グーグルが検索結果を順序づけする方法から、フェイスブックがわたしたちに勧めるストーリーまで、わたしたちの日々の生活で行われているアルゴリズムの飽くなき最適化の裏に潜む数学を探っていく。そして、グーグルマップのナビゲーション・システムやアマゾンの配達経路決定のシステムなど、一見単純そうだが難しい問題を解くことができ、現代の技術系大手企業の頼みの綱となっているアルゴリズムの正体を明らかにする。さらに、近代技術によってコンピュータ化された世界から一歩退いて、列車でいちばんよい席を取るための簡単な最適化アルゴリズムや、スーパーのレジでいちばん短い列を選ぶためのアルゴリズムといったいくつかのアルゴリズムを紹介する。

たしかに、想像を絶する複雑な作業を行うことができるアルゴリズムがあるのは事実だが、そのパフォーマンスも最適ではなくなることがある。フルハット一家がなぜ悲劇に見舞われたのかというと、地図が古かったからで、そのため衛星ナビは誤った方向を指示した。経路を突き止める手順自体に間違いはなく、地図が更新されていさえすれば、あのような事故は起きなかったはずだ。この例からも、現代アルゴリズムのすさまじいまでの威力がよくわかる。日々の生活のさまざまな側面に行き渡ってわたしたちの生活を楽にしてきた、これらの途方もないツールを恐れる必要はない。だがそれ相応の注意を払って取り扱い、入力と出力を慎重に見守る必要はある。そうはいっても人間が見張るとなると、偏りが生まれたり、検閲が行われたりする可能性が出てくる。ところが、公正を保つために手動による制御に制限を加えたときにどうなるかを考えると、じつはアルゴリズム自体に先入観が潜んでいたり、埋め込まれたりすることがわかる。アルゴリズムには、それを作った人の性癖が刻み込まれているのだ。どんなに有益そうなアルゴリズムでも、まったく間違わずに動くと盲信するのではなく、少しでも内部の仕組みを理解しておきたい。そうすることで、時間とお金が節約でき、命拾いをするかもしれないのだから。

100万ドルの賞金がかかった数学の未解決問題

クレイ数学研究所は2000年に、数学におけるもっとも重要な未解決問題として、7つの「ミレニアム懸賞問題」を発表した［注101］。その一覧に挙げられていたのは、ホッジ予想、ポアンカレ予想、リーマン予想、ヤン＝ミルズ方程式の存在と質量ギャップ問題、ナビエ＝ストークス方程式の解の存在となめらかさに関する問題、バーチ・スウィンナートン＝ダイヤー予想、そしてPvsNP予想だった。ほとんどの人にとって――ただし数学の世界のなかでもわりと小さな領域にいるわずかな人々は除く――これらの名前はほぼ無意味だったが、研究所の名前にもなっている主な寄付者ランドン・クレイは、7つの問題の1つひとつがいかに重要かを力説し、これらの予想の証明ないし反証に100万ドルずつ支払うつもりだ、といった。

今、この本をまとめている段階で解けているのは、ポアンカレ予想だけだ。この予想はトポロジーという分野の問題なのだが、トポロジーは粘土を使った幾何学（形の数学）とでもいったもので、この分野では、対象の実際の形はどうでもよく、さまざまな対象をそこに開いている穴の数で分類する。トポロジーを研究している人々は、たとえばテニスボールとラグビーボールとフリスビーを同じものと見なす。なぜならこの3つがすべて粘土でできているとすると、理屈の上では潰したり伸ばしたりするだけで、すでに開いている穴を潰したり新しく穴を開けたりせずに、同じ形にできるからだ。それでいて今挙げた品々は、輪ゴムやバイクのタイヤ・チューブやバスケットボールのゴールとは根本的に違う。なぜなら輪ゴムやタイヤ・チューブは、ドーナツのように真ん中に穴が開いているからだ。穴が2つある8の字や穴が3つあるプレッツェルも、トポロジーでは異なる対象として分類される。

フランスの数学者アンリ・ポアンカレ（第3章で裁判に介入し、数学的な茶番を正してアルフレッド・ドレフュス大尉を解放した人物）は1904年に、4次元のもっとも単純な形は4次元版の球である、と主張した。ポアンカレがいう「単純」とはどういうことなのか、それを理解するために、対象物に糸を巻きつけたところを想像してみよう。巻きつけた糸が表面から浮かないように注意しながら糸を引き絞っていって、最後に輪が残らないようにできれば、その対象は球と同じだといえる。これがいわゆる「単連結」という概念で、糸を引き絞っても必ずしも輪を消すことができるとはかぎらない場合、その対象はトポロジー的により複雑だといえる。たとえばドーナツの穴に下から上へと糸を通してから輪を作っておいて、その糸をいくら引っ張ってみても、糸がドーナツに絡まっているので輪はなくならない。1つ穴のドーナツは、穴のないサッカーボールより基本的に複雑なのだ。3次元での結果はすでによく知られていたが、ポアンカレは、4次元でも同じことが成り立つと主張した。この予想は後に一般化されて、どの次元でも同じことがいえるという主張になったのだが、ミレニアム懸賞問題が告知された時点では、1つを除くすべての次元でこの予想が成り立つことが証明されていた。もともとの4次元に関するポアンカレの予想だけが未解決だったのだ。

2002年から03年にかけて、孤独癖のあるロシアの数学者グレゴリー・ペレルマンがトポロジーの専門家たちに向けて、密度の濃い3つの数学論文を発表した［注102］。そこには4次元のポアンカレ予想が解けた、と書かれていた。そして、複数の数学者グループが3年がかりでこの証明が正しいことを確認した。ペレルマンは40歳になった2006年に、「数学のノーベル賞」とされる40歳という年齢制限つきのフィールズ賞を授与された。この受賞のニュースは、数学界の外の人にはさざ波程度の影響しか及ぼさなかったが、ペレルマンが世界初のフィールズ賞辞退者になると、膨大な数のストーリーが出回り始めた。ペレルマンは受賞謝絶声明で、次のように述べている。「わたしは金や名声には関心がない。動物園の動物のような見世物にはなりたくない」。2010年に、クレイ数学研究所は結局ペレルマンが100万ドルに値することを行ったと認めたが、ペレルマンはその賞金も辞退した。

PvsNP——解けそうにない問題はじつは解ける問題か

ペレルマンのポアンカレ予想の証明は、確かに純粋数学におけるきわめて重要な業績だが、現実への応用はほぼあり得ない。この本をまとめている時点でまだ解決されていない残り6つのミレニアム懸賞問題についてもほぼ同じことがいえるのだが、7番目の問題、数学界では簡潔で何やら暗号めいた「PvsNP」という名前で呼ばれている問題の証明ないし反証は、インターネットのセキュリティーやバイオテクノロジーといった多くの分野に広く影響を及ぼす可能性がある。

PvsNP問題の核となっているのは、「問題の正解を突き止めることよりも、突き止められた正解を確認することのほうが簡単な場合が多い」という発想だ。未解決の数学問題のなかでももっとも重要なものの1つであるこの問題は、コンピュータで効率的に答えを確認できる問題は、すべてコンピュータで効率的に解けるのか、を問うている。

今、たとえば、晴れ上がった空の絵のような特徴のない画像を描いたジグソーパズルを完成させようとしているところを思い描いてほしい。考えられるピースの組み合わせを片っ端から実際にやってみて、うまく収まるかどうかを試すのは難しいし、どう考えても長い時間がかかる。ところがいったんジグソーパズルが完成してしまえば、きちんとできているかどうかは簡単に確認できる。「効率的に」という言葉を数学的により厳密に定義する場合は、問題が難しくなった――ジグソーパズルのピースが増えた――ときにアルゴリズムがどれくらい迅速に働くかに着目する。すぐに（つまり「多項式時間（Polynomial time）」で）解ける問題の集まりは、P問題と呼ばれる。そしてそれより大きな問題の集まり、つまりすぐに確認はできてもすぐに解けるとはかぎらない問題の集まりを（「非決定性多項式時間（Nondeterministic Polynomial time）」を略して）NP問題と呼ぶ。P問題は、NP問題の一部である。なぜなら問題をさっさと解いていけば、それがそのまま突き止めた解をさっさと検証することになるからだ。

ここで、きわめて一般的なジグソーパズルを完成させるアルゴリズムを作ることを考えてみる。そのアルゴリズムがPに属していれば、問題を解くのにかかる時間は、パズルのピースの数やその数の2乗や3乗、さらにはもっと高いべきの数によって決まる。たとえば、かかる時間がパズルのピースの数の2乗によって決まるのであれば、ピースが2つのジグソーパズルを解くのに4（2の2乗）秒かかり、ピースが10個のジグソーパズルを完成させるには100（10の2乗）秒、ピースが100個なら1万（100の2乗）秒かかることになる。かなり長いような気もするが、それでもたかだか数時間でしかない。ところがそのアルゴリズムがNPに属すると、ピースの数が増えるにつれて、解くのにかかる時間が指数的に伸びていく。ピースが2つなら相変わらず4（2の2乗）秒だが、ピースが10個だと1024（2の10乗）秒かかり、100

個なら1,267,650,600,228,229,401,496,703,205,376（2の100乗）秒かかる。これは、ビッグバンから現在までに経過した時間を大幅に上回る長さである。どちらにしても、ピースの数が増えるにつれてアルゴリズムが問題を解くのに必要な時間は長くなるわけだが、一般的なNP問題を解くためのアルゴリズムは、問題の規模が大きくなるとすぐに役に立たなくなる。どう見ても、Pは実際に解ける（Practically）問題で、NPは実際には解けない（Not Practically）問題といえそうだ。

PvsNP問題は、NPに分類されるすべての問い、つまりすぐに確認できるのにすぐに解けるアルゴリズムが判明していない問題が、じつはPのグループの一員であるか否かを問うている。NP問題にもほんとうは実際に解けるアルゴリズムが存在するのに、まだわたしたちが発見できていないだけのことなのか。数学的につづめていうと、PとNPは等しいのか。もしも等しいのなら、これから見ていくように、わたしたちの日々の作業に大きな影響が及ぶ可能性がある。

＊＊＊

ニック・ホーンビィが著した90年代の古典的小説『ハイ・フィデリティ』〔新潮社〕の主人公ロブ・フレミングは、中古レコード店「チャンピオンシップ・ビニール」の店主で、音楽に取り憑かれている。ロブは自分が持っている膨大な枚数のレコードを、さまざまな分類に従って定期的に組み替えている。アルファベット順、年代順、さらには（自分がレコードを買った順に並べて自分の人生を語る）自伝風に。音楽好きにとってはじつに心洗われる仕事だが、それはさておき、並べ替えることで狙った1枚を簡単に取り出せるようになるし、配列に違ったニュアンスを持たせることもできる。日付や送信者や題名に従ってメールを並べ替えるメールソフトの切り替えボタンをクリックすると、ソフトは効率的なソートアルゴリズムを実行する。あるいはインターネット・オークションのイーベイで検索によってヒットしたものを、「いちばんマッチしているもの」「価格がいちばん低いもの」「オークションがいちばん早く終わるもの」から順番に見ることにすると、イーベイがソートアルゴリズムを実行する。グーグルは、さまざまなウェブページが検索窓に打ち込まれた言葉とどれくらいマッチしているかを判断し終えると、すぐにそれらのページを整理して、正しい順序に並べなくてはならない。というわけで、これらの作業を行う効率的アルゴリズムは今や引っ張りだこだ。

たくさんの項目を分類する方法としては、たとえば、あり得る並べ替え候補をすべて網羅した一覧を作る、というやり方がある。その上で、正しい順番になっているかどうかを1つずつ確認していく。ここに、レッド・ツェッペリン（L）とクィーン（Q）とコールドプレイ（C）とオアシス（O）とアバ（A）のレコードが1枚ずつという、きわめて小さなレコードコレクションがあったとしよう。この5枚のアルバムだけで、すでに並べ方は120通りになる。これが6枚になると720通りになり、10枚だと300万通りを超える。レコードの枚数が増えるにつれて、異なる並べ方の数は急激に膨れ上がり、レコードファンご自慢のコレクションともなれば、並べ方候補をすべて網羅した一覧を作ることなどとうてい無理。そもそもが、実行不可能なのだ。

幸い、みなさんも経験からおわかりのように、レコードコレクションや本やDVDの分類はP問題で、実際的な解がある。このような分類アルゴリズムのなかでいちばん簡単なのが「バブルソート」で、このアルゴリズムは次のように機能する。今、前述したささやかなレコードコレクションのアーティストをそれぞれL、Q、C、O、Aと略記して、それらをアルファベット順に並べることにする。バブルソート・アルゴリズムでは、左から右に棚を見ていって、隣り合う組が順序通りでないときは、その2つをひっくり返す。そうやって、順序に従わない対が皆無になるまで、つまりすべてが順序通りになるまで棚をさらい続ける。1回目の巡回では、Lはあるべきところ――アルファベットのQの前――にあるが、QとCを比べると順序が逆なので、QとCを取り替える。さらにバブルソートを続けて、QをOと取り替え、それから最後にAと取り替え、1回目の巡回は終了する。このときコレクションは、L、C、O、A、Qという順番になっている。この時点でQは正しい位置、つまり一覧の最後に落ち着いている。2巡目では、CとLを入れ替えて、AはOより前に来るから、今度はOが正しい位置に落ち着いて、C、L、A、O、Qとなる。あと2巡すればAがいちばん前に来て、これですべてがアルファベット順に並んだことになる。

5枚のレコードを並べ変えるには、無秩序な一覧を4回さらって、毎回4組を比べなければならず、レコードが10枚になると、9回さらって毎回9組を比べることになる。これはつまり、整理するのに必要な作業が対象の個数の2乗で増えるということだ。コレクションがもっと大きくなれば作業は当然増えるが、それでもたとえばレコードが30枚の場合には、あり得る並べ方候補すべてを列挙する強引なアルゴリズムだと何兆もの並べ替えの候補を確認しなければならないのに対して、この方法なら数百回の比較ですむ。これだけ大幅に改良されているにもかかわらず、計算機学者にいわせると、バブルソートは効率が悪い。フェイスブックにニュースが入力されたりインスタグラムに写真が入力された場合は、これらのプラットフォームを運営する技術系大手企業の最新の優先順位に従って何十億もの投稿を分類、提示する必要があるので、実際には単純なバブルソートではなく、もっと新しくて効率的なバブルソートの親戚ともいうべきアルゴリズムが使われる。たとえば「マージソート」と呼ばれるアルゴリズムでは、投稿を小さなグループに分けておいて、それらのグループを素早く並べ直し、正しい順序で統合する。

ジョン・マケインは、2008年のアメリカ大統領選挙への立候補を表明した直後にグーグルに招かれて、政策を論じることとなった。当時グーグルのCEOだったエリック・シュミットはマケインに向かって、グーグルでのインタビューは大統領選への立候補と同じくらい緊張するのではありませんか、とジョークを飛ばした上で、いかにもグーグルらしい質問をした。「2メガバイトのRAMに32桁の整数100万個が入っているとして、あなたならどんな方法でソートしますか」。問いかけられたマケインがぽかんとすると、シュミットはすぐさま次の真面目な質問に移った。6カ月後にバラク・オバマを招いてインタビューを行ったときも、シュミットは同じ質問をした。するとオバマは聴衆のほうを見てから当惑したように目をこすり、「いや、そのう……」といった。オバマが困っていると感じたシュミットはすぐに話を変えようとしたのだが、オバマはシュミットの目をまっすぐに見ると、次のように続けた。「……いやいや、いや、バブルソートはまずいと思うんだ」。そして、聴衆に混じっていた計算機科学者たちからやんやの大喝采を受けたのだった。ソートアルゴリズムが非効率であることを巡る内輪のジョークを持ち出して案外博識なところを見せたこの一件は、（細心の準備に基づいた）オバマのいかにも自然に見えるカリスマ性を示している。そしてこのカリスマ性が選挙運動全体の特徴となり、けっきょくはオバマをホワイトハウスへと押し上げたのだった。

効率的なソートアルゴリズムを使えれば、今後、本を整理し直したり、DVDコレクションの順序を変える場合にも宇宙の年齢並みの時間をかけずにすむのだから、これはまことにありがたい。

＊＊＊

ところがその一方で、言葉で表すのは簡単なのに、解くとなると膨大な時間がかかる問題がある。今、みなさんが大手の宅配会社に勤めていて、自分のシフトの時間内、つまりバンを拠点に戻すまでのあいだに大量の荷物を配達しなければならないとしよう。配達に費やした時間ではなく配達した荷物の個数に応じて給金をもらえる仕組みなので、すべての配達先を最速で回る経路が知りたい。これが、古くからある数学の重要な難問、「巡回セールスマン問題」の本質で、この問題は、配達先が増えると、いわゆる「組み合わせ的爆発」を起こして急激に難しくなる。新しい配達先を加えると、経路の候補の数が倍々の指数的伸びよりもさらに急激に増えるのだ。かりに配達先が30カ所だとすると、最初の配達先の選び方は30通りで、2番目の配達先の選び方は29通り、3番目の選び方は28通りという具合になる。その結果、全部で30×29×28×……×3×2通りの経路が考えられ、これらすべてをチェックしなければならない。このかけ算を行うと、たった30カ所の配達先に対して約２６５×10^{30}本の経路候補があることがわかる。そのうえこの場合は、ソート問題と違って近道がない。つまり、多項式時間で結果が出る実際的なアルゴリズムが存在しないのだ。しかも、答えが正しいかどうかを確認するのも、正解の経路を見つけるのと同じくらいたいへんだ。なぜなら、残りの経路候補もすべて同じようにチェックしなければならないから。

ひょっとすると配達センターには物流の責任者がいて、毎日たくさんのドライバーに配達を割り振りながら、最適なルートを考えているかもしれない。これは「配送計画問題」と呼ばれる作業で、巡回セールスマン問題よりさらに難しい。それでいてこの2つの難問は、町全体のバス路線の案を作る、郵便ポストから郵便を回収する、倉庫の棚からものを取り出す、回路基板にたくさんの穴を開ける、マイクロチップの回路を設計する、複数のコンピュータを配線するといった、さまざまな場面に顔を出す。

この2つのタイプの問題には1つだけ、その難しさを埋め合わせる特徴があって、ある種の作業に関しては、目の前によい解が置かれれば、それがよい解であることがわかる。距離が1000マイル未満の配達経路を知りたいときに、たとえその条件を満たす経路が簡単には見つからなくても、目の前の解が条件を満たしているかどうかは容易にチェックできるのだ。これは、巡回セールスマン問題の「判定問題版」と呼ばれているもので、これには白黒がつけられる。つまりこのタイプの問題は、解を見つけるのは困難だが確認は容易なNP類に属しているのだ。

これらは難しい問題だが、それでも特定の目的地の集まりを対象とする完全な解であれば求められる場合がある。ただし、それをより一般の場合に敷衍（ふえん）することはできない。カナダのオンタリオ州立ウォータールー大学で組み合わせ論と最適化を研究しているビル・クック教授は、並列スーパーコンピュータでのべ250年のコンピュータ時間を費やして、イギリスのすべてのパブを回る最短経路を計算した。この巨大な「パブのはしご」では4万9687件のパブを回るが、総延長はたったの4万マイルで、平均すると0・8マイル〔約1・3km〕に1軒のパブがあることになる。ちなみにイギリスのベッドフォードシャー出身のブルース・マスターズという人物は、クック教授がこの計算を始めるずっと前に独自のパブはしご問題を実行に移し、ギネスの「もっとも多くのパブを訪問した」という世界記録を獲得していた。もっともこの69歳の男性は、2014年までに4万6495軒〔クック教授の経路より3192軒少ない〕のパブで飲み物を注文するために、1960年以降英国内を100万マイル以上移動したという。クック教授によるもっとも効率的な経路の25倍を超える距離だ。このような長い冒険の旅を実行してみようという方、あるいは近所のパブをはしごしようという方も、まずはクック教授のアルゴリズムを調べたほうがよさそうだ〔注103〕。

＊＊＊

ほとんどの数学者が、PとNPは根本から異なる問題のカテゴリーだと考えている。つまり、高速アルゴリズムを使ってセールスマンや乗り物の経路を定めることは不可能だと思っているのだ。ひょっとすると、それはよいことなのかもしれない。巡回セールスマン問題の「判定問題版」〔総距離がある長さ以下のルートを見つける問題〕は、NP完全と呼ばれるタイプの問題の標準的な例である。じつはここに1つ強力な定理があって、その定理によると、あるNP完全問題を解くための実践的なアルゴリズムを1つでもひねり出せれば、そのアルゴリズムに手を加えるだけでほかのすべてのNP問題を解くことができる。つまり、PとNPは等しいということが証明され、NPとPは同じ類だという結論になる。ほぼすべてのインターネットの暗号が、ある種のNP問題は解くのが難しいという事実に依拠していることを考えると、P＝NPの証明はオンライン・セキュリティーにとんでもない惨事をもたらすことになる。

もっともこれにはプラスの面もあって、PとNPが等しければ、あらゆるタイプの物流問題を解く高速アルゴリズムができるはずで、工場は作業をうまくスケジュールして最大効率で操業することが可能になり、物流会社は、オンラインで安全に品物を注文することはできなくなったとしても、荷物を運ぶ効率的な経路がわかるから品物の値段を下げられる。科学の領域に関していうと、PとNPが等しいことが証明されれば、コンピュータ・ビジョン〔コンピュータに視覚的認知力を持たせる研究〕や遺伝子の塩基配列の解読、さらには自然災害の予測を効率的に行う方法が見つかる可能性が出てくる。

だが皮肉なことに、PとNPが等しいことの証明は、科学にとっては大勝利でも、科学者にとっては最大の敗北になる。これまで科学の世界でなされてきた素晴らしい発見のいくつかは、高度な訓練を受けて自身の専門分野に深く没頭した献身的な科学者による創造的思考があったからこそ可能だった。ダーウィンの自然淘汰による進化の理論も然り、アンドリュー・ワイルズによるフェルマーの最終定理の証明も然り、アインシュタインの一般相対性理論も然り、ニュートンの運動方程式も然り。ところがPとNPが等しいということは、証明可能な数学の定理の形式的証明はすべてコンピュータにも見つけられるということを意味する。つまり、人類の偉大な知的達成の多くがロボットによって再生可能となり、人間は機械に取って代わられる。そして多くの数学者が職を失うのだ。どうやらPvsNP問題の本質は、人間の創造性を自動化できるか否かを突き止めるための戦いであるらしい。

場合によっては簡単に最適解が得られる「貪欲法」

最適化問題も、巡回セールスマン問題と同様きわめて難しい。なぜなら、想像を絶する膨大な個数の解の候補から最適な解を見つけなければならないからだ。しかしときには、たっぷり時間をかけて最適な解を得るよりも、最適とはいえないまでも素早く得られる優れた解を受け入れたほうがよい場合がある。たとえば出勤する際に、鞄に入れるものが占める場所を最小にする最適な方法を見つける必要はない。すべてが収まる方法が見つかりさえすれば十分だ。ということは、問題解決の近道があるわけで、具体的には、広範な問題に対して最良に近い解を求めるために作られた「発見的アルゴリズム」（常識的な近似、あるいは経験則）を使えばよい。

そのような解法のグループのなかに、「貪欲法」と呼ばれるものがある。これはいわば近視眼的な手順で、ごく狭い範囲で最良の選択をしながら、全体として最適な解を探していく。迅速で効率的だが、最適解はおろか、よい解が得られるという保証もない。今、みなさんが初めて訪れた場所で、周辺の地勢を知るためにまわりでいちばん高い山に登ろうと考えたとする。貪欲法で山頂に登るには、まず今の位置からいちばん急な傾斜を探す。そしてその方向に1歩進む。この手順を繰り返していくと、最後には、どちらに向かっても下るしかない地点に到達する。これはつまり丘の上に立ったということだが、必ずしもその丘がいちばん高いとは限らない。まわりをよく見晴らすためにいちばん高い頂に登ろうとしても、この貪欲法ではそのような頂に至る保証はないのだ。じつは小さな塚のてっぺんに向かう道でしかなかったが、近所の山岳地帯に向かう道より傾斜が急だったのかもしれない。発見的アルゴリズムは視野が狭いので、間違えて塚への道をたどる可能性がある。貪欲法を使えば確かに解は見つかるが、それが最適だという保証はない。ただし、貪欲法で最適な解が得られる特殊な問題があることもわかっている。

衛星ナビの地図は、道路によってつながれたたくさんの分岐点の図と見なせて、道路や分岐点で構成された迷路のなかから2つの場所の最短経路を見つけだすというナビの課題は、巡回セールスマン問題と同じくらい難しそうに見える。実際、道路や分岐点の数が増えると、2点を結ぶ経路の候補はすぐに膨大な数になる。道路が何本かと分岐点が少しあるだけで、経路の候補が何兆にもなるのだ。考え得る経路をすべて算出してその総延長を比べるというやり方でしか解を得られないのなら、これはNP問題になる。ところが衛星ナビを使うすべての人にとって幸いなことに、じつは1つ効率的な方法がある。「ダイクストラ法」と呼ばれるアルゴリズムを使うと、「最短経路問題」を多項式時間で解くことができるのだ［注104］。

たとえば家から映画館までの最短経路を知りたい場合、ダイクストラ法では、映画館から家に向かって逆にたどっていく。もしも映画館と一本道でつながっているすべての分岐点と家との距離のうちのどれが最短かがわかっていれば、映画館までの最短経路を見つけるのは簡単だ。家から映画館のすぐそばの分岐点までの距離に、その点から映画館までの道のりを足せば、どれが最短なのかがわかる。もちろん初めの段階では、家から映画館のすぐそばの分岐点までの距離はわかっていない。しかし、これと同じ考え方をもう1回使うと、映画館から数えて2番目の分岐点への最短経路を、その点につながっている分岐点と家との最短距離を使って突き止めることができる。分岐点ごとにこの理屈を適用していくと、最後は出発点である家にたどり着く。道路網のなかから最短経路を拾い出すには、優れた局地的な選択——つまり貪欲法を繰返せばよい。そしてそうやって得られた経路を再構成するには、その最短距離を完成する際に通った分岐点の記録をたどればよい。みなさんがグーグルマップに映画館までの最適経路を見つけろと命じると、おそらく見えないところでダイクストラ法の変形版がせっせと計算を始めるのだ。

さて、映画館に無事到着して、駐車料金を払いにパーキングメーターに向かったところ、その機械がおつりの出ないタイプだったということも大いにあり得る。もしもポケットに小銭がたくさん入っていれば、できるだけ早くぴったりの金額をそろえようとするだろう。そのような場合、じつは多くの人が直感的に貪欲法を試みる。手持ちの硬貨から、不足額を超えない硬貨のなかで額面が最大のものを投入していくのだ。

イギリスやオーストラリアやニュージーランドや南アフリカ、さらにはヨーロッパのほとんどの国の硬貨が、1—2—5という構造になっていて、硬貨や紙幣の額はこのパターンを繰り返しながら大きくなっていく。たとえばイギリスの貨幣制度には1、

2、5ペンスの硬貨があり、さらに10、20、50ペンスの硬貨があって、1ポンド、2ポンドの硬貨が続き、5ポンド札、そして最後に10ポンド、20ポンド、50ポンド札がある。このためイギリスの硬貨を使って貪欲法で計58ペンスにするには、まず50ペンス硬貨を選んで、それから残りの8ペンスを作ることになる。20ペンスや10ペンス硬貨では超過してしまうから、50ペンス硬貨に続いて5ペンスを加え、2ペンスを加え、最後に1ペンスを加える。1―2―5という構造のどの貨幣でも、またアメリカの貨幣でも〔アメリカでは、硬貨は1―5―10―25、紙幣は1―5―10―20―50―100となっている〕、今述べた貪欲法を使えば、必要な金額を最小の枚数でそろえることができる。

このアルゴリズムは、どの貨幣でも使えるわけではない。なんらかの理由で4ペンス硬貨があったら、58ペンスの最後の8ペンスは5ペンスと2ペンスと1ペンスではなく、もっと簡単に4ペンスを2枚使えばよい。紙幣や硬貨の価値がその次に小さい貨幣単位の少なくとも2倍になっている貨幣であれば、貪欲法の性質が満たされる。それもあって、1―2―5構造を採用する国が多いのだろう。券種の比が2ないし2・5なので確実に貪欲法を使うことができ、それでいて単純な10進法も保たれている。どこの国に行っても両替がつきものなので、世界中の多くの通貨が貪欲な性質を持つようになったのだ。ところがタジキスタンには5、10、20、25、50ディラム硬貨があって、貪欲な性質を持たない硬貨が流通する唯一の国となっている。実際、40ディラムにするには、貪欲法に従って25、10、5ディラムの硬貨を使うより、20ディラム硬貨を2枚使ったほうが手っ取り早い。

貪欲つながりでいうと、みなさんは、マクドナルドでチキン・マックナゲットを43個注文したことがあるだろうか。まさかと思われるかもしれないが、あのくたびれた鶏肉のちっぽけなフライから、興味深い数学が生まれる。元来イギリスのマクドナルドには、6個入り、9個入り、20個入りの3種類のマックナゲットがあった。マクドナルドで息子とランチを食べていた数学者のアンリ・ピッチョートは、この3種類の組み合わせで注文できないナゲットの個数は、正確にはいくつなのかと考えた。試しに数え上げてみると、1個、2個、3個、4個、5個、7個、8個、10個、11個、13個、14個、16個、17個、19個、22個、23個、25個、28個、31個、34個、37個、そして43個は注文できないことがわかった。そして、それ以外の個数はすべて注文できることから、残りの数をマックナゲット数と呼ぶことにした。今、いくつかの数が与えられたときに、それらの倍数をどう組み合わせても作れない数のうちで最大のものを、フロベニウス数と呼ぶ〔たとえば3と5とその倍数をどう使っても1、2、4、7は作れないので、7はフロベニウス数になる〕。つまり43は、チキン・マックナゲットのフロベニウス数なのだ。残念ながらマクドナルドがマックナゲットの4個入りパックを売り出したので、チキン・マックナゲットのフロベニウス数は11に転げ落ちた。だが皮肉なことに、新しい4個入りのパックを使ったとしても、貪欲法を使うと43個のマックナゲットを買うことはできない（20個入りが2箱で40個になるが、3個入りの箱がないからだ）。そのため今や可能になったとはいえ、ドライブ・スルーで43個のチキン・マックナゲットを注文するのはやはりそう簡単ではない。

生物の生存戦略を最適化アルゴリズムに取り込む

貪欲法を使うと、うまくいけばきわめて効率的に問題を解決することができる。ところがうまくいかないと、無駄どころか使わないほうがましだった、ということになる。近所でいちばん高い山の頂に立って大いに自然に親しみたいと思っていたのに、融通の利かない貪欲法のせいで裏庭のモグラ塚のてっぺんに立つことになったとしたら、これはもう最適どころでない。幸い、自然自体にヒントを得たさまざまなアルゴリズムが存在しており、それらを使うとこのような障害を克服することができる。

1つ目のアルゴリズムはコロニー最適化と呼ばれるもので、この場合は、現実世界の問題にヒントを得た仮想環境に、コンピュータが生成した蟻の軍隊を送り出して探検させる。たとえばその問題が巡回セールスマン問題であるとすると、本物の蟻には自分のまわりの環境しかわからないという事実を反映して、仮想蟻も近くの地点のあいだを歩きまわる。そしてそれらの蟻があらゆる点のまわりの短い経路を見つけると、彼らはほかの蟻の道しるべとなるように、遡ってその経路にフェロモンを残す。その結果、より人気が高い――つまり短い――経路が強調されることになって、より多くの蟻を引きつける。そのうえ残されたフェロモンは、現実のフェロモン同様やがて消えるから、行き先が変わったとしても、蟻たちはその変化に応じて柔軟に、改めて最速経路のモデルを作ることができる。蟻を用いたコロニー最適化は運搬経路問題のようなNP問題の効率的な解を見つけるのに使われ、また、生物学の非常に難しい問題――たとえば、もともと単純な1次元のアミノ酸の鎖だったタンパク質が、どのようにして折れ曲がり入り組んだ3次元構造になるのかを解明するといった問題――の解明にも使われている。

蟻コロニー最適化は、自然にヒントを得た「群知能アルゴリズム」と呼ばれるツールの一種である。ホシムクドリの群れや魚の群れは、ごくわずかな数のお隣さんと部分的に意思疎通しているだけなのに、見事にそろった形できわめて迅速に方向を変える。たとえば魚の群れの一方の端に捕食者がいるという情報は、一瞬でその群れの反対の端に伝わる。アルゴリズムの設計者は、このような局所的な相互作用の規則を借用し、互いに連絡を取り合う膨大な数の人工エージェントを送り出して環境を調べさせる。それらのエージェントは生き物の群れのように素早く意思疎通できるようになっていて、互いにほかの個体の発見に関する連絡を取りながら、最適の環境を探すことができるのだ。

さて、自然のアルゴリズムのなかでももっとも有名なのが進化だ。もっとも単純な形の進化では、親の特徴が組み合わさって子どもができる。与えられた環境で生き延びやすく繁殖しやすい子どものほうが、次世代のより多くの子孫にその特徴を伝えることになる。世代と世代のあいだで突然変異が生じて新しい特徴が持ち込まれる場合もあって、その特徴は、その個体群がすでに持っている特徴よりよいこともあれば悪いこともある。選択と組み合わせと変異、この3つの単純な規則がありさえすれば、この惑星のもっとも難しい問題にも対処できる多様な生物を生み出すことができるのだ。

しかし、生物の進化は万能だ！　と有頂天になって褒め称える前に、進化によって得られる解は優れている場合が多いが、まずもって完璧ではない、ということを知っておくべきだろう。野生動物のドキュメンタリーや自然界に関する論文には、しばしば動物がその環境に「完璧に」適応している、という言い回しが登場する。生涯水を口にせず、必要な水分を食べ物から摂取するように進化した砂漠のカンガルーネズミから、零度以下の大海でも生きていけるように低温下でも凍ることのない「不凍」タンパク質を作り出したノトテニア類の魚に至るまで、進化は困難な環境に見事に適応するさまざまな生物を作り出してきた。

だが、完璧を求めることと、やみくもに可能性を探索する進化をごっちゃにしてはならない。通常進化は、与えられた環境で従来のどの解よりもうまく機能する解を見つけるが、だからといって最良の問題解決法が見つかるわけではない。

その古典的な例として、イギリスにおけるアカリスの個体数の推移がある。このリスは、木に登って餌を探すのにぴったりの鋭い爪やバランスを取るのに不可欠な柔軟な後肢や長い尾を持っている。歯は生涯伸び続けるからすり減る心配もなく、木の実の固い殻を思うがままにかち割ることができる。このリスは、イギリスの環境に完璧に適応しているように思われたが、それも、より環境に適した同類がやってくるまでのことだった。アカリスよりかなり大柄なハイイロリス〔北アメリカ原産の外来種〕は、もっと多くの餌を見つけることができて、アカリスより効果的に餌を消化し、あるいはどこかに取っておく。別にこのリスがアカリスと戦ったりアカリスを殺したりしたわけではないのだが、よりよく適応したために、すぐにイングランドやウェールズの広葉樹林帯で優勢となり、在来種を駆逐して、生態系のなかの本来在来種のものだった役割を奪うことになった。多くの種が模範的に適合していると感じられるのは、本物の「完璧な」解がどのようなものなのかを想像するわたしたちの力に限界があるからで、別に進化が真の最適解を見つけているわけではない。

進化の見つけた解がたとえ可能な最良のものではなかったとしても計算機科学者た

ちは幾度となく、進化という名のもっとも有名な自然の問題解決アルゴリズムの精神を無断借用してきた。なかでも目立つのがいわゆる「遺伝的アルゴリズム」で、これらのツールは、(主なスポーツリーグの試合日程表などの)スケジューリングの問題の解決に使われ、また、「ナップサック問題」のような難しいNP問題の、完璧とまではいえないがよい解を提供することができる。

ナップサック問題には、容量のかぎられたリュック1つで市場にたくさんの品を持っていかなければならないおかみさんが登場する。全部の品物を持ってゆくことはできず、大きさも利益も異なる品々のなかからいくつかを選んで持っていかねばならない。ナップサック問題の場合は、リュックにきちんと収まって、しかも利益が多くなるような品物の選び方が、優れた解になる。この問題は、パン生地から無駄なくパンを切り分けるとか、クリスマスの包み紙をなるべく無駄が出ないように使うといったときにも少し違う形で登場し、貨物船や輸送トラックに無駄なく荷を積みたい場合にも姿を現す。さらにはダウンロード・マネージャーが、かぎられたインターネットの帯域幅を最大限活用するにはどのデータの塊をどの順序でダウンロードすればよいかを決めるときにも、ナップサック問題を解くことになる。

遺伝的アルゴリズムでは、最初に問題の解となりそうなものを指定された個数だけ作って、これらの解を「親」世代とする。ナップサック問題の場合、ナップサックに収まる品物の一覧がこの親世代の解になる。そのうえで、アルゴリズムがどれくらい上手に問題を解決したかに応じて品物の一覧の優劣を決める。具体的には、その一覧の品々から得られるであろう利益の多寡でランクをつけるのだ。そのうえで、たとえば上位2つの解――つまり、1番および2番目に利益が出る一覧――を選び、そのうちのどちらかの解の一部を捨てて、残りの品々ともう片方の一覧の一部を組み合わせる。さらに突然変異が起きる可能性を考慮して、問題の一覧からランダムに品物を選んで別の品物と置き換えることもある。新たな世代の最初の「子ども」解ができると、さらに優れた「親」解を2つ選んで再生産を繰り返す。こうすると、親世代のよりよい解の特徴が次の世代のより多くの子ども解に受け継がれることになる。この手順を、もともとの親世代の解とそっくり置き換えられるだけの子どもができるまで繰り返す。そして、役目の終わった親世代の解は絶滅し、新しい子ども世代が親に昇格して、そこからまた選択と組み合わせと変異のサイクルが始まるのだ。

子ども解を作る際にランダムな操作が行われるので、このアルゴリズムでできた子孫がすべて親より優れているという保証はない。むしろ、実際には親より悪い子孫のほうが多いのだが、それらの子どものなかから再生産を許す解を選ぶこと――つまり仮想の適者生存――によって劣った解を取り除けば、よりよい子孫だけが次世代に特徴を伝えられるようになる。こうして得られた解は、ほかの最適化アルゴリズムと同じように局所最大かもしれず、そうなると可能な最適解でないにもかかわらず、そこからどう変化しても適性は落ちる。だが幸いなことに、組み合わせや変異の手順にランダムさが加わっていることから、このような局地的な頂から降りて、もっと優れた解に進むことが可能になる。

遺伝的アルゴリズムの非常に重要な特徴となっている無作為、つまりランダムさは、じつは日常でも一定の役割を果たしている。自分がお決まりの行動様式にはまり込んで、同じバンドの同じ歌ばかりを繰り返し聴いていることに気づいたら、シャッフルボタンを押せばよい。もっとも純粋なシャッフルでは、歌がランダムに選ばれる。ちょうど、遺伝的アルゴリズムの選択や組み合わせの段階をすっ飛ばして変異の度合いを高めたようなもので、このやり方でも新しい好みのバンドに出会える可能性はあるが、ひょっとするとその前に、どうでもいいジャスティン・ビーバーやワン・ダイレクションの歌を延々と聴かされることになるかもしれない。

今では音楽ストリーミング・サービスの多くが、はるかに洗練されたアルゴリズムを用いてみなさんが聴く曲をシャッフルしている。実際、たとえば最近ビートルズやボブ・ディランを何度も再生していると、遺伝的アルゴリズムに、この2つのバンドのある種の特徴を組み合わせたバンド——たとえばトラベリング・ウィルベリーズ（ボブ・ディランやジョージ・ハリソンが集結したスーパーバンド）を勧められたりする。ユーザーは、さまざまな曲を飛ばしたり最後まで聞いたりすることで、じつはその曲と自分の相性をアルゴリズムに知らせていて、アルゴリズムはそこから今後どの「解」ならユーザーにマッチするかを探るのだ。

またネットフリックスのプラグインでは、それまでのユーザーの好みに基づいて映画やボックスセットを選び、それらをランダムにお勧めする。近年ではこれと同じように、ユーザーが自社製品を食べ飽きないようにランダムに送ってくる会社が次々に登場しており、誰でもチーズやワイン、フルーツ、野菜まで、美食体験の最適化を始めることができる。ユーザーにすれば、それまで存在することさえ知らなかった味を試してみられて、一方仕出し屋は、ユーザーのフィードバックに基づいて次に何を送ればよいかを学んでいく。ファッションから物語まで、さまざまな企業が進化アルゴリズムに基づくツールを用いてわたしたちの日々の消費経験をさらに盛り立てようとしているのだ。

結婚相手選びや雇用面接に有効？――最適停止問題

これまでに紹介してきたいくつかの最適化アルゴリズムを支える数学を見ていると、これらのアルゴリズムを大規模に使って利益を上げられる技術系最大手企業だけが、最適化という領域を活用できるような気がしてくる。だが実際には、洗練された数学に支えられていながらはるかに簡単なアルゴリズムがあって、それらのアルゴリズムを使うと、日々の暮らしをわずかながらも確実によいものにできる。そのようなアルゴリズムの系列にたとえば「最適停止問題」があって、このアルゴリズムを使うと、いつ行動を起こせば意思決定過程の結果を最適にできるのかがわかる。

たとえば、みなさんがパートナーと食事をする店を探しているとしよう。2人ともひどくお腹が空いているが、それでも、町で見かけた最初の店に飛び込んだりせずに、よいレストランに入りたい。さらにみなさんは自分の目に自信があって、店の外観からレストランの善し悪しを判断できると思っている。パートナーがうんざりする前に、レストランを10軒はチェックできるはずだ。優柔不断だとは思われたくないので、いったんバツをつけたレストランには戻らないことにする。

このタイプの問題では、全体的なレベルがどの程度なのかという感触を得るためにいくつかのレストランは見るだけでスルーする、というのがベストの戦術になる。もちろん、最初に出くわしたレストランにそのまま入ることもできるが、全体のレベルに関する情報がまったくない場合、ランダムに選んだ店が最良である確率は10に1つしかない。したがって、いくつかのレストランを見た上で、それらと比べて優れていると感じられた最初のレストランを選んだほうがよい。図21にあるのが、このレストラン選択戦略を表す図である。3軒目までは、どの程度のものかを見るに留める。そして、それまでのどのレストランよりよさそうな7軒目のレストランに入るのだ。それにしても、切り捨てるのは3軒だけでよいのだろうか。最適停止問題では、全体の感触を得るために観察するに留めるレストランを何軒にするかが問題になる。それなりの数を見なければ、どの程度を期待できるのかがわからない。かといって、あまりに多くの店を却下すると、残りの選択肢が少なくなる。

この問題の裏に潜む数学は複雑だが、要するに、ざっと最初の37%（全部で10軒なら、切り捨てて3軒）のレストランは評価だけして切り捨てて、その後、最初に出くわしたそれまでで最高と思えるレストランで手を打つべきなのだ。もっと厳密にいうと、有効な選択肢のうちの1／eだけを切り捨てる。ただし、eはオイラー数（自然対数の底。日本ではネイピア数と呼ばれることが多い）と呼ばれる数の略号で〔注105〕、オイラー数は約2・718だから、1／eはざっと0・368で約37%になる。図22は、100軒のレストランから最良の店を選ぶ確率が、棄却するレストランの数を変えたときにどう変わるかを示したものだ。さっさと決めて飛び込むと、実際には当てずっぽうだから、案の定、確率は低くなる。同様に長く待ちすぎても、すでに最良の店を逃している可能性が高くなる。最良の店を選ぶ確率は、最初の37軒を棄却したときに最大になるのだ。

最良のレストランが最初の37%に入っていたらどうなるのか。その場合は、機を逸

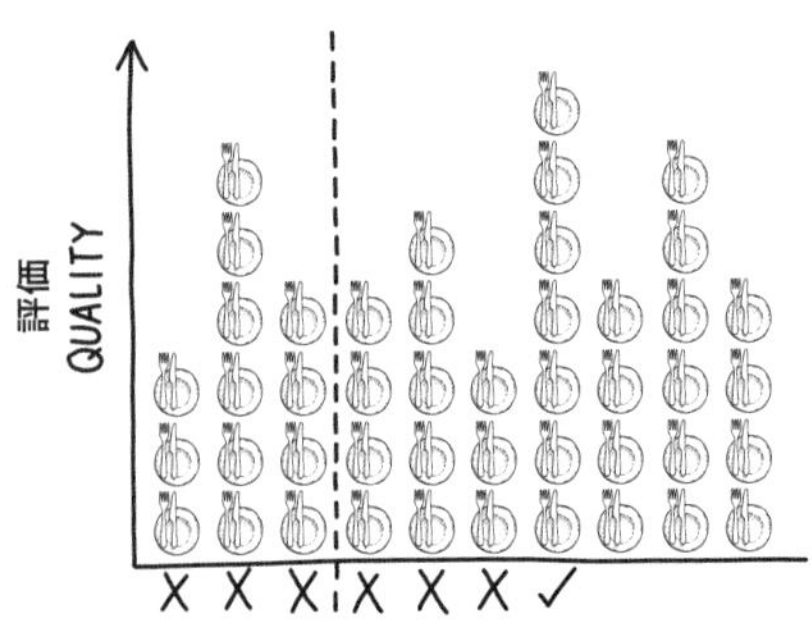

［図21］既定の停止点（破線）以前の選択肢はすべて評価だけして退け、その後は、それまでのどの選択肢よりよいと評価できた最初の選択肢を受け入れるのが最適な戦略になる。

したことになる。37％ルールはいわば確率的な法則であって、毎回機能するわけではない。全体の37％の場合に機能することが保証されているにすぎない。現状ではこれが精一杯だが、それでも10軒のなかからでたらめに選んだ最初の1軒に入ったときにそのレストランが最良である確率は10％だから、それよりはましで、100軒からでたらめに1軒を選んだ場合の1％という成功率よりははるかにいい。このやり方の相対的な成功率は、選ぶ対象が多くなればなるほどよくなるのだ。

この最適停止ルールが使えるのは、レストラン選びだけではない。じつはこの問題は、当初「雇用問題」として数学者の注目を集めていた［注106］。何人かの採用候補者に順番に面接を行って、候補者にその

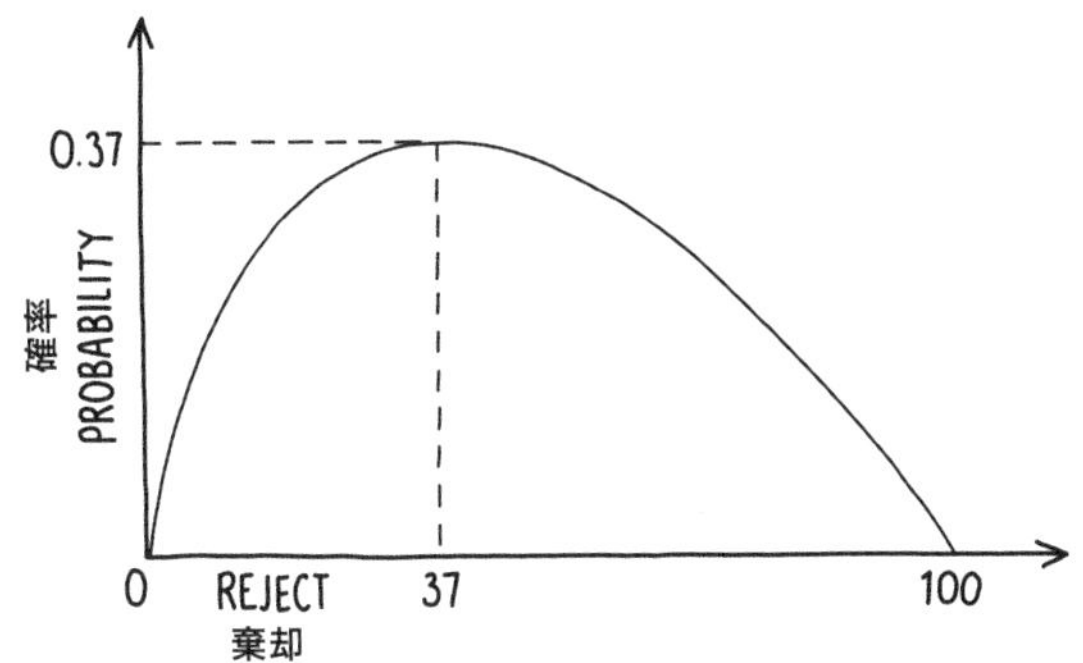

［図22］もっともよい選択肢を選ぶ確率は、最初の37％を評価だけして棄却し、その後出会ったそれまで最高と評価できる最初のものを選択したときに最大になる。この筋書きでは、最良のレストランを選ぶ確率は0.37、つまり37％になる。

場ですぐ合否を告げなければならない場合は、37％ルールを使うとよい。まず候補者の37％に面接して、その結果を選抜の基準にする。その上で、それまでのどの候補よりもよいと思えた最初の候補を雇って、残りの人にはお引き取り願うのだ。

わたしは近所のスーパーでレジに並ぶ際、最初の37％（11個あるレジのうちの4個）は列の長さに関わらず素通りして、その後で最初に出くわした、それまでで最短の列に並ぶことにしている。夜遊びを終えて、ぎゅう詰めの最終列車に乗るために友人たちと走るときも、いちばん空いている車両で座りたければ、37％ルールを使う。計8両のうちの最初の3両は様子を見ながら素通りし、その後それまででいちばん空いているように見える最初の車両に乗るのである。

これらの筋書きは現実に根ざしているにしても、いささか不自然なところがある。しかしそれでも手を加えれば、さらに現実的にすることができる。たとえば、覗いてみたレストランの半数が満員だったらどうするか。その場合はもちろん、早めに様子見をやめたほうがいい。37％をスルーするのではなく、最初の25％だけをスルーして、それまでよりいいと感じた最初のレストランを選ぶのだ。

あるいは空いている車両を探しているときに、時間に余裕があるので前の車両に戻ることもできるが、戻るまでに席が埋まってしまう確率が50％だったとしたら？　この場合は、戻ることで選択肢が広がるから、61％をスルーして、そのあとのいちばん空いている車両にすればいい。ただし、列車が出発する前に乗ることをお忘れなく！

いつ家を売るのがベストか、映画館からどれくらい離れたところに車を止めれば、駐車スペースが空いている可能性を最大にして、しかも歩く距離を最短にできるのか、といったことを教えてくれる最適停止アルゴリズムもある。ただし1つ忠告しておくと、現実的な状況になればなるほど数学は難しくなり、簡単なパーセンテージ・ルールではすまなくなる。

さらにいえば、何人と付き合ってから身を固めることにすればよいかを教えてくれる最適停止アルゴリズムもある。このアルゴリズムを使うには、まず家庭を持つまでにいったい何人と付き合えそうかを決める必要がある。18歳の誕生日から35歳の誕生日まで毎年1人と付き合うとすると、計17人の候補から1人を選ぶことになる。最適停止アルゴリズムによると、この場合は最初の6、7年（17年の約37％）はとりあえず様子を見ておいて、その上で、今までに会ったことがないくらい素晴らしい！と思えた最初の人と一緒になればよい。

とはいえ、自分の愛情生活をあらかじめ決められた一連の規則に安心して託せる、という人はそう多くないはずだ。最初の37％のなかに、一緒にいて心底幸せになれる人がいた場合はどうするのか。アルゴリズムに基づく愛の使命をまっとうするために、冷酷にもその人を捨て去るのか。こちらが規則通りに進めていって、自分にとってのベストだと思った相手に断られてしまったら？　あるいは自分自身の優先順位が途中で変わったらどうするのか。幸い、より明確な数学の最適問題と同じように、心の問題でも、必ずしも絶対的な最良解――完璧にぴったりくる、ただ1人の相手――を探す必要はない。一緒にいると楽しくて相性のよい人が、複数いる可能性も大いにある。最適停止は人生のすべての問題の答えになるわけではない。

それどころか、アルゴリズムの素晴らしい力のおかげで日常生活のさまざまな側面が楽になるとしても、それらのアルゴリズムはとうてい難問の最適解とはいえそうにない。アルゴリズムを使うことで単調な作業が単純化されて速度は上がるが、往々にしてそこにはリスクが伴う。実際、アルゴリズムが入力と規則と出力という3つの部分に分かれているということは、不都合が起きる可能性のある領域が3つもあるわけで、たとえアルゴリズムを使う側がこれこそ自分の求めていた手順の規則だと確信していたとしても、入力で不注意なことをしでかしたり出力の調整を怠ったせいで破滅的な結果に至る場合がある。ちょうど、オンライン・セールスマンのマイケル・ファウラーが莫大な損害とともに思い知ったように。このアメリカ人がアルゴリズムに則って立てた――そして2013年に破綻した――小売り業の基本計画の元をたどると、第二次大戦が始まった頃のイギリスに行き着く。

監督者がいないアルゴリズムに起こりうること

1939年の7月下旬、戦争の予感が暗い雲のようにイギリス全土を覆っていた。激しい爆撃が、毒ガスが、さらにはナチスの占領が現実になるかもしれなかった。イギリス政府は人々の士気を高めるべく、影の組織を復活させた。第一次大戦の最後の年に、国内外に効果的にニュースを流すために作られた組織「情報省」の再来だ。このたびの新たな情報省は、ジョージ・オーウェルの『1984年』に登場する〔歴史を改ざんしプロパガンダを進める〕真理省と〔平和のために戦争を続ける〕平和省を混ぜ合わせたようなもので、戦時下の宣伝と検閲を担当することになっていた。

1939年8月、情報省は3種類のポスターをデザインした。てっぺんにチューダー朝の王冠を掲げたこれらのポスターの最初の1枚には「自由が危機に瀕している、全力で自由を守ろう」とあり、2枚目には「あなたの勇気が、あなたの陽気さが、あなたの決意が、わたしたちに勝利をもたらす」とあった。8月の下旬には、戦いが勃発したらいつでも使えるように、これらのポスターが何十万枚も印刷された。そして9月の開戦後数カ月の間に広く一般の人々に配られたが、恩着せがましいと感じる人、無関心な人がほとんどだった。

同じ頃に3枚目のポスターも印刷されたのだが、激しい空爆が行われてさらに士気が落ちたときのためにしまい込まれた。だが実際に猛爆が始まった1940年9月には、開戦から1年が経って紙不足に陥っていたのと、最初に配った2種類のポスターがいかにも上から目線で不評だったこともあって、3種類とも溶かされて再利用に回された。つまり3枚目のポスターは、情報省の外ではほぼ誰の目にも触れなかったのだ。

時は過ぎて2000年のある日、ノーサンバーランドの静かな町アニックで古本屋を営むマンリー夫妻の下に、少し前にオークションで手に入れた古本が1箱届いた。包みを開けた2人は、箱の底に折り目のついた赤い紙が敷いてあるのに気がついた。広げてみると、そこには「失われた」情報省のポスターのスローガンがあった。「落ち着いて、頑張るのだ（Keep calm and carry on）」

そのポスターがすっかり気に入った夫妻は、額に入れて店の壁にかけることにした。やがてその額がお客の注目を集めるようになると、2人はポスターの複製を売り始め、2005年には1週間に3000枚を売り上げるようになった。そして2008年には、この合い言葉が文字通り世界中の大衆に知られるようになった。地球規模で景気が後退するなか、己の心にもしっかりと唇を結んだ不屈の態度を呼び戻したいと思う人が多かったのだろう。かつて厳しい時代にイギリス人が苦闘しながらも見せた態度を我がものとしたい、と。「落ち着いて、頑張るのだ」は、そこに見事にはまった。マグやマウスパッドやキーホルダーなど、思いつくかぎりの商品にこのメッセージが印刷された。トイレットペーパーも例外ではなかった。さらには形を変えて、インド料理や（「落ち着いて、そしてカレーを食べよう」）コンドーム（「落ち着いて、そしてつけよう」）といったさまざまな製品の広告に使われた。至るところに、「落ち着いて、そして〔何々をする〕」という形のあらゆる組み合わせがあふれているようだった。

この単純なアイデアを活用することにしたのが、オンラインで販売促進を行っていたマイケル・ファウラーだった。ソリッド・ゴールド・ボム〔純金爆弾〕という会社を立ち上げて、2010年の時点で約1000種類のデザインが印刷されたTシャツを販売していたファウラーは、仕事の流れを効率化するよい方法を思いついた。膨大な数のすでにできあがったTシャツを場所代を払って保管するのではなく、オンデマンドで印刷したらどうだろう。そうすれば、もっとたくさんのデザインを宣伝できるし、注文があったときにそのぶんだけ印刷すればよい。そこでファウラーは、まず印刷工程を合理化すると、デザインを自動で作るコンピュータ・プログラムを作り始めた。純金爆弾が提供するTシャツの種類は、ほぼ一夜にして1000から1000万に跳ね上がった。2012年に作ったあるアルゴリズムでは、動詞と名詞の一覧を取り込んで、それらの動詞と名詞を組み合わせ、シンプルな「落ち着いて、何々（名詞の一覧からの言葉）を何々（動詞の一覧からの単語）しよう」という形で出力するようになっていた。こうして作られた語句が文法的に間違っていないかどうかを自動でチェックして、さらにそれをTシャツの画像と重ね合わせ、アマゾンの1着20ドル程度の販売リストに組み込む。売り上げがピークだった頃には、「落ち着いて、尻を蹴れ」とか「落ち着いて、たくさん笑え」といった言葉がプリントされたTシャツを、1日に400枚ほど売り上げていた。ひとつ問題だったのは、これまた自動で「落ち着いて、彼女を蹴れ」とか、「落ち着いて、たくさんレイプしろ」といった言葉が印刷されたTシャツが、世界最大のオンライン小売りサイトに載ってしまったことだった。

意外なことに約1年間、これらの言葉はほとんど注目を集めなかった。ところが2013年3月某日に、突然フェイスブックのファウラーのページが死をちらつかせた脅しや女性蔑視だといった主張でいっぱいになった。ファウラーはすぐに問題のデザインを引っ込めたが、その時点ですでにかなりの損害が生じていた。アマゾンは純金爆弾のページを停止し、売り上げはほぼゼロになり、それでもかろうじて3カ月は営業が続いたものの、けっきょく会社は破綻した。初めはとてもよいアイデアに思えたファウラーのアルゴリズムが、ファウラーや従業員たちの生計手段を奪うことになったのだ。

アマゾンも、この一件では被害を受けた。純金爆弾がこの大失態を公式に謝罪した次の日も、相変わらず「落ち着いて、たくさんおさわりしろ」とか「落ち着いて、彼女にナイフを突き刺せ」といったTシャツを載せていたからで、この小売り大手に対するボイコットが組織され、ツイッターでもイギリスの前副首相プレスコット卿などが批難の声をあげた。「アマゾンはまず、イギリスの税金を払わずにすませた。今度はDVで金を儲けている」。技術系大手のアマゾンがコンピュータで自動化された手順に頼り切っていることを思えば、世界でもっとも評判の高い小売業者が、監督されていないアルゴリズムの活動につきものの落とし穴に落ちたというだけの話で、こんなことは意外でも何でもない。

＊＊＊

じつはアマゾンは、2011年にもアルゴリズムによる自動値づけ戦略に端を発したもめごとの当事者になっていた。この年の4月8日、バークレーの計算機生物学者マイケル・アイゼンが自分の研究室の博士研究員(ポスドク)に、絶版になっていた進化発達生物学の古典『ハエの形成』を1冊、研究室用に入手してくれと頼んだ。その研究員がアマゾンのサイトに入ってみると、新品が2冊売りに出ていたのでほっとした。ところがよく見てみると、プロフナスという店が売っているほうにはなんと173万0045・91ドルの値がついていた。ボーディーブックという店が売っているほうはそれより高く、200万ドルを超える値がついている。いくらその本が必要だとしても、とうてい容認できる値段ではない。研究員から報告を受けたアイゼンは、価格が下がるかどうか追跡することにした。次の日に価格をチェックすると、事態はさらに悪くなり、どちらもほぼ280万ドル近くになっていた。そしてその翌日には、350万ドルに上がっていた。

アイゼンはすぐに、この異常事態の原因に気がついた。プロフナスは毎日ボーディーブックの売値に0・9983をかけたものを自分のところの売値にしていた。するとその日の午後にボーディーブックがプロフナスの一覧をスキャンして、プロフナスの価格の約1・27倍の売値をつけていたのだ。ボーディーブックの売値は、日々前の価格に比例して上がっていくので指数的な伸びとなり、そのすぐ後にプロフナスの売値が続く。人間の売り手が価格を見ていれば、売値がある常識的なレベルを超えた時点ですぐに気がつくはずだが、残念なことに、この絶えず変動する再値つけは人間ではなく、アマゾンが出品者に提供している再値つけアルゴリズムによって行われていた。どうやら誰1人として、このアルゴリズムに上限価格のオプションをつけようとは考えなかったらしい。あるいはオプションがついているのに、出品者がそれを使わないことにしたのか。

価格をライバル店より少し低くするというプロフナスの戦略はそれなりに理解できる。こうすれば自分のところの本が最安値になり、結果として検索リストのトップに出て、しかも利益をあまり削らなくてすむ。それにしても、ボーディーブックのほうはなぜ、常に市場価格より高く設定するアルゴリズムにしたのだろう。倉庫の場所代を上乗せするつもりなのか？　まるで理解不可能にも思えるが、じつはボーディーブックが本を持っていなかったとしたら、すべてのつじつまが合う。アイゼンの見立てによると、ボーディーブックは自分の店に対するユーザーの評価が高く、信頼されているという事実に乗っかって商売をしていた。誰かがボーディーブックで本を買おうとすると、ボーディーブックはすぐさまプロフナスで現物を調達して、それを買い手に送る。価格を高めに設定してあるので郵送料もきちんとカバーされ、利益も上がるという仕組みだ。

アイゼンが法外な値段に気づいた10日後には、2つの店の『ハエの形成』の価格はさらに上がって、2300万ドルに達していた。残念ながら4月19日には、プロフナスの誰かが20年ものの教科書に自分たちがつけた途方もない価格に気づいたらしく、価格は106・23ドルに戻って、アイゼンの楽しみは台なしになった。そしてその翌日、ボーディーブックの本の価格も134・97ドルに落ち着いた。プロフナスの価格のほぼ1・27倍で、こうしてまた循環が始まる準備が整った。この2冊の本の価格は2011年8月に再びピークを迎えたが、今回はたったの50万ドルで、そのまま3カ月が過ぎた。おそらく誰かが教訓を得て上限価格を設定したのだろうが、あまり現実的な値段ではない。この本を執筆している時点で、件の教科書のリストには40冊ほどの出品があるが、価格はもっと常識的な約7ドルからとなっている。

みなさんはとんでもない価格設定だと思われたかもしれないが、『ハエの形成』はアマゾンに出された最高額商品ではない。2010年1月にブライアン・クラッグは、アマゾンでWindows98版の「Cells〔細胞〕」というCD-ROMに30億ドル近く（+送料3・99ドル）の値がついているのに気がついた。ここまで高額になったのは、やはり、連鎖的に価格が上昇したせいだったのだろうが、もう1つの出店者はわりと慎ましやかな25万ドルでピークに達していた。クラッグがその商品を買うことにしてクレジットカードの詳細を入力すると、その数日後にアマゾンから、「このご注文は受けられません」という謝罪のメールが届いた。がっかりすると同時にほっとしたクラッグは早速メールで注文を取り消したが、アマゾン側は、自社カードを使った購入ということでクラッグに1%のクレジットを付与したという。

アルゴリズム取引の裏をかいて市場を操作し大儲け

アルゴリズムがもたらすこのような価格のらせんは、常に上向きとはかぎらない。株式市場に投資している方や、株式と連動した口座に金を預けている方は、次のような決まり文句を聞いたことがあるはずだ。「みなさんの資金の価値は、上がることもありますが、下がることもあります」。市場では、いわゆる「アルゴリズム取引」が増えている。コンピュータは、人間の何分の1の時間で市場の変化を感知して対応することができる。スクリーンに特定の金融商品の大規模な売り注文が現れれば、その商品の価格は下がっているはずだから、トレーダーたちはさらに価格が下がる前に自分たちの資産をよい値段で売り払おうとする。ところが人間がそれらのメッセージを読み取って資産を売るためにボタンをクリックする頃には、コンピュータ——つまり高頻度アルゴリズム・トレーダー——はすでに自分の資産を売り切っており、価格はさらに下がっている。とにかく人間のトレーダーには太刀打ちができないのだ。今ではウォールストリートでの取引の70%が、このような内部構造がまったくわからない、いわゆる「ブラックボックス装置」によって行われているらしい。だからこそ大都市のトレーダーや銀行は、契約を手伝うブローカーではなく、コンピュータや数式に強い数学や物理学の学士に注目するようになってきたのだ。おそらく、これらの取引を行っているアルゴリズムを理解することが重要だからなのだろう。

2010年5月6日、ロンドンにある自宅の寝室で取引を行っていた小口トレーダー、ネイヴェンダー・サラオは、午前中の活気に乏しい市場が終わったところで、改造を終えたばかりのアルゴリズムを走らせることにした。それは市場を騙して素早く大金を儲けるためのアルゴリズムで、ほかのトレーダーたちに、実際にはそこにない市場の変動があるように錯覚させるものだった。具体的には、Eミニ先物取引という金融商品に素早く売り注文を出しておいて、誰かが買い注文を出す前にその売り注文をキャンセルするのだ。

その時点での最高値より少し高い金額で売り注文を出すので、〔相場より高いものを買おうという人間は少なく〕どんなに速く作動するアルゴリズムでも、この注文をすぐには受けようとしない。したがってそのあいだに自分が出した売り注文をキャンセルできる、という理屈で、実際にプログラムを走らせてみると、魔法のようにうまくいった。膨大な量の売り注文が入ったのに気づいた高頻度アルゴリズム・トレーダーが、値が下がる前に自分のEミニ先物取引を売ろうとする。これは、市場が膨大な量の売り注文を支えきれなくなったときに生じる現象で、こうなればサラオとしては、売り注文が重なって自分が望む価格まで先物価格が急落したところでプログラムを止めて、すっかり安くなった商品を買えばよい。さらに、売りがないことを感知したアルゴリズム・トレーダーはすぐに市場への信頼を取り戻して先物に買い注文を出すから、値は再び上がり始める。こうしてサラオは大儲けをしたのだった。

ちなみにサラオは、このペテンで4000万ドル稼いだといわれている。件のアルゴリズムは大成功を収めた――というか、むしろ成功しすぎたのかもしれない。高頻度トレーディング・アルゴリズムは、先物市場での大量の売りに反応して、たった14秒のあいだにその日の総取引量の半数に当たる2万7000件のEミニ契約を取引した。そのうえさらなる損失を防ごうと、ほかのタイプの先物を売り始めた。この売りの炎が普通株に広がって、さらに多方面に拡大した。14時42分から47分までの5分間でダウ・ジョーンズは700ポイント近く下がり、その日の下落幅は計1000ポイント近くに達した。1日の下げ幅としてはこの指標ができて以来もっとも大きく、市場からは1兆ドルが消えた。この暴落を引き起こしたのが高頻度トレーディング・アルゴリズムだった、とまではいえないが、精査もせずに迅速にトレーディングを行ったことで事態が悪化したのは事実だった。もっとも、いったん市場が底を打ってアルゴリズムの自信が戻ると、すぐさま迅速な立て直しが行われ、ほとんどの株が当初の値近くまで戻ったのだが。

サラオは約5年間法の網を逃れ続け、アメリカの金融規制当局は、この突然の暴落は別の要因がいくつか重なったことによるものだとしていた。しかしサラオは2015年に、2010年の暴落で謀略を働いた咎で逮捕され、アメリカの当局に引き渡された。そして違法な市場操作で有罪判決を受け、懲役30年の刑に処されただけでなく、違法な取引で稼いだ金の弁済を求められた。どうやら犯罪は――たとえそれがアルゴリズムを使った犯罪でも――割に合わないらしい。

SNSのトレンドをフェイク・ニュースが占拠

サラオが自宅の寝室で行った市場操作の例からも、アルゴリズムを有害な意図で使うことがいかに容易かがよくわかる。わたしたちはややもすると、アルゴリズムは偏らない指示の連続で私心なくそれに従って実行されるものだと思い込み、どのアルゴリズムも何か理由があって開発されたという事実を忘れてしまう。規則そのものがあらかじめ定義されていて淡々と遂行できるからといって、そのアルゴリズムの使用目的が偏っていないとは限らない。たとえ、アルゴリズムを作った人自身は公明正大であろうとしていたとしても。

あまたあるソーシャル・メディアのプラットフォームのなかでも透明性の砦として賞賛されることが多いツイッターは、どのトピックがトレンドかを、わりと簡単なアルゴリズムを使って決めている。そのアルゴリズムでは、ツイッターにおけるツイートの規模だけでなく、ハッシュタグの使われ方に生じた鋭い急上昇を探知してトピックを推奨するようになっているが、どうやらこれは理にかなっているらしい。なぜならハッシュタグが使われた回数だけでなく、頻度がどれくらいの勢いで増加するかを把握することによって、時間は短いが重要な出来事、たとえば2015年パリでの連続テロ攻撃に続く、献血（#dondusang——血液の寄付）や宿の提供（#porteouverte——開いたドア）などの要請をすぐに際立たせることができるからだ。規模だけを基準にしてしまうと、イギリスの歌手ハリー・スタイルズ（#harrystyles）やゲーム・オブ・スローンズ（#GoT）ばかりが目立つことになる。

ところが残念なことに、この規則があるがゆえに、本来目立っていいはずのゆっくりと形成される社会的トピックはほぼ埋没して、クローズアップされなくなる。たとえば2011年9月から10月にかけてもっとも人気が高かった「ウォール街を占拠せよ　#occupywallstreet」というハッシュタグは、この運動の発祥の地であるニューヨークでは一度もトレンドにならなかった。同時期にあった短期的な話題、たとえば、スティーブ・ジョブズの死（#ThankYouSteve）や、リアリティ番組のスターであるキム・カーダシアンの結婚（#KimKWedding）は、全体としての量は少なかったのにちゃんと注目を集めてツイッターのトレンドにランクインしたのだが……。たとえそれがあくまで実用本位のアルゴリズムだったとしても、初めからなんらかの偏りが埋め込まれていて、それによって世界規模の舞台でのスポットライトの当たり方が決まる、ということは覚えておいてよいだろう。

これよりもっと心配なのが、一見ほかからは影響を受けていないアルゴリズムの結果のようなのに、じつは人間の手で簡単に変えられる、という場合だ。フェイスブックのトレンドニュース部門は、２０１６年5月に技術ニュースのウェブサイト「ギズモード」の暴露記事で、保守に反対するような偏りがある、と非難された。その記事で紹介されたフェイスブックの前ニュース管理者の証言によると、フェイスブックのトレンド・トピックの一覧に人間が介入して、ミット・ロムニーやランド・ポールといった政治家の右寄りなストーリーをはじいているというのだ。フェイスブックで保守的なストーリーがトレンドになったとしても、それらは一覧には登場せず、時には何の足しにもならない不人気なストーリーがわざわざリストに「注入され」たりするという。

フェイスブックは、この政治的な偏りがあるという非難を受けてトレンド編集チームを解雇し、「製品をさらに自動化」することにした。人間によるコントロールをある程度排除してアルゴリズムの比率を増やすことによって、「アルゴリズムは客観的である」というイメージに乗っかろうとしたのだ。その決定が下された数時間後、トレンドニュース部門は、右派が流したフェイク・ニュースを「お勧め」した。FOXニュースのニュース・キャスターで「隠れリベラル」とされているメーガン・ケリーがヒラリー・クリントンを支援してクビになった、という偽のニュースだ。そしてそこからフェイク・ニュースの圧倒的なつるべ打ちが始まり、それらはその後2年間、フェイスブックのトレンドニュース部門の特徴となったのだった。これと比べれば、反保守に偏向しているという主張などじつにかわいいものだった。この信頼性の問題が原因となって、フェイスブックはけっきょく2018年6月にトレンド部門のプラットフォームを全面的に打ち切ることになった。

＊＊＊

わたしたちが公明正大とされるアルゴリズムを信用するのは、人間は明らかに矛盾した存在である種の偏りがある、と考えているからだ。しかし、たとえコンピュータ自体はあらかじめ決められた規則に従って客観的なやり方でアルゴリズムを実行するとしても、それらの規則は人間が書いたものだ。プログラマたちは、本人が意識するか否かは別にして、自分が持っている偏りをアルゴリズムに直接埋め込んでいて、しかもそれらの偏見はコンピュータコードに変換されることによって曖昧になる。したがって、グローバルな一流技術会社であるフェイスブックがアルゴリズムにその力を譲り渡したのだから、フェイスブックのトレンドニュース部門の中立性に関しては安心できるはずだ、と考えるのは理屈に合わない。

純金爆弾の不愉快なTシャツやアマゾンで連鎖的に上昇した価格と同様、フェイスブックのこうした苦労からも、人間の監視の目を減らすのではなく増やす必要があることがわかる。アルゴリズムがどんどん複雑になると、それにつれて出力もどんどん予測しにくくなり、一段と厳しく精査して取り締まる必要が出てくる。そうはいっても、精査の責任を技術系大手企業に押しつければそれですむわけでもない。最適化アルゴリズムが日常生活のさまざまな側面にどんどん広がっている現状では、実際にこれらのアルゴリズムが提供する近道を使っているユーザー自身が、与えられた出力の真偽を責任を持って確認する必要がある。今読んでいるニュースの発信元を、自分は信用するのか。衛星ナビが示している経路は、ほんとうに意味をなしているのか。自動値つけによって請求されているこの価格は、ほんとうにそれ相応のものなのか。アルゴリズムが提供してくれる情報によって重要な決定が行いやすくなるのは事実だが、偏けっきょくのところ、自分自身の人間としての究極の判断——それは微妙であり、偏っていたり、非合理的だったり、謎だったりする——を、丸ごとアルゴリズムに肩代わりさせることはできない。

次の章では感染症との戦いの最前線におけるツールを見ていくが、そこでもまさに同じことがいえる。近代医学の進展は、感染症の伝播を止める方向へと長い道のりを歩んできた。しかし数学によると、疫病を抑え込むためのもっとも効果的な手段は、個人がとる単純な行動と選択なのだ。

7 感受性保持者、感染者、隔離者

感染拡大を阻止できるか否かはわたしたちの行動次第

人々を感染症から守るのに数学が役立っている

2014年のクリスマス休暇に「地球上でいちばん幸せな場所」に行ったために、たくさんの家族がひどい目に遭うことになった。一生忘れられない魔法のような思い出を持ち帰ろうとカリフォルニアのディズニーランドを訪れていた何十万人もの親子の一部が、遠慮したい記念品——きわめて感染性の高い病気——をお土産として持ち帰ることになったのだ。

生後4カ月のメビウス・ループも、その1人だった。アリエルとクリスのループ夫妻はともにディズニーランドの熱狂的ファンを自認しており、2013年にはディズニーランドで結婚式を挙げていた。看護師の資格を持つアリエルは、早産で生まれて免疫システムがまだ未発達な息子を感染性の病原体にさらすのは危険だということを知っていた。だから、生まれたばかりの息子を家に閉じ込めるようにして育て、メビウスが月齢2カ月で最初のワクチンを打つまでは、息子に会いたいという人にも、インフルエンザと破傷風とジフテリアと百日咳の予防注射を打ってくれたら会わせるけど、といっていた。

2015年の1月中旬、初のワクチン接種も無事終わって、ポケットのなかのディズニーランドの年間パスポートを使いたくて仕方なくなった夫妻は、息子にディズニーランドの「魔法を体験」させることにした。一家はパレードを見たり、とんでもなく大きなキャラクターたちに会ったりして1日を過ごし、家に戻った。息子が初のディズニーランドでの冒険をとても喜んでいたので、2人にすれば大いに満足だった。

その2週間後、むずかる息子を寝かしつけようと一晩中あれこれやっていたアリエルは、息子の胸や頭の後ろに赤いポツポツが出ているのに気がついた。体温を測ると39度もある。熱が下がらないので医者に電話を入れると、すぐに救急処置室に連れてきなさい、といわれた。病院に到着すると、建物の外で完全防護服を着た感染制御チームが待っていた。夫妻もマスクとガウンを渡されて、裏にある陰圧隔離室の入口へと急かされた。建物のなかに入るとすぐに、医療専門家がメビウスを丁寧に診察し、さらに、最終的な検査のために血を採るのでメビウスを押さえておいてくれ、とアリエルにいった。救急処置室のスタッフの誰1人としてこの病気を診たことはなかったが、全員が同じことを考えていた。おそらくこれは麻疹(はしか)だろう。

西洋の国々では、1960年代に始まったワクチンプログラムの効果もあって、医療専門家も含めて、麻疹が引き起こす激しい症状をじかに見たことがある人はごくわずかになっている。しかし、麻疹の年間発症件数が何万にも上り日々報告が上がってくるナイジェリアのような開発途上国を旅すれば、麻疹がどんな病気なのかがよくわかる。麻疹をこじらせると肺炎や脳炎になり、さらには目が見えなくなったり、命を落としたりすることもあるのだ。

2000年には公式に、全米で麻疹が根絶されたという宣言があった［注107］。終息宣言がなされたということは、もはや継続的な流行は存在せず、新たな症例は海外から戻った個人に端を発する突発的な流行にかぎられる、ということだ。2000年から08年までの9年間のアメリカにおける麻疹の発生件数はたったの557件。ところが2014年の1年だけで667件が発生し、さらにその年末にはディズニーランドでループ一家など数十家族に感染した麻疹が全土に急速に広がって、最終的に21の州の170人が感染することになった。ディズニーランドでの麻疹の再燃は、徐々に増えていた大規模な流行の1つだった。アメリカやヨーロッパでは再び麻疹が増えており、脆弱な人々を危険にさらしているのである。

ヒト亜科の種であるヒトがチンパンジーやボノボから成るチンパンジー属と分かれて以来ずっと、疫病はヒトを苦しめてきた。記録の有無にかかわらず、歴史上の出来事のほとんどに、伝染性の病気という脇筋があったのだ。たとえば最近になって、5000年以上前の古代エジプトでかなりの数の人々がマラリアや結核にかかっていたことが判明した。さらに、541年～2年にかけて起きた〔ヨーロッパ全体としては549年まで続いたとされる〕「ユスティニアヌスのペスト」なる大規模な疫病の流行によって、当時2億人強だった世界人口の15～25％が命を落としたとされている。コルテスの侵略以前の1519年には3000万人だったメキシコ原住民の人口が、50年後に300万人に落ち込んだのは、アステカの医師たちが西洋の征服者が持ち込んだ未知の病を撃退する術を持っていなかったからで、このような例は枚挙に暇がない。

医学が長足の進歩を遂げている今日の文明にとっても、病原体はやはり複雑な存在で、近代医学をもってしてもそれらを日常生活から取り去ることはできていない。ほとんどの人がほぼ毎年のように風邪にかかっており、みなさん自身がインフルエンザにかかっていなくても、かかった人をきっと何人かは知っているはずだ。先進国でコレラや結核にかかる人はまれだとしても、アフリカやアジアではこれらの流行病が決して珍しくない。だが面白いことに、共同体のなかで病気が流行ったとしても、特定の個人が病に倒れるかどうかは定かでない。わたしたちが病気に対して過敏に反応するのは、1つにはランダムに発症するからで、その共同体の一部の人には病気が計り知れない恐怖をもたらすのに、ほかの人々はまったく影響を受けずにすむ。

ところがここに、じつはあまり知られていないが見事な成功を収めている科学の分野があって、決して出しゃばることなく、感染性疾患の謎を解明し続けている。数理疫学は、HIVの蔓延を阻止するための予防措置を示し、エボラ危機を食い止めるなど、感染との大規模な戦いで重要な役割を果たしている。数学が、反ワクチン運動が人々をどれほどの危険にさらすかを浮き彫りにすることから、世界規模の伝染病の流行と戦うことまで、生死を分かつ決定的な介入——地球上から病気を消し去ることを可能にする介入——の核となっているのである。

天然痘という疫病と初期の数理疫学

18世紀半ばには世界中で天然痘が流行っており、ヨーロッパだけでも全死者の20%、年間40万人がこの病で死んでいた。たとえ命拾いをしても、半数が失明などの障害を抱えることになった。グロスターシャーの田舎の医師エドワード・ジェンナーは、自分が診ている患者たちが、あることを心底信じているのに気がついた。乳搾りをしている人間は天然痘にならない、というのだ。そこからジェンナーは、たいていの乳搾りが軽い牛痘にかかっていて、そのおかげで天然痘に対するなんらかの免疫が得られているのだろう、と考えた。

そしてこの仮説を検証するために、1796年に疫病予防の先駆的な実験を行った［注108］。今ならとんでもない倫理違反といわれそうなその実験で、ジェンナーは、牛痘にかかった乳搾りの腕の病斑から採った膿を8歳の少年ジェームズ・フィリップスの腕の切り傷に塗りつけた。少年は急激に発熱し病斑も現れたが、10日後には立てるようになり、以前と同じくらい健康になった。ジェンナーは、一度では足りないというように、2カ月後に再びフィリップスに接種を行った。今度はより危険な天然痘の膿だった。しかし、数日経ってもフィリップスには天然痘の症状が出ず、ジェンナーは、病気に対する免疫があると判断した。そしてこの予防手順を、ラテン語で雌牛を意味するvaccasにちなんで、「種痘（vaccination）」と呼ぶことにした。ジェンナーはこの発見がもたらした希望について、1801年に次のように記している。「……天然痘の絶滅、人類にとってもっとも恐ろしい疫病の根絶こそが、この実践の最終結果でなければならない」。ジェンナーのこの夢は、世界保健機関による組織的な種痘普及の努力によって、それから200年ほど経った1977年に現実のものとなった。

ジェンナーの種痘開発の物語は、近代における疫学予防の歴史と天然痘をしっかりと結びつけている。数理疫学もまた、天然痘撲滅の試みから始まった学問分野なのだが、じつはその起源はジェンナーよりずっと古い。

＊＊＊

ジェンナーが種痘という概念を展開するはるか前に、インドや中国の人々はなんとしても天然痘の発生を抑えて自分たちを守ろうと、人痘接種法を行っていた。人痘接種の場合はワクチン接種と違って、その病気で生じる物質に少しだけ触れさせる。天然痘でいうと、すでに発病している犠牲者のかさぶたを粉末にして鼻に吹きかけたり、膿を腕の切り傷につけたりする。そうやって、やはり不快ではあるがはるかに危険が少ない穏やかな形の天然痘にかかることで、生涯続く免疫を獲得し、本物の天然痘にかかったときの深刻な症状を免れようというのだ。この方法はすぐに中東に広がり、1700年代初頭には天然痘が大流行していたヨーロッパにも伝わった。

人痘接種は有効だと思われたが、その一方で非難の声も絶えなかった。なぜならたとえ接種しても、免疫力の衰えによって2度目のより深刻な天然痘の攻撃に耐えられなくなる場合があったからだ。この処置を受けた患者の2％が命を落としたことで、人痘接種の評判はさらに下がったという。イギリス王ジョージ3世の4歳の息子オクタヴィウスの死という人目を引く死亡例もあって、この処置に対する一般の人々の感情は決して芳しくなかった。この病気が自然に蔓延した場合の20〜30%という死亡率と比べれば、2%という死亡率ははるかに低いのだが、非難する側は、人痘接種を受けた患者の多くはそのままなら天然痘にさらされなかったはずが、このような処置を大々的に施したために余計なリスクを負うことになった、と主張した。しかもそのうえ、人痘接種を受けて天然痘にかかった人からの感染力が、自然に天然痘になった犠牲者のそれとほぼ同じであることがわかった。当時は比較臨床試験も存在しておらず、人痘接種の効果を数値にしてこの手法の悪い噂を拭い去ることはそう簡単ではなかった。

これはまさに、スイスの数学者ダニエル・ベルヌーイの興味を惹くタイプの公衆衛生の問題だった。ベルヌーイは科学の偉大なる陰の英雄で、数学では数々の業績を上げており、たとえば流体力学の研究では、翼がどうやって飛行機を飛ばすだけの揚力を生み出しているのかを説明する方程式を導いている。だがベルヌーイは、高等数学を身につける前に医学の学位を取っていた。そして、後の流体に関する研究と医学の知識を組み合わせて、世界初の血圧測定法を編み出した。液体が流れるパイプの壁に小さな穴を開けて空のチューブをつなぎ、チューブに入ってきた液体がどこまで上がるかを測ればパイプ内の液体の圧力がわかる、というのだ。患者の動脈に直接ガラスのチューブを挿入することになるので、この発見に基づく処置法は決して愉快ではなかったが、その170年後に人体を切開しなくてすむ方法に取って代わられるまでは、これが血圧測定の一般的な手法だった〔注109〕。深く広範な学問知識を持つベルヌーイはさらに、伝統的な医療実践者たちは推測するしかなかった人痘接種の全体としての有効性を、数学的なアプローチで数値化することに成功した。

ベルヌーイはまず、天然痘にかかったことがない、つまりこれからかかる可能性がある人の割合を年齢ごとに記述する方程式を提案した〔注110〕。さらにその方程式を、（彗星の発見で有名な）エドマンド・ハレーが比較検討した生命表を使って標準化した。ちなみに生命表とは、ある年齢まで生きる人の割合を示す表である。ここから、天然痘にかかって治った人と命を落とした人の割合を計算することができる。さらにこの2つ目の方程式を使うと、全員に機械的に人痘接種を実施した場合に救われる命の数がわかる。その結果ベルヌーイは、全員に人痘接種を行えば生まれた赤ん坊の50%近くが25歳まで生きられる、という結論を得た。今の基準でいうと、これは気の滅入る値だが、それでも天然痘の流行を放置した場合の43%よりはずっとましだった。さらに注目すべきは、この単純な医療介入を行っただけで平均余命が3年強上がる、ということが示されたという点で、ベルヌーイにすれば、国による医療介入は明らかに推進すべきものだった。ベルヌーイの論文は、「人類の幸福安寧とこれほど密接に関わる問題では、いかなる決定であろうと、少しばかりの分析と計算によって得られる知識全体を踏まえた上でなされることをただ願うものである」という言葉で締めくくられている。

数理疫学の目標は、今もベルヌーイのもともとの目標からそう遠くは離れていない。まず基本的な数理モデルを用いて病気の進展を予測し、さまざまな介入が病気の広がりに及ぼすであろう影響を理解する。さらにより複雑なモデルを用いて、かぎられた資源をもっとも効率的に分配する方法を突き止め、公衆衛生に立脚した介入がもたらす意外な結果をあぶり出すことを目指すのだ。

感染症の流行を記述する数学——S-I-Rモデル

イギリスの植民地だった19世紀末のインドでは、衛生状態が悪く人口も過密だったので、コレラやハンセン病やマラリアなどの致命的な疫病が猛威を振るい、何百万人もの死者が出ていた[注111]。そしてさらに、ヨーロッパの人々が何百年も前からその名前を聞くだけで震え上がっていた第四の疫病がインドに持ち込まれて大流行したことから、疫学史上もっとも重要な発展がもたらされることになった。

この疫病が1896年にどうやってボンベイ（現ムンバイ）にもたらされたのかは、未だによくわかっていないが、この病がインドに荒廃をもたらしたことは確かだった[注112]。この病を運んできたのは、好ましからざる密航者を乗せてイギリス領香港からやってきた交易船だったとされている。その船は、香港を出た2週間後にボンベイのポートトラストに入った。30度の暑さのなかで荷揚げ人足たちが大汗をかきながら積み荷を降ろしているのを尻目に、それらの密航者はこっそり船を下りて町のスラムへと急いだ。連中はありがたくない荷物を背負っており、その荷物がまずボンベイを、さらにはインドのほかの地方を混乱に陥れることとなった。好ましからざる密航者とは、ペスト菌を保有するノミがたかったネズミである。

ボンベイではまず、港を含むマンドビ地区で疫病が発生した。ペストは猛烈な勢いで町中に広がり、1896年の終わりには1カ月に8000人が命を落としたという。1897年の初頭にはプーナ（現プネー）付近まで広がり、そのままインド全土に拡大したが、同年5月には厳重な封じ込め策によってさすがの流行もどうやら収まったようだった。しかしその後も周期的にぶり返し、30年にわたってインドを悩ませ、1200万以上の市民が命を落としたのだった。

＊＊＊

スコットランドの若き軍医アンダーソン・マッケンドリックが1901年にインドに着任したときも、ちょうどペストが流行していた。マッケンドリックは最終的に20年近くをインドで過ごし、（第1章では、バクテリアがロジスティック成長モデルに従う形で環境収容力を増すという事実を初めて示した人物としてマッケンドリックを紹介したが、みなさんは覚えておいでだろうか）さまざまな調査や公衆衛生介入を行って、豚インフルエンザのような動物にも人間にも蔓延し得る病気、人獣共通感染症に関する理解を深めることになった。研究にも実践にも卓越したマッケンドリックは、最終的にカソーリにあるパスツール研究所の所長になるが、皮肉なことにそこでブルセラ症（殺菌していない牛乳などが引き起こす衰弱性の人獣共通感染症）にかかり、病気療養のために幾度か故郷のスコットランドに送り返されることになった。

マッケンドリックはスコットランドでの病気休暇のあいだに、インド医療奉仕団の同僚医師でノーベル賞受賞者でもあるロナルド・ロス卿に触発されて、数学を勉強しはじめた。こうしてインドにおける最後の年月を数学の研究と調査に充てることになったわけだが、1920年に熱帯性の腸の病気にかかり、けっきょくは傷病兵として故国に戻ることになった。

最終的にスコットランドに戻ったマッケンドリックは、エジンバラにあるロイヤル・カレッジ・オブ・フィジシャンズの研究室で指揮を執ることになり、若く才能ある生化学者ウィリアム・カーマックと知り合う。カーマックは、マッケンドリックと出会ってまもなく、激しい爆発に巻き込まれて耳が聞こえなくなるが、逆境に負けることなく、マッケンドリックとの協力関係を見事に開花させた。共同で、マッケンドリックがインド滞在中に集めていたボンベイでのペスト大流行のデータに基づく、単一の研究としては数理疫学史上もっとも影響力が大きな研究を組織したのだ［注113］。

2人が考案したのは、世界最古のもっとも傑出した疫病伝播の数理モデルだった。そのモデルでは、まず病の状況に応じて全人口を3つの基本カテゴリーに分ける。まだ病気になっていない人々は、何やら不吉な予感の漂う「感受性保持者（susceptible）」と呼ばれる。誰もが生まれたときには感受性保持者で、病気にかかる可能性がある。病気にかかってそれを感受性保持者にうつせる人は「感染者（infective）」と呼ばれる。そして3番目のグループは遠回しに「隔離者（removed）〔免疫保持者（recovered）とも〕」と呼ばれる。通常、隔離者とは、免疫を獲得して病気から回復したか、病に倒れて死んだ人のことで、隔離者はもはや病気の蔓延に寄与しない。この疫病蔓延の古典的数理表現は、S–I–Rモデルと呼ばれている。

カーマックとマッケンドリックは、S–I–Rモデルが有効であるとする論文を発表した。このモデルを使って、1905年のボンベイで大流行したペストの発生件数が上下するさまを再現してみせたのだ。S–I–Rモデルが考案されてから90年、このモデル（とその変形版）は、あらゆる種類の病気を見事に記述してきた。中南米におけるデング熱の流行からオランダでの豚コレラ、ベルギーにおけるノロウイルスまで、このモデルは病気を予防する上できわめて重要な教訓をもたらすことができる。

S－I－Rモデルを流行の将来予測にも利用する

近年、ゼロ時間契約〔週あたりの労働時間が明記されずに結ばれる労働契約。雇用者が必要なときだけ労働者を呼び出すことができるため、勤務が「ゼロ時間」になる可能性がある〕が登場して臨時雇用が増えたことから――これはインターネットを通じて単発の仕事を受注して働くギグ・エコノミーの急成長を示す刻印ともいえるのだが――病気なのに働く人が多くなった。身体の不調を訴えて欠勤するアブセンティーイズム〔常習（的）欠勤とも呼ばれる〕が広く研究対象とされてきたのに対して、体調不良でも出社するプレゼンティーズム〔疾病就業とも呼ばれる〕による損失は、最近になってようやく理解され始めたばかりだ。それでも、職場の出欠データと数理モデルを組み合わせた研究から、いくつかの驚くべき結論が得られている。たとえば、従業員の欠勤を減らすために有給の病気休暇を減らすと、体調がひどく悪くても職場に来る人の数がはっきりと増え、その結果、逆に病人をさらに増やすことになって全体の効率が下がる。

医療従事者や教員には広くプレゼンティーズムの問題があって、皮肉なことに看護師や医師や教師たちは、自分には代わりがいないと思って体調不良を押して仕事に出ることによって、逆に自分が守るべき大勢の人々を危険にさらす場合が多い。とはいえプレゼンティーズムの問題がもっとも深刻なのは接客業で、実際ある研究によると、汚染された食べ物が原因とされ激しい嘔吐を引き起こすノロウイルスが、２００９年から12年の4年間にアメリカ国内だけでも1000件以上発生し［注114］、その結果2万1000人が病気になっているのだが、その7割に体調不良の飲食店従業員が関係していたという。

この研究結果が発表された5年後には、チポトレ・メキシカン・グリルが、プレゼンティーズムがもたらす不利益をもろに被った企業として注目を集めることになった。全米にあまたあるチポトレの店舗の従業員によると、2013年から15年までアメリカ最強のメキシコ料理店とされていたこのチェーンでは、有給の病気休暇制度があるにもかかわらず、病気でも出勤しろ、と支配人にいわれていたという。出勤しなければ仕事がなくなるぞ、というのだ。

2017年7月14日、ポール・コーネルはバージニア州スターリングにあるチポトレの支店にブリトーを食べに行った。そのとき店のシフトに入っていたある調理係は、ひどい腹痛と吐き気に悩まされていた。そしてその24時間後、コーネルは病院で点滴を受けていた。ノロウイルスに感染してひどい腹痛や吐き気や下痢に悩まされ、嘔吐し続けていたのだ。このほかにもスタッフと客の計135人が、このレストランでウイルスに感染していた。チポトレの株価はその後5日間急落を続け、10億ドル以上の市場価値が消えて、株主はチポトレに対して集団訴訟を起こすことにした。そして2017年の末には、全米のお気に入りレストランチェーン一覧でのチポトレの位置は、真ん中より下になっていたのだった。

S－I－Rモデルを見ると、具合が悪いときに出勤しないことがいかに重要かがわかる。完全に治るまで家にいさえすれば、自分を「感染者」から直接「隔離者」にすることができるのだ。このモデルからは、これらのじつに簡単な行動によって、感受性保持者に病気がうつる機会が減り、流行の規模を抑えられる、ということがわかる。それに、「痛みをこらえて働く」のをやめれば、自身の回復のスピードも早くなる。S－I－Rモデルによると、感染した人が全員このような行動を取れば、閉鎖されるレストランや学校や病院は少なくなり、すべての人が恩恵を被る。

＊＊＊

だがS－I－Rモデルが誇るべきは、おそらく事態を記述する力ではなく、事態を予知する力だろう。カーマックとマッケンドリックはこのモデルのおかげで、絶えず過去の流行を振り返るだけでなく、未来を見すえることができた。病気の流行がどのような形で爆発的に変化していくかを予測し、場合によっては病気の不思議な進行パターンを理解することができたのだ。2人はこのモデルを使って実際に、当時疫学界でもっとも熱く議論されていたいくつかの問題に取り組んでみた。その1つに、「何が病気を終焉させるのか」という問いがあった。全員が病気にかかったから、というだけのことなのか。感受性保持者がいなくなってしまえば、おそらく病気は行きどころを失うだろう。あるいは、原因となっている病原体が時とともに力を失って、ある時点から先では健康な人に侵入できなくなるのか。

2人はあるきわめて有力な論文で、そのどちらでもない場合があることを示した。数理モデルを使って感染症の流行をシミュレーションし、流行の最終段階における状況を調べたところ、必ず何人かの感受性保持者が残ったのだ。映画やメディアのホラー話がわたしたちに植えつけた直観とは正反対の結果である。直観からすると、もはや病気をうつす相手がいなくなったから流行が終わるはずなのに、現実には、感染した人が治ったり死んだりして、まだ残っている感染者と感受性保持者のあいだの接触の機会がひじょうに少なくなると、感染者は病気をうつす機会を待てずに（治って免疫を持つか、死ぬかして）隔離される。S－I－Rモデルの予測によると、病気の流行は、最終的に感受性保持者がいなくなるからではなく、感染者がいなくなるから終わるのだ［注115］。

1920年代の時点で疫学の数理モデルを研究している人はごくわずかだったが、カーマックとマッケンドリックのS－I－Rモデルはその小さなコミュニティーに並外れた貢献をすることとなった。このモデルのおかげで、伝染病の研究はそれまでの純粋に記述的な研究から一段上のレベルに押し上げられ、はるかな未来を覗き見ることができるようになったのだ。そうはいってもこのモデルの基礎は浅く、そのため得られる洞察にはかぎりがあった。前提がたくさんついたモデルだったので、有益な予測をできる範囲がかなり狭かったのだ。具体的には、たとえば人間から人間への病気の媒介が一定の速度で行われるとか、感染者が即座に感染力を持つとか、人口が変わらない、といったことが前提とされていて、これではある種の病気は記述できても、ほとんどの病気では前提が合わず使えない。

皮肉なことに、じつはカーマックとマッケンドリックが自分たちの数理モデルを確認するときに使ったボンベイでのペスト流行のデータも、これらの前提のほとんどから外れていた。そもそもボンベイのペストはネズミが広めたもので、主に人から人へとうつったとはいえない。ネズミにノミがついていて、そのノミがペストの細菌を運んだのだ。それに、2人の数理モデルでは、感染力を持っている人から感受性保持者に病気が広がる速度は常に変わらないことになっているが、実際には（第1章で見た、はるかに些細なアイス・バケツ・チャレンジのウイルス的伝播のように）ボンベイでのペストの流行は季節に大きく左右されていた。1月から3月まではノミやバクテリアが非常に多く、その結果、病気が広がる速度が増すのだ。

それでもその後に続いた数学者たちは、この画期的なS－I－Rモデルを受け入れて、前提条件を緩める方法を探り、数理モデルを使って考察できる病気の範囲を徐々に広げていった。

＊＊＊

オリジナルのS－I－Rモデルはまず、たとえば犠牲者に免疫が残らない病気を記述できるように手直しされた。淋病などのある種の性交渉で感染する病気にはよくあることだが、このタイプの病気の流行では「隔離者」がいっさい生じない。淋病から回復した人は、また感染することができる。さらに、淋病による症状では誰も死なないから、この病気による「隔離者」はゼロになる。通常S－I－Sと呼ばれるこれらのモデルは、個々の人が感受性保持者（susceptible）から感染者（infective）になってまた感受性保持者に戻るというパターンを再現する。感受性保持者の数は決してゼロにならず、病気が治るたびに更新されるので、S－I－Sモデルによると、たとえ人の生き死にがない外部から孤立した集団でも、病気は自足して、「風土病」になる。イギリスでは淋病が風土病化しており、性行為で感染する病気のなかでは2番目に多い病気となっている。実際2017年には、4万4000件を超える淋病が報告されているのだ。

淋病のような性感染症を正確に記述しようとすると、じつは基本モデルにさらに手を加える必要がある。進行パターンが、みんなが誰にでもうつせる普通の風邪ほど単純ではないのだ。性感染症の場合、感染者は通常、自分が好む性的嗜好の人間に病気をうつす。性的体験の大半は異性間性交渉なので、わかりやすい数理モデルとしては、人口を男性と女性に分けて、誰のあいだでもうつるのではなくこの2つのグループのあいだだけで感染が起こる、というモデルが考えられる。異性間性交渉の特質を取り込んだ人口全体が2つの部分で構成されたモデルによれば、ジェンダーや性的嗜好とは無関係に全員が全員にうつせるとしたモデルよりも、病気の伝播は遅くなる。そうはいってもこのような性感染症のモデルにいろいろな落とし穴があるのも事実だ。

前提が誤っていると疫学モデルも誤る

わたしは今も、5歳の誕生日をはっきりと覚えている。その日に、40歳だった母が子宮頸がんと診断されたのだ。母は、何周期もの消耗する辛い化学療法や放射線療法に耐えた。そして幸いなことに、苦難の末に症状はほぼ消滅したと告げられた。わたし自身はずっとあとになって知ったのだが、驚いたことに、子宮頸がんは主にウイルスが原因で起きるがん――そのようながんはあまり多くない――で、通常は性交渉でウイルスに感染する。ひょっとすると父がウイルスを持っていて、そのために母のがんが完全に治癒しなかったのかもしれない。母のがんが再発すると、父は献身的に母の面倒を見た。45歳になる数週間前に母がこの世を去ったとき、家族がばらばらにならずにすんだのは、とにかく父が頑張ったからだった。知らぬこととはいえ、あの父がキャリアだったかもしれないなんて……。

子宮頸がんを引き起こすヒトパピローマウイルス（HPV）の感染のほとんどが、性交渉によるものであることが判明している。子宮頸がんのじつに60％以上が2種類のHPVによって引き起こされていて［注116］、HPV感染症は世界でもっとも頻繁に発生している性感染症といえる［注117］。男性は症状がないままウイルスを保持し続け、そのウイルスを性的なパートナーにうつす。そのため子宮頸がんは女性のがんとしては4番目に多く、全世界で1年間に50万人が新たに発病し、25万人が命を落としている。

2006年にアメリカ食品医薬品局が、HPVに効く初の革命的なワクチンを承認した。HPV感染症の発生率がかなり高いことを考えると、ワクチンの許可に大きな期待がかかったのは当然だろう。ワクチンが開発された当時にイギリスで行われた研究の結果によると、今後、子宮頸がんを患う可能性がある思春期の12歳から13歳の少女に免疫をつけるというのが、もっとも費用対効果に優れた作戦のようだった［注118］。ほかの国でも異性間で伝播する病気の数理モデルを用いた研究が行われ、ワクチンは女性だけに打つのが最善の行動指針であることが裏づけられた［注119］。

ところがこれらの予備的研究は最終的に、いかなる数理モデルであろうとそのモデルを支える前提やそこでパラメータ化されたデータ以上に優秀にはなり得ない、という事実を立証することになった。これらの分析のほとんどが、HPVのある重要な特徴――ワクチンの対象となるHPVのウイルス株が、性別を問わず子宮頸部以外のさまざまな病気を引き起こす［注120］という事実――をモデリングの前提に入れていなかったのだ。

イボができたことのある人は、5種類あるHPVのうちの少なくとも1種類を保有していると考えられる。イギリス人の80%が、一生のうちのどこかでHPVのいずれかのウイルス株に感染する。HPVの16型と18型は子宮頸がんを引き起こすだけでなく、陰茎がんの原因の50%、肛門がんの原因の80%、口腔がんの原因の20%、咽頭がんの原因の30%を占めている［注121］。咽頭がんを克服したマイケル・ダグラスが、酒を飲みたばこを吸い続けてきたことを後悔しているか、とガーディアン紙の記者に問われて、「いいや、後悔はしていない。なぜならわたしのがんは、オーラルセックスでうつったHPVによるものだから」とあっけらかんと答えたというのは有名な話だ。アメリカでもイギリスでも、HPVは子宮頸がん以外のがんの原因となることが多い［注122］。もう1つ重要なこととして、HPVの6型と11型は十中八九、肛門や性器のイボの原因になっている、という事実がある［注123］。アメリカでは、HPV感染に起因する子宮頸がん以外の病気の総治療費の60%がこれらのイボの治療に使われている［注124］。HPVを語る上で、もちろん子宮頸がんは重要だが、それがすべてではないのだ。

世界初のHPVのワクチンが公表された2008年には、ドイツのウイルス学者ハラルド・ツア・ハウゼンが「子宮頸がんを引き起こすヒトパピローマウイルス（HPV）の発見」に対してノーベル医学賞を受賞した。ところがどういうわけかノーベル賞委員会もそのほかのほとんどの人々も、このウイルスとほかのがんや病気との関係を無視した。子宮頸以外のがんについて調べたイギリスの研究があるにはあったのだが、確かなことまではいえなかった。なぜなら当時はそれらの病による負担がどんなもので、それらの負担にワクチンがどう影響するのかがきちんと理解されていなかったからだ。ほとんどの数理モデルが、女性へのワクチン投与の比率を高めれば、ワクチンを投与されていない男性のHPV関連の病気も減ることを示唆していた。一般の人々はおそらくHPVが子宮頸がん――感染症のように広まるありふれたがん――を引き起こすということしか知らなかったからなのだろう、少女だけにワクチンを打つという決定を文句もいわずに受け入れた。男の子はHPVが原因で新聞ネタになるようながんになるわけではないのだから、ワクチンは打たなくてよい。

だがここで少し考えてみていただきたい。もしもエイズを引き起こすヒト免疫不全ウイルス（HIV）のワクチンが開発されたとして、女性だけはワクチンが無料で投与されます、そうすれば女性の免疫を通じて男性も守られることになりますからといったなら、一般の人は激しく抗議するはずだ。一部の人だけにワクチンを打つことで生じる問題やワクチンの効き目の問題はさておき、批判する側はまず、それではゲイの男性が保護されないということを指摘するはずだ。致命的なウイルスに対して、彼らをまったく無防備のまま放っておいていいのか。HPVの場合も、これとまったく同じことがいえる。初期の研究では、数理モデルに同性愛関係を取り込まなかったために、同性カップルの影響は無視されていた。じつは同性愛関係を取り込んだモデルでは、異性間の関係だけを考えたモデルと比べて病気の伝播速度が速くなる［注125］。男性とセックスする男性におけるHPVの罹患率は、人口全体よりはっきりと高いのだ［注126］。アメリカでは、このグループの肛門がんの発生率が人口全体の発生率の15倍に上っている。具体的には10万人につき35人が肛門がんになっていて、これは、現在のアメリカにおける子宮頸がんの罹患率よりはるかに高く、子宮頸部のスクリーニングが始まる前の女性の子宮頸がんの罹患率に匹敵する［注127］。同性愛関係を考慮し、子宮頸がん以外のがんの予防にもなるという新たな知見を取り入れ、さらにワクチンによる免疫で保護される期間に関する新たな情報も考えに入れて数理モデルを調整すると、費用対効果の面から見ても、少女だけでなく少年にもワクチンを打つことが適切だという結論が得られる。

２０１８年４月、イギリスの国民医療サービスは、ついに15歳から45歳までの同性愛の男性にＨＰＶワクチンを提供することを決めた。そして同年７月には、費用対効果に関する新たな研究に基づいた勧告を受けて、全英のすべての少年に、少女と同じ年齢でＨＰＶワクチンを打つことが推奨されるようになった〔注128〕。こうしてわたしの娘と息子はありがたいことに、祖母の命を奪ったウイルスをもらったり広めたりする危険から等しく守られることになったのだった。この例からも、もっとも洗練された数理モデルから引き出される結論の強度が、ひとえにそのモデルのもっとも弱い前提の強度にかかっていることがよくわかる〔日本では、ＨＰＶワクチン接種後に副作用の疑いがある症例が多く報告されたため、２０１３年６月に厚生労働省は自治体に「接種の積極的な勧奨」を一時中断するよう通知したが、約９年後の２０２２年４月より定期接種の積極的接種勧奨を再開した〕。

症状がないまま病原体を他人にうつす人々

ＨＰＶ感染がやっかいなのはもう１つ、ＨＰＶに感染しても症状が出ずに、そのままウイルスを保有する場合があるからだ。ウイルスを保有しているので他人には感染させるが、自分自身には症状が出ない。これを受けて、さらに現実に即した形で病気を表すために広く行われているのが、基本的なＳ－Ｉ－Ｒモデルに、感染しても発症せずに他人に病気をうつせる人のグループを含めるという改変だ。Ｓ－Ｉ－Ｒモデルにいわゆる「キャリア（carrier）」をつけ加えたこのモデルはＳ－Ｃ－Ｉ－Ｒモデルと呼ばれていて、さまざまな病気（そこには今日のもっとも致命的な病気も含まれる）の伝播を表す上で必須のモデルとなっている。

ヒト免疫不全ウイルス（ＨＩＶ）の場合は、感染した数週間後に短期間風邪のような症状が出る人もいるが、その症状はまちまちで、重かったり軽かったり、なかにはまったく不調に気づかないキャリアもいる。目に見える症状はなくても、ウイルスは患者の免疫システムをゆっくりと損ない、健康な人の免疫システムなら撃退できる結核やがんなどの「日和見(ひよりみ)感染」を起こしやすくする。ＨＩＶ感染のステージが進んで後期に入った患者は、後天性免疫不全症候群（ＡＩＤＳ）を発症したことになる。ＨＩＶ／ＡＩＤＳがなぜ世界中に広がり、今現在も広がり続けている——つまり流行している——のかというと、１つには潜伏期間が長いからだ。自分がウイルスを持っていることに気づいていないキャリアは、ＨＩＶ陽性であることを自覚している人よりもはるかに速く病気を広げる。ＨＩＶはここ30年以上、毎年世界中の感染症による死亡原因の上位に入っているのだ。

ヒト免疫不全ウイルスは、20世紀初頭に中央アフリカでヒト以外の霊長目の動物に出現したと考えられている。おそらくヒトがＨＩＶに感染した霊長目の動物を捕まえて野生肉として処理して食べたときに、変異を起こしたサル免疫不全ウイルス（SIV）が種のバリアを超えて人間に入り、体液に混ざってヒトからヒトへと広がることができるようになったのだろう。HIVの最初のウイルス株のような種を超えた人獣共通感染症は、公衆衛生にとって最大の脅威となり得る。

イギリスの副主席医務官ジョナサン・ヴァンタム教授は2018年に、人獣共通感染症の1つである鳥インフルエンザの新しい株H7N9ウイルスが、次の世界規模のインフルエンザ大流行の原因になる可能性がもっとも高いと指摘した。このウイルスは、今のところ中国の鳥に非常に多く見られ、うつった人の数は1500人を超えている。この病気をよりよく理解するために、20世紀最大の大流行を引き起こしたスペイン風邪を考えてみよう。世界全体でいうと、約5億人がこのインフルエンザ〔スペイン風邪は、2009年の豚インフルエンザと同じH1N1亜型のウイルスによるものだった〕に感染したが、死亡率はたったの10％だった。これに対してH7N9の場合は、感染者の約40％が死亡している。幸いなことに、現時点でH7N9は人間同士の感染という決定的な力を持っていない。もしもH7N9がこの能力を獲得すれば、スペイン風邪並みの速度で広がるはずだ。動物実験によると、変異があと3つあれば人間同士のあいだでも感染するようになるが、その前から問題とされていたH5N1という鳥インフルエンザの株同様、この株も変異はしないと考えられている。次なる世界規模の大流行が、新たに出現する病気によるものではなく、何度も目にしてきた病気によるものである可能性はきわめて高い〔原著は、新型コロナウイルス感染症の流行前の2019年9月に刊行されている〕。

対策が有効か否かを疫学モデルで判別できる

2013年も末に近いある昼下がり、ギニアのメリアンドゥ村に住む2歳のエミール・オウアモウノは、幾人かの子どもと一緒に遊んでいた。子どもたちがよく行くお気に入りの場所の1つに、村外れにあるコラノキにできた大きな空洞があった。子どもが隠れるのにもってこいの暗くて深いくぼみは、虫を食べるオヒキコウモリにとっても格好のねぐらだった。どうやらエミールはコウモリがたくさんいる洞で遊ぶうちに、まだ新しいコウモリの糞に触れるか、コウモリ自体に触れたらしい。

エミールの母は12月2日に、いつもならよちよちと元気いっぱい歩きまわっているはずの息子が疲れたふうでぼんやりしているのに気がついた。額が熱っぽかったのでベッドに寝かせると、エミールはすぐに吐き始め、腹を下した。便は真っ黒だった。4日後、エミールは息を引き取った。

一生懸命に息子を看病していた母も同じ病に倒れ、1週間後にやはり息を引き取った。続いて姉のフィロメーヌが倒れ、新年の元日には祖母も倒れた。一家を看病していた村の助産師は、そうとは知らず近隣の村にこの病気を持ち込んだ。それから、治療を受けようと最寄りのゲケドゥの町の病院に行って、そこにも病気を持ち込んだ。その病院からの伝播の経路はいくつかあって、その1つに、助産師の治療に当たった医療従事者がいた。その女性は50㎞ほど東にあるマセンタの病院で診察を受け、担当の医師にこのウイルスをうつした。さらにその医師が、80㎞北西のキシドゥグの町にいる兄弟にうつし、こうして感染は広がっていった。

3月18日には、この病気の発症例があまりに多く広範であることから、深刻な問題となり、防疫官がまだ特定されていない「稲光のように襲ってくる」出血性の熱が大流行していることを公式に発表した。その2週間後にこの病気を同定した国境なき医師団によると、病気は「未だかつてない」スケールで広がっていた。そしてこれ以降、ほかにはこれといって特徴のない子どもだったエミール・オウアモウノは、世界中が決して忘れることのない人物となった。悲しいかな、史上最大かつもっとも抑えにくいエボラ出血熱大流行の発端となった初の動物由来感染の犠牲者、「患者ゼロ号」として有名になったのだ。

この病気の進展について今までにわかっている事柄は、科学者や医療専門家が、時には病気の進路に我が身をなげうってまで、流行に関する膨大で詳細なデータを分析して得てきたものだ。「接触者追跡」という手法のおかげで、疫学の専門家は何世代にもわたる感染者を逆にたどり、最初の発症例である患者ゼロ号、つまりエミールにたどり着くことができた。感染者に、この病気に感染しても必ずしも症状が出ていない時期、つまり潜伏期以降に接触した人をすべて挙げてもらうことができれば、感染者が接触した対象のネットワークを作ることができる。ネットワークの個々人に対してこの作業を繰り返し行うことで、病害の広がりの唯一の源を特定できる場合も多い。接触追跡によって病気の複雑なパターンがわかれば、未来の大流行を予防する方法を考えられるだけでなく、リアルタイムで病気の蔓延をコントロールする手立てを尽くすこともできる。そうすれば、早い段階で病気の蔓延を阻止するための戦術が見えてくる。潜伏期間中に感染者と直接接触した人は全員、感染の有無がはっきりするまで隔離される。そしてもし感染していれば、病気をうつす心配がなくなるまで隔離し続けることができるのだ。

＊＊＊

しかし実際には、接触者のネットワークは完全ではないことが多く、当局の把握していないキャリアが大勢いる。実際に、症状が出るまでの時間の窓、つまり潜伏期間があるせいで、感染しても病気だという自覚すらない人が多い。エボラの潜伏期間は21日に及ぶ場合もあるが、平均すると約12日である。２０１４年10月、西アフリカでの大流行が世界規模になる可能性がはっきりすると、イギリス政府は市民をこの病気から守るためという理由で、５つの主要空港とユーロスターの終着駅であるロンドン駅において、ハイリスクな国から入国する乗客に対して強化されたエボラのスクリーニングを行う、と発表した。

２００４年のＳＡＲＳ（重症急性呼吸器症候群）大流行のときにはカナダで同じようなプログラムが実施され、50万人近くの旅行者に対してスクリーニングが行われたが、ＳＡＲＳであることを示す発熱者は１人もいなかった。カナダ政府はこのプログラムに１５００万ドルをつぎ込んだが、あとから思えばこのＳＡＲＳのスクリーニング・プログラムは無駄だった。カナダの一般大衆に自分たちは安全だと思わせることはできても、介入戦略としての効果はなかったのだ。

ロンドン・スクール・オブ・ハイジーン・アンド・トロピカル・メディスン〔ＬＳＨＴＭ〕の数学者のチームは実際に、潜伏期間がある病気は過剰な緊張反応を生みやすいという事実を考慮して、費用を念頭に置きながら、潜伏期間を組み込んだ単純な数理モデルを作成してみた［注129］。そのモデルにエボラの平均12日という潜伏期間と、シエラレオネ〔エボラ最大の被害国の１つ〕の首都フリータウンからロンドンまでの６時間半という飛行時間を組み込んで計算すると、強化スクリーニングという金のかかる新しい方法では、飛行機に乗っているエボラキャリアの約７％しか検出できないことがわかった。このチームによると、エボラのスクリーニングにかかる金を、西アフリカで高まりつつある人道の危機に使うほうがはるかにましだった。そうすれば、問題の根源であるエボラの流行を抑えることができて、病気がイギリスに運ばれるリスクを減らすことができる。単純で、決定的で、きちんと証拠もある。これは、数学的な介入の最高の例といえよう。スクリーニングの方法を効率的にするためにあれこれ頭を悩まさなくても、簡単な数学を使って状況を記述しさえすれば強力な洞察を得ることができて、その洞察が政策の助けとなるのだ。

基本再生産数と指数的爆発

エボラの患者ゼロ号がエミール・オウアモウノであることを突き止めるのに用いられた「感染経路」だけが、エボラの唯一の感染経路だったわけではない。エボラは、ちょうどメリアンドウの中心地から多数の経路を通って拡散した。事実、初めの頃は、ちょうど第1章で紹介した口コミの広告戦略やミームのように、ばらばらな複数のルートを通じて指数的に増えていった。1人が3人にうつし、その3人がほかの人にうつし、さらにそれらの人々が……そうやって大流行が始まった。ちなみにその流行が悪名高く大規模なものとなるか、それともうやむやのうちに収まるかは、その流行に固有の「基本再生産数」と呼ばれる値によって決まる。

ここで、全員がある病気の感受性保持者であるような集団を考えてみよう。ちょうど、征服者たちがやってくる以前の、1500年代のメソアメリカ人のような集団である。新たに持ち込まれた病気のキャリア1人から、その病気に一度もさらされたことがない人間のうち平均で何人がその病気をうつされるか。それを表す値は「基本再生産数」と呼ばれていて、R_0（読み方は「アール・ゼロ」もしくは「アール・ノート」）と書かれる場合が多い。このR_0が1未満なら、その感染はすぐに収まる。なぜなら感染者が病気をうつす相手は平均で1人未満なので、こうなると、発生した病気は勢いを保てなくなるからだ。これに対してR_0が1より大きいと、発症数は指数的に増えていく。

基本再生産数が2のSARSのような病気を考えてみよう。最初にこの病気になった人が患者ゼロ号で、その人が別の2人に病気をうつすと、その2人が今度はそれぞれ2人にうつして、うつされた人々がさらにそれぞれ2人にうつす。図23にあるのは第1章で見てきたのと同じ指数的な伸びで、これが感染初期の特徴になる。この調子で病気が広がると、10段目では1000人以上に感染することになり、さらに10段進めば犠牲者は100万人を超える。

実際には、バイラル・マーケティングによるアイデアの伝播や、ピラミッド型ネズミ講の拡大や、バクテリアのコロニーの成長や、人口の増大と同じように、基本再生産数から予測される指数的伸びが2世代、3世代を超えて維持されることは稀である。

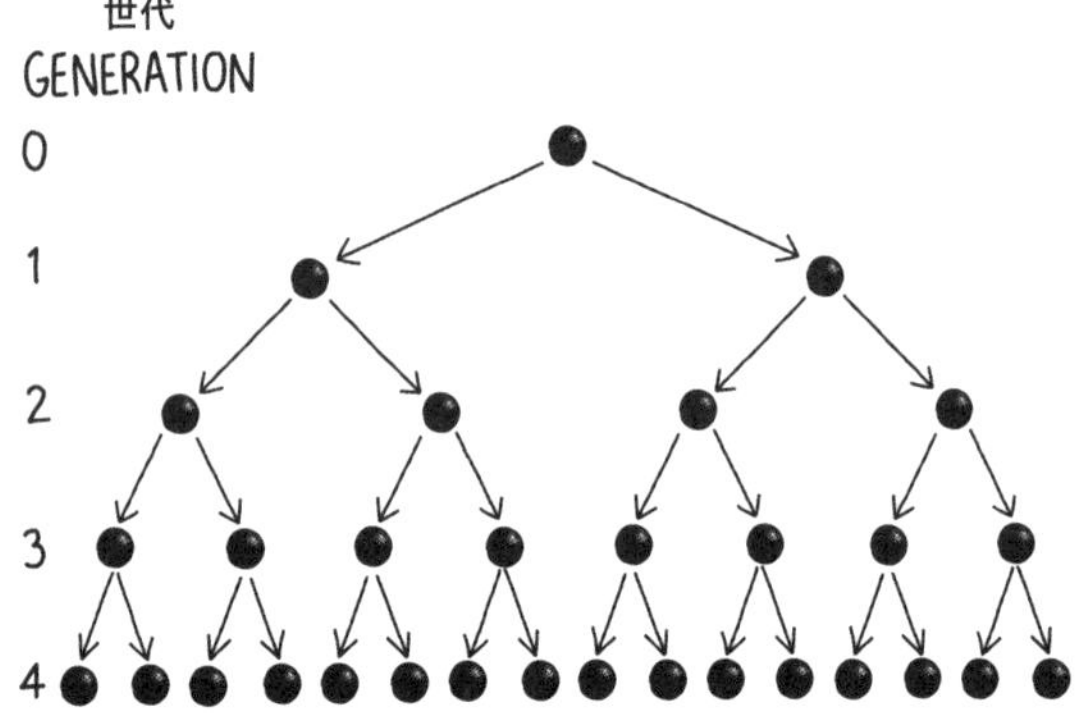

［図23］ R_0、つまり基本再生産数が2の病気の指数的な広がり。最初に感染した人が患者ゼロ号と考えられる。4世代目に入るときには、新たに16人が感染する。

しばらくすると感染者と感受性保持者の接触が減ってくるので、患者の発生数もピークを迎えて減り始める。そして最終的に感染者が1人もいなくなって公式に病気の発生が終結した時点でも、幾人かの感受性保持者が残る。カーマックとマッケンドリックはすでに1920年代に、基本再生産数に基づいて、大流行が終わった時点で残る感受性保持者の人数を予測する式を考案していた。エボラの R_0 は約1・5と見られているので、R_0 を1・5としてカーマック・マッケンドリック〔ケルマック・マッケンドリックとも〕の方程式を使うと、2013年から16年のエボラの流行で、もしも人工的な介入がいっさいなければ、総人口の58%が病に倒れていたはずだ。これに対して小児麻痺の R_0 は約6とされているから、この値に基づいてカーマックとマッケンドリックの式を使うと、人工的な介入がない場合に無傷で残るのは、人口の0・25%〔400人に1人〕となる。

基本再生産数は、疫病の発生を記述するときに広く使える便利な指標だ。というのも、病気がうつっていく際のさまざまな細かい差違がすべてこの1つの数値にまとめられているからだ。人体のなかで感染が進む様子に始まって、人から人への伝播の仕方から病気が広がる社会の構造に至るまで、発生の鍵となるあらゆる特徴を網羅しているので、これを使うと病気にうまく対応することができる。通常R_0は、人口の大きさ、感受性保持者が感染する速さ〔感染力と呼ばれることが多い〕、病気からの快復率あるいは死亡率の3つの要素に分けることができる。これらのうちの最初の2つの値が増えるとR_0が大きくなるが、快復率が高くなるとR_0の値は小さくなる。人口が多ければ多いほど、人から人への病気の伝播が速ければ速いほど、大流行が起きやすくなるのだ。その一方で、患者の回復が早ければ早いほど、ほかの人に病気をうつす時間は短くなり、結果として大流行になる可能性は小さくなる。人間のさまざまな病気について、わたしたちがコントロールできるのは最初の2つの要素だけだ。抗生物質や抗ウイルス薬を使って、ある種の病気にかかってから治るまでの時間を短くすることはできても、快復率や死亡率はその病原体に固有である場合が多い。もう1つ、R_0と密接に関係する量として、実効再生産数〔有効再生産数とも〕がある〔その数値はしばしばR_e

で表される)。実効再生産数とは、大流行が進行している最中のある時点において、感染した人が二次感染させる人数の平均のことで、人工的な介入によってR_eをゼロにできれば、その流行は収まる。

R_0は病害対策にとってきわめて重要な値だが、この値の大小がそのままその病気に感染した人の深刻さを反映するわけではない。麻疹などの感染力がきわめて高い病気ではR_0が12から18にも上るが、通常は、R_0が約1・5のエボラのような病ほど深刻な事態に直面するわけではないと考えられている。広がる速度は麻疹のほうが大きいが、死亡率を見ると、エボラの50~70%という値よりかなり低いのだ。

意外なことに死亡率が高い病気は概して感染力が弱い。その病気ですぐに死ぬ人が多いと病気が伝わる機会が減るからで、感染者のほとんどが死亡するのに素早く広がる病気はごくまれで、そのような現象には災害映画のなかでしかお目にかかれない。死亡率が高いとなると大流行に対する恐怖がぐんと膨らむが、じつはR_0が高くて死亡率が低い病気のほうが大勢に感染して、けっきょくは多くの人を死に追いやることになる。

数学を使うと、病気をコントロールしなければならない場合に、死亡率が病気の伝播の速度を落とす上での有益な情報にはならない、ということがわかる。ところがその一方で、R_0の数値に関係する3つの要素から、死に至る病の大流行が野放しで進行するのを止めるための重要な介入手段が浮かび上がってくる。

モデルを利用して病の広がりをコントロールする

病気の広がりを抑えるもっとも効果的な選択肢の1つに、ワクチンがある。ワクチンを打つことで、感受性保持者を、感染状態を飛び越えて一気にほかの人に感染させる恐れのない「隔離者」に移すことができ、感受性保持者の人口を効果的に減らせるのだ。そうはいっても、予防接種は大流行が起きるのを予防するために行われるのが普通で、いったん大流行が始まると、効き目のあるワクチンを開発、検証したとしても、手遅れになる場合が多い。

これとは別のやはり実効再生産数R_eを減らすのに有効な戦略として、動物の病気で使われている「選抜除去」がある。2001年にイギリスで口蹄疫（こうていえき）が発生した際には選抜除去が行われ、感染したすべての個体を殺すことになった。それによって他の個体に感染させることができる期間は3週間から数日に短縮され、実効再生産数R_eは劇的に小さくなったが、このときの大流行では、けっきょく感染した動物の選抜除去だけでは病気を封じ込めることができなかった。感染しているにもかかわらず、選抜除去の網を逃れて近所で感染を引き起こす個体があったのだ。これに対して政府は、病気が発生した農場から半径3km以内のすべての動物を（感染の有無を問わず）殺処分するという「リング・カリング」を実施した。感染していない個体を殺すのは一見無意味なようだが、数学的に考えると、こうすることで実効再生産数R_eの1つの要因である、その地域の病気に感染するかもしれない動物の数が減るので、病気の広がりを遅らせることができる。

ワクチンを接種していない人々のあいだで病気が急激に流行し始めたとしても、選択除去が論外なのはいうまでもない。それでも、隔離と孤立化を実現できれば、きわめて効率的に伝播率を下げられて実効再生産数R_eが減る、ということは証明できる。感染した患者を孤立させることで流行の速度を落とし、その一方で健康な人を隔離することで今後病気になる可能性がある人の数を減らす。その結果、実効再生産数が減るのである。実際、1972年にユーゴスラビアで起きたヨーロッパ最後の天然痘の流行では、極端な隔離政策を行うことで天然痘を迅速に制圧することに成功した。感染したと思われる1万人近い人々を接収したホテルに閉じ込めて武装衛兵をつけ、さらに大量の発症者が出ることを防いだのだ。

そこまで極端でない事例でも、数理モデルを適用しさえすれば、感染者をどれくらいの期間孤立させておくと最大の効果が得られるのかを突き止めることができる［注130］。さらに数理モデルを使うと、まだ感染していない人の一部を隔離するか否かを、病気が大流行する危険性と健康な個人を隔離するのにかかるコストを勘案して決めることができる。このタイプの数理モデルは、輸送面や倫理的な理由から、現地で病気の進展状況を調査することができない場合に真価を発揮する。たとえば、疫病が大流行している最中に対照実験のために、命が救われるかもしれない介入のチャンスを一部の人から奪ってしまうのは倫理にもとる。同様に、全人口のかなりの割合に当たる人間を長期間隔離することも、実際には不可能だ。ところが数理モデルを走らせるだけなら、そんな心配はまったく無用。全員が隔離されるモデルと、1人も隔離されないモデルと、その中間のモデルを試してみて、それらの強制隔離が経済に及ぼす影響と隔離が病気の進行に与える影響を勘案することができる。

これが、数理疫学の真の美しさなのだ。現実世界では実行不可能な筋書きを検証することができて、時には直感に反する驚くべき結果が得られる。たとえば数学を使うと、水疱瘡（みずぼうそう）のような病気では隔離や孤立化が好ましい戦略ではないことがわかる。水疱瘡にかかっている子どもやかかっていない子どもを社会から隔離すると、比較的軽い病気とされているものを避けようとして、その結果、学校の授業日数や就業日が大幅に減ることになる。しかしおそらくこれより重要なのは、数理モデルを使うと、健康な子どもが水疱瘡にならずに大きくなった場合、水疱瘡から深刻な合併症を起こしかねない年齢になってこの病気にかかる可能性がある、ということを証明できるという事実だ。数学的な考察なしでは、一見常識的な孤立化という戦略がこのような直感に反する結果をもたらすことをきちんと理解するのは難しい。

隔離孤立化によって予期せぬ結果がもたらされるような病気があるかと思えば、この政策がまったく意味を成さない病気もある。病害拡大の数理モデルによると、隔離戦術がどの程度成功するかは、感染力のピークがいつなのかによって違ってくる［注131］。まだ患者に症状が出ていない初期段階での感染力が強い病気の場合、その時点で症状が出ていない人が隔離される前に多くの犠牲者に病気をうつすことになる。エボラの場合は隔離以外の制圧手段はほぼないといってよいのだが、幸いなことに、発症した後に病気をうつす力が生じた患者が多かったので、隔離という戦術が効力を発揮できたのだった。

じつは、エボラの感染可能期間は極端に長く、患者が死んだあとも遺体には大量のウイルスが生き残るので、遺体に触れた人にも病気がうつる可能性があった。シエラレオネのある伝統的呪術師（ヒーラー）の葬式がその顕著な例で、この葬式は大流行の初期の大きな発火点となった。ギニア全体での発症例が急速に増えるなか、人々は、なんとか命だけは助かろうと必死だった。だから、シエラレオネに強い力を持つ有名なヒーラーがいると知ったギニアのエボラ患者たちは、藁にもすがる思いで国境を越えてそのヒーラーの下に向かった。あの人にならきっと病気が治せるはずだ。当然、ヒーラー自身もすぐに病に倒れて命を落とした。数日間続いたその埋葬式には何百人もの人が集まり、みんなが見守るなかで、伝統的な葬儀のしきたりに従って遺体を洗ったり遺体に触れたりした。この葬儀でエボラに感染して命を落とした人は350人に上り、こうしてシエラレオネでもこの病気が猛威を振るうこととなった。

エボラの大流行がピークを迎えた2014年、ある数学的な研究によって、エボラの新たな発症例の22%がエボラで死亡した人に起因していることがわかった[注132]。その研究ではさらに、埋葬の儀式を含む伝統的なしきたりを制限すれば、基本再生産数を流行が維持できないレベルまで下げられるはずだ、と指摘されていた。西アフリカの国々の政府と当該地域で活動する人道支援団体は、もっとも重要な介入策の1つとして、伝統的な葬儀手順を制限した上で、すべてのエボラ患者に対して安全で尊厳のある葬儀が行われることを請け合うことにした。一連の教育的なキャンペーンで、感染の危険がある伝統的な習慣に代わる方法を紹介し、さらに一見健康な人の旅行も制限したことで、けっきょくはエボラの大流行も終わりを迎えることとなり、2016年6月9日、エミール・オウアモウノの感染の2年半後に、西アフリカのエボラ大流行の終結宣言がなされたのだった。

「集団免疫」を獲得するための数学的条件

疫学における数理モデルは、感染症への取り組みを強力に後押しするだけでなく、個別の病気に特有の珍しい特徴を理解するのを助けてくれる。たとえば、主として子どもがかかるおたふく風邪や風疹などの病気を巡る興味深い謎を解明することができるのだ。これらの病気はなぜ周期的に流行するのか。どうして子どもだけがかかるのか。子どもに特有の未知の性質を好んでいるのではないのか。これらの病気はなぜこれほど長く人間社会につきまとってきたのか。ひょっとするとこういった病気は数年間休眠していて、わたしたちがもっとも無防備なときに大流行となって襲いかかるのではないか。

子どもの病気が通常若い人たちのあいだで周期的に大流行するのは、時が経つにつれて感受性保持者の数が変わっていって、その結果、実効再生産数が変わるからだ。たとえば猩紅熱（しょうこうねつ）などの病気は、大流行によって無防備な子どもが大勢病気になったあとも、そのまま消えるわけではない。まだ残ってはいるが実効再生産数がほぼ１、つまり単に病気が消え去らないだけ、という状態になる。ところが時が経つにつれて人は年を取り、新たに無防備な子どもたちが生まれる。そうやって全人口に対する無防備な人の割合が高まると、実効再生産数が高くなって、新たな大流行が起きる可能性が高くなる。そしてついに大流行が始まると、通常は人口分布の端に位置するいちばん若くて無防備な人々のあいだに蔓延する。なぜなら年齢が行った人の大半は、すでにその病気にかかったことがあって免疫を持っているからで、さらに子ども時代にその病気にかかったことがなくても、通常は感染している年齢層とそれほど親しく交わらないので、その病気にかからなくてすむのだ。

子どもの病気の大流行と大流行のあいだに挟まる休眠期間のように、免疫がある人が多数を占めていると病気が蔓延する速度が遅くなり、時には蔓延しなくなる、という見方はじつは数学的な概念で、「集団免疫」と呼ばれている。共同体としてのこのような効果があるおかげで、驚いたことに全員が病気への免疫を持たなくても集団全体を守ることができる。実効再生産数を1以下に抑えることで伝播の鎖を断ち、その病気の広がりを止めることができるのだ。ここで重要なのは、集団免疫があれば、免疫システムが弱くてワクチンを受けられない人、たとえばお年寄りや、新生児や、妊娠中の女性や、ＨＩＶの患者も、ワクチンによる予防効果の恩恵を被ることができるという点だ。免疫のある人が全人口に占める割合がどれくらいなら感受性保持者を守ることができるのか。その値は、問題の病気がどれくらい感染しやすいかによって決まる。つまりこの割合の鍵となるのは、基本再生産数R_0なのだ。

たとえば、ある人がインフルエンザのウイルス株に感染したとして、ほかの人に感染させる力がある1週間のあいだに20人の感受性保持者と接触して4人にうつしたとすると、基本再生産数R_0は4になる。つまりまだ感染していない人が感染する可能性は5つに1つ。この例からも、感受性保持者が何人いるかによって再生数の値が変わ

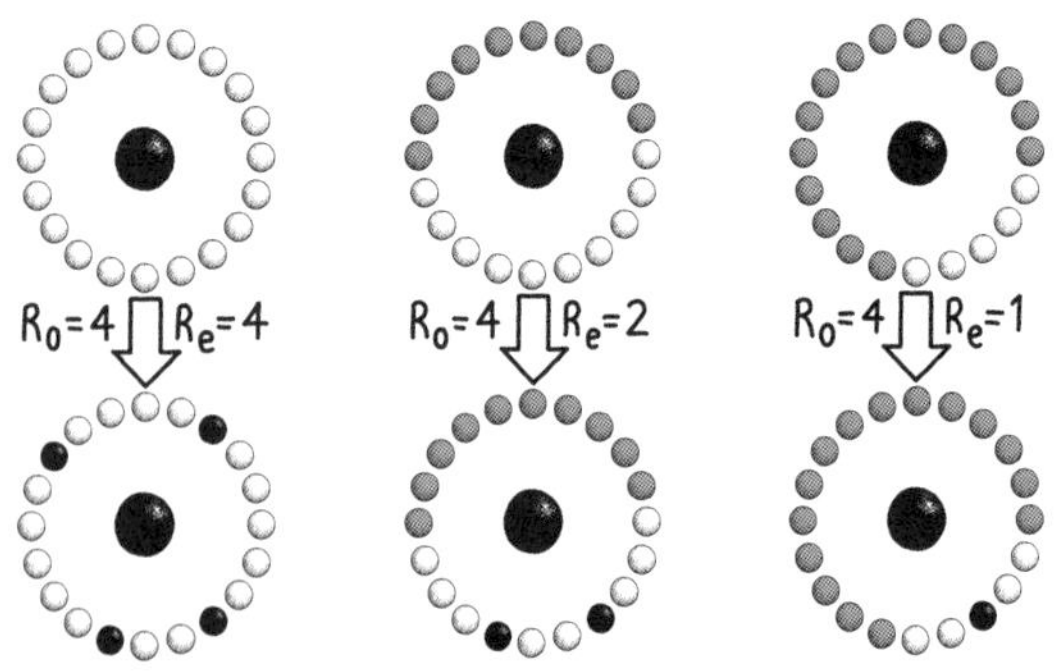

［図24］1人の感染者（黒）が1週間の感染期間に、20人の感受性保持者（白）ないしワクチンを接種した人（灰色）と接触した場合。1人もワクチンを受けていないと（左）1人が4人にうつす。つまり基本再生産数 R_0は4になる。半数がワクチンを接種していると（中央）感受性保持者のうちの2人だけにうつる。つまり有効再生産数 R_e は2に減ったことになる。最後に人口の4分の3がワクチンを接種していたら（右）、平均で1人が感染する。つまり有効再生産数は1という臨界値になる。

ることは明らかだ。今、患者がほかの人に感染させる力のある期間に接触した感受性保持者が10人だけだとすると（図24の中央図）、伝播の確率は同じだから、そのなかの平均2人だけにうつすことになり、実効再生産数は4から2へと半減する。

感受性保持者の規模を減らすもっとも有効な手立ては、ワクチンを打つことだ。何人にワクチンを打てば集団免疫が獲得できるのかは、何人にワクチンを打てば実効再生産数が1以下になるかで決まる。全人口の4分の3にワクチンを打てば（図24の右図）、患者と1週間のうちに接触した（もともと

20人の）人の4分の1（つまり5人）だけが感受性保持者になる。そして平均すると、そのなかの1人だけにうつすことになる。この場合は、基本再生産数が4の病気に対する集団免疫を得るために、人口の4分の3（1から1／4を引いた値）にワクチンを打つ必要があるわけだが、ワクチンに関するこの重要な閾値は決して偶然の産物ではなく、一般に、ワクチンをしないでいられるのは人口の1／R_0にかぎられ、残りの人々（1から1／R_0を引いた値に人口をかけた人数）が保護されないと、集団免疫の閾値を超えられない。天然痘の基本再生産数は約4だから、人口の4分の1（25％）は予防をしなくてよい。つまり天然痘の場合には、感受性保持者の80％（予防接種の臨界閾値は4分の3つまり75％だが、念のため5％多く取っている）にワクチンを投与すれば十分なのだ。こうして1977年に、地球上から人間の病気を1つ拭い去るという、種としてのヒトによる最大の成果が得られたのだった。このような偉業は、以後一度も達成されていない。

天然痘がヒトを衰弱させる危険な病気であることからも、根絶の対象としてはおあつらえ向きだったのだが、そのうえ予防接種の臨界閾値が低かったから、この目標はわりと簡単に達成できた。さまざまな病気の予防が困難なのは、もっと簡単に広がるからで、たとえば水疱瘡のR_0は約10だから、水疱瘡を地球上から消し去って全員が効果的に保護されるようにするには、全人口の10分の9が免疫を持つ必要がある。ヒトからヒトへ感染する病気のなかでも群を抜いて感染力が強いのが麻疹で、R_0は12〜18とされているから、全人口の92〜95％にワクチンを打つ必要がある。冒頭で述べたディズニーランドに端を発した2015年の麻疹の大流行とその広がりをモデリングした研究によると、この病気にさらされた人々のワクチン接種率は約50％で、集団免疫に必要な閾値よりはるかに低かった［注133］。

根拠のない反ワクチン運動が蔓延の危険を高めた

イギリスでは、1988年に麻疹、おたふく風邪、風疹の3種混合予防接種（MMRワクチン接種）が導入され、以来その接種率は順調に上がり続けていた。そして1996年には、イギリスから麻疹を消し去ることができる予防接種の臨界閾値に迫る91・8％という記録的な高さになっていた。ところが1998年のある出来事がきっかけで、ワクチン接種の実施に狂いが生じた。

この公衆衛生の惨事を引き起こしたのは、病気の動物でも衛生状態の悪化でも政府の政策の間違いでもなく、尊敬すべき医学雑誌「ランセット」に掲載された陰鬱な5ページの論文だった［注134］。筆頭執筆者のアンドリュー・ウェイクフィールドはその論文で、MMRワクチンと自閉症スペクトラム障害には関係がある、という説を開陳していた。しかもこの「発見」の裏で、自ら個人的な反MMRキャンペーンを開始し、記者会見で「わたし自身は、この問題が解決するまで、これら3つのワクチンを組み合わせて使い続けることを支持できない」と述べたのだ。主要メディアのほとんどが、すぐさまこの餌に食らいついた。

この一件を報道したデイリー・メール紙には、「MMRがわたしの娘を殺した」「MMR恐怖に支持者が現る」「MMRは安全なのか。嘘ばっかりだ。悪化する一方のスキャンダル」という見出しが躍った。ウェイクフィールドの論文を巡る話は時とともに雪だるま式に膨らんで、2002年にはイギリス科学界における最大の話題となった。この一件を報道したメディアのほとんどが、大勢の苛立った親たちの恐怖を煽っておきながら、ウェイクフィールドが研究対象とした子どもの数がたったの12人だったことには触れなかった。12人とは、意味のある形で大きな結論を引き出すには小さすぎるサンプル数だ。いくらこの研究に警告を発する報道をしてみても、ほとんどの報道機関が発する大音響の警報に紛れ、かき消されてしまう。その結果、親たちは子どもへのワクチン接種を拒否するようになった。この悪名高き論文の掲載から10年で、90％だったMMRワクチンの接種率は80％に落ち、確認された麻疹の症例は1998年の56件から1300件に増えた。さらに、1990年代にはあまり流行していなかったおたふく風邪が突然大流行し始めた。

2004年に調査報道ジャーナリストのブライアン・ディアが、麻疹やおたふく風邪や風疹が増え続けている現状を踏まえて、ウェイクフィールドの論文が詐欺的行為であることを暴露しようと試みた。そして、ウェイクフィールドがその論文を投稿する前に、ワクチンの製造元である製薬会社に不利な証拠を探していた弁護士から40万ポンドを受け取っていたことを突き止めた。また、ウェイクフィールド自身がMMRに対抗するワクチンの特許を申請したことを示すとされる文書の存在をすっぱ抜いた。決め手となったのは、ウェイクフィールドが論文のデータを操作して、自閉症と関係があるという誤った印象を捏造した証拠がある、というディアの主張だった。ディアがウェイクフィールドによる科学詐欺の証拠を示したことと、極端な利害関係の衝突があったこととがあいまって、ランセットの編集部はついにこの攻撃的な論文を取り消した。そして、2010年には医師の資格審査を行う一般医療評議会によって、ウェイクフィールドの医師免許が剝奪された。原論文が発表されてから20年のあいだに、世界中の何十万人もの子どもを対象とする少なくとも14の包括的な研究が行われたが、MMRと自閉症に関係があるという証拠は一つも見つかっていない。だが悲しいことに、ウェイクフィールドの影響は今も残っている。

＊＊＊

イギリスにおけるMMRワクチンの接種率はワクチン恐怖以前のレベルに戻ったが、

先進国でのワクチン接種率は全体としては下がっており、麻疹の症例が増えている。ヨーロッパでは2018年に6万件以上の麻疹が報告され、うち72件が死亡例となったが、この数字は、その前の年の2倍に相当する。それというのも、主として反ワクチン運動が力を増したからで、「ワクチン忌避」は、世界保健機関の2019年における「全世界の健康に対する脅威」のトップテンに入っている。ワシントン・ポスト紙を始めとする報道機関は「反ワクチン主義者」が増えたのはウェイクフィールドのせいだとして、「現代の反ワクチン運動の創始者」と書き立てた。しかし反ワクチン運動の教義は、今では嘘だとわかっているウェイクフィールドの「発見」をはるかに超えて広がっている。ワクチンに含まれる有害化学物質は危険なレベルに達している、という主張があるかと思えば、ワクチンを接種することで防ぎたい病気にかかることになる、という主張もある。実際には、ホルムアルデヒドのような有害化学物質は人間の代謝システムでも作られていて、しかもその量はワクチンに含まれているものよりはるかに多い。それに、防ぐはずの病気を引き起こすことはめったになく、健康に問題がない人の場合は特に、そういったことはまずないといえる。

このようにさまざまな納得できる反論があるにもかかわらず、「反ワクチン」のレトリックは、ジム・キャリーやチャーリー・シーンやドナルド・トランプといった著名人の支援を得て、今も力を増している。しかもまったく信じ難いことに、ウェイクフィールドが2018年に元スーパーモデルのエル・マクファーソンと付き合い始め、セレブとしての立場を確実なものにしたというのだから……。

セレブの活動家が増えるとともに、フェイスブックやツイッターといったソーシャルメディアが登場したことから、これらの人々がファンに向かって自分の考えを直接自分の言葉で広められるようになった。主流メディアを信頼できなくなり、自分の考えをさらに強めてくれるこれらの反響室(エコーチェンバー)に励ましを求める人は増えている。マスメディアに代わるこれらのプラットフォームが、証拠に基づく科学論争を挑まれたり脅かされたりすることなく成長できる場所を反ワクチン運動に提供しているのだ。ウェイクフィールド本人は、ソーシャルメディアの登場は「美しい進化」だと述べているが、これはおそらく、自分の目的にとっては美しい、ということなのだろう。

＊＊＊

わたしたち1人ひとりの選択によって、自分が感染症にかかる確率は変わってくる。異国で休暇を過ごすのか、子どもを誰と遊ばせるのか、混み合った公共交通機関を使うのか……。さらに、病気になったときにはそれとは別の選択が、その病気をほかの人にうつす確率を左右する。心待ちにしていた友人との再会をキャンセルするか、子どもに学校を休ませて家にいさせるか、咳をするときに口を塞ぐか。そしてもう1つ、自分や家族にワクチンを接種するかどうかという選択がある。これらの重要な判断は、前もってしておくほかない。その決断によって自分が病気にかかる確率だけでなく、人に病気をうつす確率も左右される。

なかには、安価ですぐに取り入れられる決断もある。たとえば、ティッシュやハンカチを使って鼻をかんだからといって、余計なお金はかからない。こまめに丁寧な手洗いを心がけるという簡単な行動1つで、インフルエンザのような呼吸器疾患の実効再生産数を約4分の3まで下げられることがわかっている。病気の種類によっては、これによってR_0が閾値より低くなり、感染症の流行を抑えることができる。

そうかと思えば、葛藤を伴う決断もある。たとえほかの子に病気をうつしてしまい、その結果大流行が起きる可能性が増えることがわかっていても、やはり子どもを学校に行かせてやりたいと思ってしまう。それでも、わたしたちが何かを判断するときは、その決定がもたらすリスクと結果をきちんと理解してから決定を下すべきなのだ。

数理疫学はこれらの決定を評価し、理解する術を提供する。わたしたちに、病気になったらなぜ職場や学校に行かないほうがよいのかを説明してくれる。手洗いがなぜ、どのように、病気の感染力を弱め、大流行を防ぐ助けとなるのかを教えてくれる。そして時には、その病気が最大の恐怖をかき立てるからといって、必ずしももっとも心配すべきものとはかぎらない、という直感に反する事実を浮き彫りにする。

個人よりも大きな社会の規模でいえば、病気の大流行と取り組む際の戦術や、大流行を避けるための予防手段を教えてくれる。数理疫学と信頼に足る科学的証拠が組み合わされれば、ワクチン接種について思い悩む必要はないということがわかる。接種によって、自分だけでなく家族も友人も隣人も同僚も守られるのだから。世界保健機関が発表している数値によると、ワクチンは年間何百万もの人々の死を防ぎ、全世界での適用範囲をさらに増やすことができれば、さらに何百万人もの人々が死なずにすむようになる［注135］。ワクチンは、命に関わる病の大流行を止める最良の方法であり、その破壊的な影響を永遠に終わらせる唯一のチャンスだ。数理疫学こそが未来の希望へとつながるわずかな光であって、疫病の駆逐、大流行の抑え込みという不朽の仕事を成し遂げるための鍵なのだ。

おわりに　数学による解放

数学が、人類の歴史を形作ってきた。わたしたちの祖先は数学を使って進化というゲームに、ヒトという種を痛めつけてきた病に、打ち勝ってきたのだ。わたしたちの身体の仕組みには、数学の不変の法則が反映されている。そして同時に数学の美醜を判断するわたしたちの目も、自分たちの生理を反映するように形作られ、数学に対する理解もまた、自分たちの在り方とともに何百万年もかけて進化し、今の状態になった。

数学は、今日の社会でわたしたちが行うほぼすべてのことを支えている。コミュニケーションを取るにしても、場所を移動するにしても、数学が欠かせない。数学は、わたしたちの売買の方法を完全に変え、働き方やくつろぎ方を根底から変えてきた。その影響がほぼすべての法廷に、すべての病棟に、すべての職場に、すべての家庭に感じられる。

かつて想像もできなかった仕事が、日々数学を使って達成されている。洗練された数学的アルゴリズムのおかげで、ほぼすべての問いの答えが数秒で見つかる。インターネットの数学的な力によって、世界中の人が瞬時につながる。法の番人たちは法医考古学を用いて犯人を見つけだし、数学で善をなしている。

しかしそれでも、数学の善が数学を使いこなす人および使いこなす人々の善を超えることはない、という事実を覚えておく必要がある。けっきょくのところ、贋作画家のハン・ファン・メーヘレンと犯罪を結びつけたのと同じ数学が、原子爆弾をもたらしたのだから。自分たちにここまで頻繁に影響を及ぼしている数学的な道具、その意味をきちんと理解しようと努めることは、明らかにわたしたちの責務なのだ。SNSの友だち推薦システムや個人に特化した広告から始まったはずのものが、いつの間にかフェイク・ニュースに乗っ取られた「トレンド」やプライバシーの侵害へと至る可能性があるのだから。

数学が日常生活に広く行き渡れば行き渡るほど、予期せぬ災害が起きる可能性は高くなる。わたしたちはこれまでに、数学がもたらしたたくさんのすばらしい偉業を楽しむと同時に、数学の誤用がもたらす悲惨な結末を目の当たりにしてきた。数学を慎重に使えば月にも到達できるが、不注意に使うと何百万ドルもするマーズ・オービターを壊してしまう。的確に使われた数学は犯罪分析の強力な手段になるが、破廉恥ないかさま弁護士に乱用された数学は無実の人の自由を奪う。数学がその真価を発揮すれば最先端の医療技術として生命を救うことになるが、最悪の場合は服用量の計算間違いで患者の命を奪ってしまう。今後間違いを繰り返さないために、そして絶対に繰り返せないようにするために、わたしたちは数学における間違いから学ぶ必要がある。

数理モデルはわたしたちに、未来の様子を垣間見せてくれる。数理モデルは単に今ある世界、すなわち基準化されたデータを記述するだけでなく、ある種の千里眼を与えてくれるのだ。数理疫学によって今後の病気の進行を予測できるからこそ、現状に対して後手後手にまわらずに予防的措置を施して、病気の進行に先手を打つことができる。最適停止を使えば、あらかじめすべての選択肢を知ることができなくても、最良の選択をする可能性を最大にできる。個人のゲノム解析によって、将来の病気のリスクに対する理解は劇的に変わるだろう。でもそれも、それらの結果を解釈する数学を標準化できればの話だ。

数学はこれまでも、今も、そしてこれからも、わたしたちのさまざまな状況の根底にひっそりと流れ続ける。だが、数学の応用範囲を無理に押し広げようとするあまり、その流れに呑み込まれないように用心しなければならない。明らかに人間の監督を必要とする仕事や活動では、数学がまったく悪しき道具となる場合があるのだから。たとえきわめて複雑な精神的作業をアルゴリズムに託すことができたとしても、心の問題を分解して単純な規則の集まりにすることは、絶対に不可能だ。いかなるコードや方程式をもってしても、ほんとうの意味で入り組んだ人間の状態を真似ることはできない。

そうはいっても、さまざまな事柄が数や量で表されることが増えつつあるこの社会では、ほんの少し数学を知っているだけで、数の力を活用できる。単純な規則を使って最良の選択をし、最悪のミスを避けることができるのだ。急速に進展する環境に対する自分の見方を少し変えるだけで、激しく加速する変化に直面したときも冷静でいられて、どんどん自動化される現実に適応できるようになる。自分たちの行動や反応や相互作用の基本モデルを持っていれば、来るべき未来に備えることができる。わたしにいわせれば、ほかの人々の経験を巡る物語は、もっともシンプルで最強のモデルなのだ。それらの物語があればこそ、先人の過ちから学ぶことができる。おかげでわたしたちは数が絡んだ冒険に出発する際に、全員が同じ言葉を話しているのか、すべての時計がちゃんと合っているか、タンクに十分燃料が入っているのかをきちんと確認することができるのだ。

統計や数値といった武器を振り回す「権威」なるものにあえて疑問を呈することができれば、数学する力を得るための戦いは半分終わったことになる。そうやって、確かさの幻想を砕くのだ。絶対的リスクや相対的リスク、比率バイアスやミスマッチド・フレーミング、サンプリングの偏りなどを識別することができれば、新聞の見出しがなり立てている統計や、広告が押しつけてくる「研究」、政治家の口から転がり出てくる半分嘘の事柄を鵜呑みにしなくてすむ。生態学的誤謬や独立でない出来事を識別できれば、法廷でも、学校でも、病院でも、曖昧な煙幕を蹴散らすことができて、数字を使った議論にも騙されなくなる。

もっとも衝撃的な統計値を示した者が議論に勝つということがないように、わたしたちは、それらの数字の裏にある数学を説明するよう求めていかねばならない。偽医者のいう代替セラピーの効果が、じつはただの「平均への回帰」でしかないのに、その医者にいわれるままに、自分の命を救うかもしれない治療を先延ばしにしてはならない。反ワクチン主義者の言葉に乗って、ワクチンの効果を疑ってはならない。なぜなら、ワクチンのおかげで弱い命が救われて病気を一掃できることは、数学によって立証されているのだから。

今こそ自分たちの手に数学の力を取り戻そう。なぜなら、数学がほんとうに生と死を分けてしまうことがあるのだから。

謝辞

『生と死を分ける数学』というこの本のタイトルと、数学が日常生活の目に見えないところに及ぼしている影響を紹介するというその趣旨は、エージェントのクリス・ウェルビラブとパブで初めて顔を合わせて酒を飲んでいるときに生まれた。クリスはわたしが送ったすべての断片や章の原稿に目を通しただけでなく、さまざまなことをしてくれた。わたしに賭けてくれたこと、初めての著作活動を投げ出しては再開するわたしの舵を見事に取ってくれたことに、心から感謝する。

編集者のケイティー・フォレインは、Quercus社と出版契約を交わしたその日から、わたしを助けてくれた。いくつもの草稿に目を通し、その助言のおかげで草稿は大いに改善された。同じように、アメリカの編集者サラ・ゴールドバーグもこの本の方向性にたいへん大きな影響を与えた。ケイティーとサラが十分に時間を取って考えをまとめ、筋の通ったフィードバックを返してくれたことに、心から感謝している。2人に、そしてこの本を生み出すためにイギリスのQuercus社とアメリカのScribner社で疲れも見せずに裏方として動いてくれたすべての人に感謝する。

この本を書いている最中にわたしが連絡を取ったすべての人、そしてさまざまな物語を快くわたしと分かち合ってくれたすべての人にも、わたしは多くを負っている。みなさんの数学的な大惨事や勝利の物語が、この本の骨格となった。みなさんが寛大にも時間と労力を割いてこちらが投げかけた一見無関係に思える長い質問リストに答えてくださらなければ、この本は完成しなかった。

内部の配置換えをしてわたしを支えてくれた、バース大学の数理イノベーション研究所に感謝したい。そのおかげでわたしはこの本を、十分な注意を払い自分が望む形でまとめることができた。さらに、この大きな大学のあちこちでこの著作について話したわたしを大いに励まし支えてくれた、多くの同僚に感謝したい。出身大学院であるオクスフォードのサマーヴィル・カレッジは、わたしが家を出なければならなくなったときに仕事場を提供してくれた。そのことをたいへんありがたく思っている。

この本を書き始めたわたしは、数学に慣れていてまっとうな誰かに自分の作品を批評してもらう必要があることに気づき、博士コースの同窓で親友でもあるガブリエル・ロッサーとエロン・スミスに声をかけた。2人は、自分たちが何をしようとしているのかもはっきりせず、しかも2人とも小さな赤ん坊を抱えていて、ほかにもいろいろと処理しなければならない生活上のやっかいな問題があったにもかかわらず、最初の頃の原稿を見てくれた。この2人のコメントで、この本はずっとよいものになった。心から感謝している。

偉大なる友であり同僚のクリス・ガイヴァーは親切にも、この本をまとめている1年以上のあいだ、週に1回わたしを家に泊めてくれた。わたしのアイデアの素晴らしい共鳴板として、夜遅くまでともにこの本について、科学について、もっと一般に人生について語り合った。クリス、きみの寛大さがぼくにとってどれほど大きなものだったか、たぶんきみは気づいていないと思う。ほんとうにありがとう。

わたしの父と母、ティムとメアリーは、この本をまとめるあいだじゅう、わたしのもっとも信頼できる支援者だった。2人はこの本を、最初から終わりまで二度読んでくれた。わたしにとって、2人は知的な素人の代表だった。だが、洞察に富んだコメントや徹底的な校正もさることながら、わたし自身の教育と価値観はこの2人に負うところが大きい。父と母は、山でも谷でも常にわたしを支えてくれた。いくら感謝してもし足りない。

姉のルーシーは、最初のアイデアを練り上げて一貫した調子を作るのを助けてくれた。彼女が時間と労力を割いてわたしの書いたものを鋭く批評し、出発点でわたしを正しい道に乗せてくれなければ、この本は存在しなかったはずだ。

おそらくそれほどはっきりした形ではないのかもしれないが、親戚のみなさんにもいろいろな意味で感謝している。何よりも、その前の晩に執筆で夜更かししたわたしが一族の集いの真っ最中に中座して寝てしまっても、誰も一言も文句をいわなかった。あの休息がいかに重要だったか、言葉ではとうてい言い表せない。

最後に、この本のほぼすべてに耐えてくれたであろう人々、我が家族へ。妻のキャロラインは、この計画を非常によく支えてくれて、わたしの承諾のもとに、遺伝関係の記述に手を入れてくれた。妻は駆け出しの著者を支えてくれただけでなく、素晴らしい母さんであり、おまけにフルタイムのCEOでもあった。きみへのわたしの尊敬は、決して揺らぐことがない。最後に、エムとウィルへ。わたしの足を地に着けておいてくれて、ありがとう。家に帰ってくるなり、すべての心配事がわたしの頭から吹っ飛んだ。なにしろ、頭のなかにはきみたち2人のための場所しかなかったから。たとえこの本が1冊も売れなくても、きみたちにとって何の変わりもないことは、ちゃんとわかっているからね。

どうやって読むかを教えてくれた
父と二人の母、ティムとナンシーとメアリーへ。
そして、どうやって書くかを教えてくれた
姉のルーシーへ。

訳者あとがき

これは、2019年9月に刊行されたKit Yatesの初の一般向けの数学啓蒙書 *The Maths of Life and Death: Why Maths Is (Almost) Everything* の全訳である。

著者のキット・イェーツは、オクスフォード大学で数理生物学を専攻し、現在はバース大学で数理生物学の上級講師をしている。オクスフォード時代には、『素数の音楽』のマーカス・デュ・ソートイの下で「一般の人々への数学啓蒙活動」に従事しており、今も、王立研究所やグーグル、TEDで講演や記事の寄稿といった啓蒙活動を続けている。それらの講演で著者自身も述べていることだが、これは、数学者のための本でも学校数学をさらうための本でもなく、数学が自分たちの日々の暮らしとどう関わっているのかを知りたい人のための、「日々の暮らしで、往々にして気づかぬうちに、数学の大きな影響を被った人々の物語を集めた本」である。著者は、読者に数学と現実との強い結びつきを皮膚感覚でわかってもらうために、1本の式も使わず、次々にアナロジーを繰りだして、現実と数学がどのように関わっているのか、そのさまざまな接点を説明している。したがってこの作品は、原書が刊行された2019年9月の時点でも現実との関わりが十分強かったのだが、その後起きたいくつかの事態によって、「今だからこそ」という色合いが加わることになった。

ここで簡単に内容を紹介しておくと、第1章では、放射性元素の核分裂や受精卵の細胞分裂、バクテリアの増殖から「ネズミ講」まで、自然界や日常の至るところに見られる「指数的な増加」が紹介されている。これは、ざっくりいうとドラえもんの「バイバイン」と同じで、たとえば2倍、2倍、2倍と同じ倍率で増える増え方なのだが、著者はこの「同じ倍率で増える」というシンプルな表現に隠された意外な性質の数々を、具体例で明らかにしていく。じつは、このような変化についての知識がないと、判断を誤り、さまざまな形で不利益を被る場合が出てくるのだ。

第2章では、たとえば近年一般の人々も直面することが多くなってきたさまざまな検査結果と、その解釈の裏に潜む数学が紹介される。わたしたちは、個人向け遺伝子検査や乳がんの早期発見を目指すマンモグラフィー検査、出生前診断の結果をどう捉えるべきなのか。検査結果にただ一喜一憂するだけでは、心身に不要なダメージを被ることにもなりかねないのだが……。

第3章では、法廷における数学の活用と乱用が紹介される。「科学的証拠」は、司法の場で罪の有無を判断する際の決め手だが、この分野でも数値が使われることが多くなり、司法における数学の重みは増している。前章で得られた「偽陽性と偽陰性」という視点を加味して紹介される複数の事例からは、数学に強そうな権威にひれ伏していれば正しい裁きが行われるわけではない、という普遍的な事実が浮かび上がってくる。ちなみに、カルロス・ゴーンが違法行為をしてまで避けようとした日本の司法にも触れられており、日本の司法に対する外からの見方が垣間見えて、なかなか興味深い。

第4章では、政治家のSNSでの発言や宣伝やマスコミの世論調査などに登場する数値や統計などが、数学的に検証されている。初歩的な数学的推論をするだけで、「あのテロは強力な組織による犯行だ！」とする政治家の主張の真偽が明らかになり、ちょっと注意をしただけで、化粧品会社が自社製品へのモニターの評価をいかに膨らませて誇大な広告をしているかがわかるのだ。さまざまな時事問題がSNSや紙面やテレビ画面を賑わすなかで、それらの情報にどう向き合えばよいのか、右から左へ聞き流して手をこまねいているだけではまずい気がするが、ではどうすれば……と思っている人もきっと多いはずだ。

第5章では、打って変わって10進法をはじめとする記数法と単位が取り上げられている。記数法も単位も人間が外界を記述するために人工的に定めたものなので、複数のやり方が存在する。したがって、たとえば変換の際に誤差や勘違いなどさまざまなミスが発生し、人命に関わる事故や大惨事に至る可能性がある。その意味では、記数法や単位もまた、数学と現実のシビアな接点なのだ。

第6章では、AIとも深く関わるアルゴリズムの数学が取り上げられている。アルゴリズム論議は、ややもすると機械万能礼賛に陥りがちだが、著者はいくつもの事例を通して、あくまでも人間あってのアルゴリズムであることを明確にし、わたしたちにも使える手軽なアルゴリズムを紹介して、「アルゴリズム」の本来の意味を伝えている。

第7章は、数理生物学者たる著者の専門の一部である、感染症と人間の戦いにおける数学の役割がテーマとなっていて、有史以前から人類を悩ませてきた感染症との戦いにおける転換点、感染症の数理モデル、感染症の流行や終息の現実、さらには集団免疫とワクチンの意味などが、明快なアナロジーを用いて紹介されている。

つまりこの作品は、数学に深く依存する社会で日々膨大なデータや数値まみれの情報に曝されるわたしたちに、生きる上での重要なツールである数理的な視点、「数学リテラシー」を提示しているのである。したがってその内容は基礎的で普遍的なのに、なぜかここに来て本の内容と呼応する現実が表面化、俄然時事性を帯びてきた。

章の見出しだけでピンとくるのが現在進行中の新型コロナウイルス感染症のパンデミックで、第7章では、日本においては新型コロナで一躍注目を浴びることになった数理疫学のモデルの基本が平易に語られている（感染症の数理モデルは、物理現象の数理モデルと違って、その予測に基づく人工的な介入によって予測が外れることで社会に貢献する側面があることに注意！）。この作品を訳出し始めた段階では、日本の多くの人にとって、感染症による死亡者が台風や地震などのほかの大災害の死亡者数と比べて格段に多いという事実はいわば他人事だった。ところが今回のパンデミックによって、それらの人々にとっても感染症との戦いが身近で切実な問題となった。さらに、第2章で紹介されている検査の捉え方とその結果の受け止め方、偽陽性、偽陰性などの議論は、まさに新型コロナのPCR検査を巡る論争を理解するためにも不可欠といってよい。

そうかと思えば、第4章で取り上げられている「ブラック・ライブズ・マター（黒人の命は軽くない）」運動も、原著が刊行された頃にはアメリカからイギリスへ波及する程度だったのが、その後ヨーロッパ全体をも席巻し、日本でもデモが行われた。では、この運動の大本になっている、「警官による黒人への過剰な暴力」をどう捉えるべきなのか。新聞の見出しになっているから、あるいは偉い人がいっているから、過剰な暴力があった、あるいはなかったと決めつけて、棚上げしてよいのか。世界中の国々が、そして文化がさまざまな意味で密接に絡み合っている現在、「他山の石」という言葉は、わたしたちにとってこれまで以上に大きな意味を持っているはずなのだが……。

これらの時事的な問題の具体的な処方箋や解決策が、ずばりこの作品に書かれているわけではない。だがこの本を通して、たとえば人間が感染症の流行にどう対峙してきたのかを知り、ブラック・ライブズ・マター運動を巡るマスコミでの発言に関する考察を深めることは、時事的な問題に対する自分自身の基本的な構えを作る上で大きな意味を持つ。断片的な情報の奔流に押し流されることなく、目の前の現実を自らの目と頭で解釈しようとしたときに土台となるもの、視座の基本を手に入れることができるのだ。社会が激しく動いているからこそ、長期的な視点、深い洞察が必要なのである。

最後になりましたが、この本をご紹介いただいた草思社の久保田創さんには、最初から最後までたいへんお世話になりました。ありがとうございました。

読者のみなさまには、この数学と現実を巡る軽そうで真剣な語りを存分に楽しまれますように。

2020年8月

冨永　星

文庫版のための訳者あとがき

原書は新型コロナの流行が始まる前に発表され、訳書の単行本は流行初期に刊行され、その3年半後のこのたび、訳書が文庫化されることとなった。

単行本が刊行された時点では、この著書の「今だからこそ」という印象が強かったが、3年半後の今では、「今だからこそ」を支える「基本的で普遍的な事柄が持つ力の強さ」が際立っている。

なぜなら著者が取り上げている事柄のほとんどが、3年半を経てもまったく古びていない、いやむしろ今日性、緊急性を増しているからだ。

たとえば、第1章の指数的変化が示唆している「自然の変化と人間の感覚の乖離」は、気候変動の具体化である山火事や洪水の頻発、60度を超える異常な気温に見られるように、さらに深刻な問題になってきている。

また、第4章で語られている玉石混淆の情報の洪水は、フェイクニュースの増加やチャットGPT、生成AIの発達により、また社会不安や分断の増大によって、いっそう激しさを増している。

さらに、原著が刊行された後で世界中に新型コロナが流行し、今までにないスピードでのワクチンの開発や接種とともに、公衆衛生の観点からロックダウンをはじめとする介入が繰り返し行われ、しかし3年半が経っても再流行の恐れは払拭できず、後遺症を含むその影響の大きさが明らかになってきている今だからこそ、第7章で紹介されている数理疫学の基本事項が腑に落ちるし、心に響く。第7章を読むと、感染症との闘いがこれまでもこれからも決して一朝一夕に決着がつくものではなく、しかしそれでも科学（数理疫学）は歩みを止めずに感染症とその流行の解明に粘り強く取り組み続け、その結果が今――迅速にワクチンが開発されても、特効薬はすぐにはできない現在――なのだということが、よくわかる。たとえ今このときが「理想の、最良の状態」ではないにしても、数理疫学は引き続き、「よりよい状態」を作り出すべく、この新しい感染症と粘り強く向き合い続けるのだろう。そのような科学を支える意味でも、わたしたちの一人一人が、正しい選択をする必要がある。結局のところ、各自の選択が感染の確率を左右し、社会における流行の行方を決めるのだから……。

さて、ここでこの著書の「今日性」から「数学が社会を支えているからこそ、数学の力を自分たちの手に取り戻す必要がある」という「普遍性」に目を転じると、「数学を敬遠したまま社会を生きることが困難になってきている」という事実は、じつは

60年以上前の1959年に、すでに日本人数学者の啓蒙書でも指摘されていた。遠山啓著『数学入門』の「はしがき」によると、それまでは、「数学などに用のあるのはよほど特別な人に限られ」ており、「多くの人々にとって数学は試験に及第するためにだけ必要な科目で、卒業と同時にさっぱりと忘れてしまいたい無用の長物にすぎなかった」という。ところが風向きが変わって、数学が、「いろいろの場面にのさばりはじめた」。「経済や政治の方面にも数学が登場してくるし、会社の経営や商品の販売にも幅を利かすようになってきた」、つまり社会がかつてないほど「数学を使える人」を求めるようになってきた、というのだ。とはいえ1959年の時点では、「数学を使えない人」が社会で生きていくことには特段の支障はなさそうだった。

しかるに著者は、原著が刊行された2019年の時点では、「数学を使える人」の需要が増えただけでなく、「数学とは無縁なはずの人々」にも一定の数学リテラシーが欠かせなくなっている、と主張する。なぜなら今や、自然界の数学的な法則を無視し続けることで人類にとって致命的な事態へとむかう危険性が急激に増大しているからであり、日常生活のなかでも、数値の「客観性」や「権威」を悪用した情報が至る所に溢れていて、それを見抜ける力がないと不利益を被るからであり、「便利さ」という圧倒的な長所によって生活の土台にまで浸潤しているコンピュータやそこで走るアルゴリズムに安易に寄りかかっていると意外な損害を被る危険があるからだ。

ざっくりいうと、人類は数学や数理的な手法がもたらす便利さや効率を活用して、文明を発展させてきた。それによって数理的な手法への依存が増す一方で、そこから生ずる負の現象――数理的な手法と人間との間の齟齬、数理的な手法の悪用や濫用、人間の側の数理リテラシーの欠如による不具合といった害――が社会の至る所で見られるようになってきたのだ。著者のキット・イェーツは、そのような状況を人々に知ってもらいたい――そのような状況を知って、それに自分なりに対処することで自身の命と生活を守ってもらいたい――と考えて、この著書をまとめたのである。

ちなみにイェーツは、現在バース大学のInstitute for Mathematical Innovation（数理イノベーション研究所）のフェローであり、数理生物学者として研究に勤しむ傍ら、その啓蒙活動の力を買われて、新型コロナの被害を最小にする科学的提言を行うボランティアの独立科学者集団Independent SAGEの一員として、隔週で新型コロナの現状に関する数字を示している。また、この著書で取り上げた環境問題や新型コロナをはじめとする各種公衆衛生を巡る「数学の濫用」に抗うべく、ガーディアン紙やインデペンデント紙への寄稿だけでなく、個人のＳＮＳでも積極的に投稿を行っている。

２０２４年１月

冨永　星

原 注

はじめに　ほぼすべての裏に数学が

1　Pollock, K. H. (1991). Modeling capture, recapture, and removal statistics for estimation of demographic parameters for fish and wildlife populations: past, present, and future. *Journal of the American Statistical Association*, 86(413), 225. https://doi.org/10.2307/2289733

2　Doscher, M. L., & Woodward, J. A. (1983). Estimating the size of subpopulations of heroin users: applications of log-linear models to capture/ recapture sampling. *The International Journal of the Addictions*, 18(2), 167–82.

Hartnoll, R., Mitcheson, M., Lewis, R., & Bryer, S. (1985). Estimating the prevalence of opioid dependence. *Lancet*, 325(8422), 203–5. https://doi. org/10.1016/S0140-6736(85)92036-7

Woodward, J. A., Retka, R. L., & Ng, L. (1984). Construct validity of heroin abuse estimators. *International Journal of the Addictions*, 19(1), 93–117. https://doi.org/10.3109/10826088409055819

3　Spagat, M. (2012). *Estimating the Human Costs of War: The Sample Survey Approach.* Oxford University Press. (M.R.Garfinkel & S.Skaperdas ed. *The Oxford handbook of the economics of peace and conflict*, pp.318-341に収録). https://doi.org/10.1093/oxfordhb/9780195392777.013.0014

第1章　指数的な変化を考える

4　Botina, S. G., Lysenko, A. M., & Sukhodolets, V. V. (2005). Elucidation of the taxonomic status of industrial strains of thermophilic lactic acid bacteria by sequencing of 16S rRNA genes. *Microbiology*, 74(4), 448–52. https://doi.org/10.1007/s11021-005-0087-7

5 Cárdenas, A. M., Andreacchio, K. A., & Edelstein, P. H. (2014). Prevalence and detection of mixed-population enterococcal bacteremia. *Journal of Clinical Microbiology*, 52(7), 2604–8. https://doi. org/10.1128/ JCM.00802-14

Lam, M. M. C., Seemann, T., Tobias, N. J., Chen, H., Haring, V., Moore, R. J.,... Stinear, T. P. (2013). Comparative analysis of the complete genome of an epidemic hospital sequence type 203 clone of vancomycinresistant Enterococcus faecium. *BMC Genomics*, 14, 595. https://doi. org/10.1186/1471-2164-14-595

6 Von Halban, H., Joliot, F., & Kowarski, L. (1939). Number of neutrons liberated in the nuclear fission of uranium. *Nature*, 143(3625), 680. https:// doi.org/10.1038/143680a0

7 Webb, J. (2003). Are the laws of nature changing with time? *Physics World*, 16(4), 33–8. https://doi.org/10.1088/2058-7058/16/4/38

8 Bernstein, J. (2008). *Nuclear Weapons: What You Need to Know.* Cambridge University Press.

9 International Atomic Energy Agency. (1996). Ten years after Chernobyl: what do we really know? (*Proceedings of the IAEA/WHO/EC International Conference: One Decade after Chernobyl: Summing Up the Consequences.* Vienna: International Atomic Energy Agency.に収録).

10 Greenblatt, D. J. (1985). Elimination half-life of drugs: value and limitations. *Annual Review of Medicine*, 36(1), 421–7. https://doi.org/ 10.1146/annurev.me.36.020185.002225

Hastings, I. M., Watkins, W. M., & White, N. J. (2002). The evolution of drug-resistant malaria: the role of drug elimination half-life. *Philosophical Transactions of the Royal Society of London*. Series B: Biological Sciences, 357(1420), 505–19. https://doi.org/10.1098/ rstb.2001.1036

11 Leike, A. (2002). Demonstration of the exponential decay law using beer froth. *European Journal of Physics*, 23(1), 21–6. https://doi.

org/10.1088/0143-0807/23/1/304

Fisher, N. (2004). The physics of your pint: head of beer exhibits exponential decay. *Physics Education*, 39(1), 34–5. https://doi.org/10.1088/0031-9120/39/1/F11

12 Rutherford, E., & Soddy, F. (1902). LXIV. The cause and nature of radioactivity. Part II. *The London, Edinburgh, and Dublin Philosophical Magazine and Journal of Science*, 4(23), 569–85. https://doi.org/10.1080/ 14786440209462881

Rutherford, E., & Soddy, F. (1902). XLI. The cause and nature of radioactivity. Part I. *The London, Edinburgh, and Dublin Philosophical Magazine and Journal of Science*, 4(21), 370–96. https://doi.org/10.1080/14786440209462856

13 Bonani, G., Ivy, S., Wölfli, W., Broshi, M., Carmi, I., & Strugnell, J. (1992). Radiocarbon dating of Fourteen Dead Sea Scrolls. *Radiocarbon*, 34(03), 843–9. https://doi.org/10.1017/S0033822200064158

Carmi, I. (2000). Radiocarbon dating of the Dead Sea Scrolls. (L. Schiffman, E. Tov, & J. VanderKam (eds.), *The Dead Sea Scrolls: Fifty Years After Their Discovery. 1947–1997*, p.881に収録).

Bonani, G., Broshi, M., & Carmi, I. (1991). 14 Radiocarbon dating of the Dead Sea scrolls. *'Atiqot*, Israel Antiquities Authority.

14 Starr, C., Taggart, R., Evers, C. A., & Starr, L. (2019). *Biology: The Unity and Diversity of Life*, Cengage Learning.

15 Bonani, G., Ivy, S. D., Hajdas, I., Niklaus, T. R., & Suter, M. (1994). Ams 14C age determinations of tissue, bone and grass samples from the ötztal ice man. *Radiocarbon*, 36(02), 247–250. https://doi.org/10.1017/ S0033822200040534

16 Keisch, B., Feller, R. L., Levine, A. S., & Edwards, R. R. (1967). Dating and authenticating works of art by measurement of natural alpha emitters. *Science*, 155(3767), 1238–42. https://doi.org/10.1126/

science.155.3767.1238

17 Kenna, K. P., van Doormaal, P. T. C., Dekker, A. M., Ticozzi, N., Kenna, B. J., Diekstra, F. P.,... Landers, J. E. (2016). NEK1 variants confer susceptibility to amyotrophic lateral sclerosis. *Nature Genetics*, 48(9), 1037–42. https://doi.org/10.1038/ng.3626

18 Vinge, V. (1986). *Marooned in Realtime*. Bluejay Books/ St. Martin's Press.

Vinge, V. (1992). *A Fire Upon the Deep*. Tor Books.

Vinge, V. (1993). The coming technological singularity: how to survive in the post-human era. (NASA. *Lewis Research Center, Vision 21: Interdisciplinary Science and Engineering in the Era of Cyberspace*, pp.11-22に収録). 以下のURLにて取得。 https://ntrs.nasa.gov/search.jsp?R=19940022856

19 Kurzweil, R. (1999). *The Age of Spiritual Machines: When Computers Exceed Human Intelligence*. Viking.（邦訳はレイ・カーツワイル『スピリチュアル・マシーン　コンピュータに魂が宿るとき』田中三彦／田中茂彦訳、翔泳社、2001年）

20 Kurzweil, R. (2004). The law of accelerating returns.〔収穫加速の法則が戻ってくる〕(*Alan Turing: Life and Legacy of a Great Thinker* pp.381-416に収録). Springer Berlin Heidelberg. https://doi.org/10.1007/978-3-662-05642-4_16

21 Gregory, S. G., Barlow, K. F., McLay, K. E., Kaul, R., Swarbreck, D., Dunham, A.,... Bentley, D. R. (2006). The DNA sequence and biological annotation of human chromosome 1. *Nature*, 441(7091), 315–21. https://doi.org/10.1038/nature04727

International Human Genome Sequencing Consortium. (2001). Initial sequencing and analysis of the human genome. *Nature*, 409(6822), 860–921. https://doi.org/10.1038/35057062

Pennisi, E. (2001). The human genome. *Science*, 291(5507), 1177–80. https://doi.org/10.1126/SCIENCE.291.5507.1177

22 Malthus, T. R. (2008). *An Essay on the Principle of Population*. (Ed. R. Thomas and G. Gilbert) Oxford University Press.（邦訳はマルサス著『人口の原理〔第6版〕』南亮三郎監修／大淵寛ほか訳、中央大学出版部、1985年。『人口論』斉藤悦則訳、光文社、2011年など）

23 McKendrick, A. G., & Pai, M. K. (1912). The rate of multiplication of micro-organisms: a mathematical study. *Proceedings of the Royal Society of Edinburgh*, 31, 649–53. https://doi.org/10.1017/S0370164600025426

24 Davidson, J. (1938). On the ecology of the growth of the sheep population in South Australia. *Trans. Roy. Soc. S. A.*, 62(1), 11–148.

Davidson, J. (1938). On the growth of the sheep population in Tasmania. *Trans. Roy. Soc. S. A.*, 62(2), 342–6.

25 Jeffries, S., Huber, H., Calambokidis, J., & Laake, J. (2003). Trends and status of harbor seals in Washington State: 1978–1999. *The Journal of Wildlife Management*, 67(1), 207. https://doi.org/10.2307/3803076

26 Flynn, M. N., & Pereira, W. R. L. S. (2013). Ecotoxicology and environmental contamination. *Ecotoxicology and Environmental Contamination*, 8(1), 75–85.

27 Wilson, E. O. (2002). *The Future of Life* (1st ed.). Alfred A. Knopf.（邦訳はエドワード・O・ウィルソン『生命の未来』山下篤子訳、角川書店、2003年）

28 Raftery, A. E., Alkema, L., & Gerland, P. (2014). Bayesian Population Projections for the United Nations. *Statistical Science: A Review Journal of the Institute of Mathematical Statistics*, 29(1), 58–68. https://doi. org/10.1214/13-STS419

Raftery, A. E., Li, N., Ševcíková, H., Gerland, P., & Heilig, G. K. (2012). Bayesian probabilistic population projections for all countries. *Proceedings of the National Academy of Sciences of the United States of America*, 109(35), 13915–21. https://doi.org/10.1073/

pnas.1211452109

United Nations Department of Economic and Social Affairs Population Division. (2017). World population prospects: the 2017 revision, key findings and advance tables, ESA/P/WP/2.

29 Block, R. A., Zakay, D., & Hancock, P. A. (1999). Developmental changes in human duration judgments: a meta-analytic review. *Developmental Review*, 19(1), 183–211. https://doi.org/10.1006/DREV.1998.0475

30 Mangan, P., Bolinskey, P., & Rutherford, A. (1997). Underestimation of time during aging: the result of age-related dopaminergic changes. (*Annual Meeting of the Society for Neuroscience*に収録).

31 Craik, F. I. M., & Hay, J. F. (1999). Aging and judgments of duration: Effects of task complexity and method of estimation. *Perception & Psychophysics*, 61(3), 549–60. https://doi.org/10.3758/BF03211972

32 Church, R. M. (1984). Properties of the Internal Clock. *Annals of the New York Academy of Sciences*, 423(1), 566–82. https://doi. org/10.1111/j.1749-6632.1984.tb23459.x

Craik, F. I. M., & Hay, J. F. (1999). Aging and judgments of duration: effects of task complexity and method of estimation. *Perception & Psychophysics*, 61(3), 549–60. https://doi.org/10.3758/BF03211972

Gibbon, J., Church, R. M., & Meck, W. H. (1984). Scalar timing in memory. *Annals of the New York Academy of Sciences*, 423(1 Timing and Ti), 52–77. https://doi.org/10.1111/j.1749-6632.1984.tb23417.x

33 Pennisi, E. (2001). The human genome. *Science*, 291(5507), 1177–80. https://doi.org/10.1126/SCIENCE.291.5507.1177

34 Stetson, C., Fiesta, M. P., & Eagleman, D. M. (2007). Does time really slow down during a frightening event? *PLoS ONE*, 2(12), e1295. https://doi. org/10.1371/journal.pone.0001295

第２章　感度と特異度とセカンド・オピニオン

35 Farrer, L. A., Cupples, L. A., Haines, J. L., Hyman, B., Kukull, W. A., Mayeux, R.,... Duijn, C. M. van. (1997). Effects of age, sex, and ethnicity on the association between apolipoprotein E genotype and Alzheimer disease. *JAMA*〔米国医師会雑誌〕, 278(16), 1349. https://doi.org/10.1001/jama.1997.03550160069041

Gaugler, J., James, B., Johnson, T., Scholz, K., & Weuve, J. (2016). 2016 Alzheimer's disease facts and figures. *Alzheimer's & Dementia*, 12(4), 459–509. https://doi.org/10.1016/J.JALZ.2016.03.001

Genin, E., Hannequin, D., Wallon, D., Sleegers, K., Hiltunen, M., Combarros, O.,... Campion, D. (2011). APOE and Alzheimer disease: a major gene with semi-dominant inheritance. *Molecular Psychiatry*, 16(9), 903–7. https://doi.org/10.1038/mp.2011.52

Jewell, N. P. (2004). *Statistics for Epidemiology.* Chapman & Hall/CRC.

Macpherson, M., Naughton, B., Hsu, A. and Mountain, J. (2007). *Estimating Genotype-Specific Incidence for One or Several Loci*, 23andMe.

Risch, N. (1990). Linkage strategies for genetically complex traits. I. Multilocus models. *American Journal of Human Genetics*, 46(2), 222–8.

36 Kalf, R. R. J., Mihaescu, R., Kundu, S., de Knijff, P., Green, R. C., & Janssens, A. C. J. W. (2014). Variations in predicted risks in personal genome testing for common complex diseases. *Genetics in Medicine*, 16(1), 85–91. https://doi.org/10.1038/gim.2013.80

37 Quetelet, L. A. J. (1994). A treatise on man and the development of his faculties. *Obesity Research*, 2(1), 72–85. https://doi.org/10.1002/j.1550-8528.1994.tb00047.x

38 Keys, A., Fidanza, F., Karvonen, M. J., Kimura, N., & Taylor, H. L. (1972). Indices of relative weight and obesity. *Journal of Chronic Diseases*, 25(6–7), 329–43. https://doi.org/10.1016/0021-9681(72)90027-6

39 Tomiyama, A. J., Hunger, J. M., Nguyen-Cuu, J., & Wells, C. (2016). Misclassification of cardiometabolic health when using body mass index categories in NHANES 2005–2012. *International Journal of Obesity*, 40(5), 883–6. https://doi.org/10.1038/ijo.2016.17

40 McCrea, R. L., Berger, Y. G., & King, M. B. (2012). Body mass index and common mental disorders: exploring the shape of the association and its moderation by age, gender and education. *International Journal of Obesity*, 36(3), 414–21. https://doi.org/10.1038/ijo.2011.65

41 Sendelbach, S., & Funk, M. (2013). Alarm fatigue: a patient safety concern. *AACN Advanced Critical Care*, 24(4), 378–86; quiz 387-8. https:// doi.org/10.1097/NCI.0b013e3182a903f9

Lawless, S. T. (1994). Crying wolf: false alarms in a pediatric intensive care unit. *Critical Care Medicine*, 22(6), 981–85.

42 Mäkivirta, A., Koski, E., Kari, A., & Sukuvaara, T. (1991). The median filter as a preprocessor for a patient monitor limit alarm system in intensive care. *Computer Methods and Programs in Biomedicine*, 34(2–3), 139–44. https://doi.org/10.1016/0169-2607(91)90039-V

43 Imhoff, M., Kuhls, S., Gather, U., & Fried, R. (2009). Smart alarms from medical devices in the OR and ICU. *Best Practice & Research Clinical Anaesthesiology*, 23(1), 39–50. https://doi.org/10.1016/J.BPA.2008.07.008

44 Hofvind, S., Geller, B. M., Skelly, J., & Vacek, P. M. (2012). Sensitivity and specificity of mammographic screening as practised in Vermont and Norway. *The British Journal of Radiology*, 85(1020), e1226–32. https://doi. org/10.1259/bjr/15168178

45 Gigerenzer, G., Gaissmaier, W., Kurz-Milcke, E., Schwartz, L. M., & Woloshin, S. (2007). Helping doctors and patients make sense of health statistics. *Psychological Science in the Public Interest*, 8(2), 53–96. https://doi. org/10.1111/j.1539-6053.2008.00033.x

46 Gray, J. A. M., Patnick, J., & Blanks, R. G. (2008). Maximising benefit and minimising harm of screening. *BMJ*〔イギリス医師会雑誌〕*(Clinical Research Ed.)*, 336(7642), 480–83. https://doi.org/10.1136/bmj.39470.643218.94

47 Gigerenzer, G., Gaissmaier, W., Kurz-Milcke, E., Schwartz, L. M., & Woloshin, S. (2007). Helping doctors and patients make sense of health statistics. *Psychological Science in the Public Interest*, 8(2), 53–96. https://doi. org/10.1111/j.1539-6053.2008.00033.x

48 Cornett, J. K., & Kirn, T. J. (2013). Laboratory diagnosis of HIV in adults: a review of current methods. *Clinical Infectious Diseases*, 57(5), 712–18. https://doi.org/10.1093/cid/cit281

49 Bougard, D., Brandel, J.-P., Bélondrade, M., Béringue, V., Segarra, C., Fleury, H.,... Coste, J. (2016). Detection of prions in the plasma of presymptomatic and symptomatic patients with variant Creutzfeldt-Jakob disease. *Science Translational Medicine*, 8(370), 370ra182. https://doi. org/10.1126/scitranslmed.aag1257

50 Sigel, C. S., & Grenache, D. G. (2007). Detection of unexpected isoforms of human chorionic gonadotropin by qualitative tests. *Clinical Chemistry*, 53(5), 989–90. https://doi.org/10.1373/clinchem.2007.085399

51 Daniilidis, A., Pantelis, A., Makris, V., Balaouras, D., & Vrachnis, N. (2014). A unique case of ruptured ectopic pregnancy in a patient with negative pregnancy test – a case report and brief review of the literature. *Hippokratia*, 18(3), 282–84.

第3章　法廷の数学

52 Schneps, L., & Colmez, C. (2013). *Math on trial: how numbers get used and abused in the courtroom*, Basic Books (New York)

53 Jean Mawhin. (2005). Henri Poincaré. A life in the service of science. *Notices of the American Mathematical Society*, 52(9), 1036–44.

54 Ramseyer, J. M., & Rasmusen, E. B. (2001). Why is the Japanese conviction rate so high? *The Journal of Legal Studies*, 30(1), 53–88. https:// doi.org/10.1086/468111

55 Meadow, R. (Ed.) (1989). *ABC of Child Abuse* (First edition). British Medical Journal Publishing Group.

56 Brugha, T., Cooper, S., McManus, S., Purdon, S., Smith, J., Scott, F.,... Tyrer, F. (2012). *Estimating the Prevalence of Autism Spectrum Conditions in Adults – Extending the 2007 Adult Psychiatric Morbidity Survey – NHS Digital.*

57 Ehlers, S., & Gillberg, C. (1993). The Epidemiology of Asperger Syndrome. *Journal of Child Psychology and Psychiatry*, 34(8), 1327–50. https://doi.org/10.1111/j.1469-7610.1993.tb02094.x

58 Fleming, P. J., Blair, P. S. P., Bacon, C., & Berry, P. J. (2000). *Sudden unexpected deaths in infancy: the CESDI SUDI studies 1993–1996.* The Stationery Office〔英国出版局〕.

Leach, C. E. A., Blair, P. S., Fleming, P. J., Smith, I. J., Platt, M. W., Berry, P. J.,... Group, the C. S. R. (1999). Epidemiology of SIDS and explained sudden infant deaths. *Pediatrics*, 104(4), e43.

59 Summers, A. M., Summers, C. W., Drucker, D. B., Hajeer, A. H., Barson, A., & Hutchinson, I. V. (2000). Association of IL-10 genotype with sudden infant death syndrome. *Human Immunology*, 61(12), 1270–73. https://doi. org/10.1016/S0198-8859(00)00183-X

60 Brownstein, C. A., Poduri, A., Goldstein, R. D., & Holm, I. A. (2018). The genetics of Sudden Infant Death Syndrome. (*SIDS: Sudden Infant and Early Childhood Death: The Past, the Present and the Future*, University of Adelaide Pressに収録).

Dashash, M., Pravica, V., Hutchinson, I. V., Barson, A. J., & Drucker, D. B. (2006). Association of Sudden Infant Death Syndrome with VEGF and IL-6 Gene polymorphisms. *Human Immunology*, 67(8), 627–33. https://doi. org/10.1016/J.

HUMIMM.2006.05.002

61 Ma, Y. Z. (2015). Simpson's paradox in GDP and per capita GDP growths. *Empirical Economics*, 49(4), 1301–15. https://doi.org/10.1007/s00181-015-0921-3

62 Nurmi, H. (1998). Voting paradoxes and referenda. *Social Choice and Welfare*, 15(3), 333–50. https://doi.org/10.1007/s003550050109

63 Abramson, N. S., Kelsey, S. F., Safar, P., & Sutton-Tyrrell, K. (1992). Simpson's paradox and clinical trials: What you find is not necessarily what you prove. *Annals of Emergency Medicine*, 21(12), 1480–82. https://doi. org/10.1016/S0196-0644(05)80066-6

64 Yerushalmy, J. (1971). The relationship of parents' cigarette smoking to outcome of pregnancy – implications as to the problem of inferringcausation from observed associations. *American Journal of Epidemiology*, 93(6), 443–56. https://doi.org/10.1093/oxfordjournals.aje.a121278

65 Wilcox, A. J. (2001). On the importance – and the unimportance – of birthweight. *International Journal of Epidemiology*, 30(6), 1233–41. https:// doi.org/10.1093/ije/30.6.1233

66 Dawid, A. P. (2005). Bayes's theorem and weighing evidence by juries. (Richard Swinburne (ed.), *Bayes's Theorem*. (Proceedings of the British Academy) Oxford University Pressに収録). https://doi. org/10.5871/bacad/9780197263419.003.0004

Hill, R. (2004). Multiple sudden infant deaths – coincidence or beyond coincidence? *Paediatric and Perinatal Epidemiology*, 18(5), 320–26. https:// doi.org/10.1111/j.1365-3016.2004.00560.x

67 Schneps, L., & Colmez, C. (2013). *Math on Trial: How Numbers Get Used and Abused in the Courtroom*. 〔既出〕

68 Jepson, R. G., Williams, G., & Craig, J. C. (2012). Cranberries for preventing urinary tract infections. *Cochrane Database of Systematic Reviews*, (10). https://doi.org/10.1002/14651858.CD001321.pub5

69 Hemilä, H., Chalker, E., & Douglas, B. (2007). Vitamin C for preventing and treating the common cold. *Cochrane Database of Systematic Reviews*, (3). https://doi.org/10.1002/14651858.CD000980.pub3

第4章 真実を信じるな

70 American Society of News Editors. (2019). ASNE Statement of Principles. 2019年3月16日以下のURLより取得。 https://www.asne.org/content. asp?pl=24&sl=171&contentid=171

International Federation of Journalists. (2019). Principles on Conduct of Journalism – IFJ. 2019年3月16日以下のURLより取得。 https://www.ifj.org/ who/rules-and-policy/principles-on-conduct-of-journalism.html

Associated Press Media Editors. (2019). Statement of Ethical Principles – APME. 2019年3月16日以下のURLより取得。 https://www.apme.com/page/EthicsStatement?&hhsearchterms=%22ethics%22

Society of Professional Journalists. (2019). SPJ Code of Ethics. 2019年3月16日以下のURLより取得。 https://www.spj.org/ethicscode.asp

71 Troyer, K., Gilboy, T., & Koeneman, B. (2001). A nine STR locus match between two apparently unrelated individuals using AmpFlSTR® Profiler Plus and Cofiler. (*Genetic Identity Conference Proceedings*, (12th International Symposium on Human Identification) に収録). 以下のURLにて取得。 https:// www.promega.ee/~/media/files/resources/conference-proceedings/ishi-12/poster-abstracts/troyer.pdf

72 Curran, J. (2010). Are DNA profiles as rare as we think? Or can we trust DNA statistics? *Significance*, 7(2), 62–6. https://doi.org/10.1111/j.17409713.2010.00420.x

73 Ramirez, E., Brill, J., Ohlhausen, M. K., Wright, J. D., Terrell, M., & Clark, D. S. (2014). In the matter of L'Oréal USA, Inc., a corporation. Docket No. C. 以下のURLにて取得。 https://www.ftc.gov/system/files/documents/ cases/140627lorealcmpt.pdf

74 Squire, P. (1988). Why the 1936 Literary Digest poll failed. *Public Opinion Quarterly*, 52(1), 125. https://doi.org/10.1086/269085

75 Simon, J. L. (2003). *The Art of Empirical Investigation*. Transaction Publishers.

76 Literary Digest. (1936). Landon, 1,293,669; Roosevelt, 972,897: Final Returns in 'The Digest's' Poll of Ten Million Voters. *Literary Digest*, 122, 5–6.

77 Cantril, H. (1937). How accurate were the polls? *Public Opinion Quarterly*, 1(1), 97. https://doi.org/10.1086/265040

Lusinchi, D. (2012). 'President' Landon and the 1936 Literary Digest poll. *Social Science History*, 36(01), 23–54. https://doi.org/10.1017/S014555320001035X

78 Squire, P. (1988). Why the 1936 Literary Digest poll failed. *Public Opinion Quarterly*, 52(1), 125. https://doi.org/10.1086/269085

79 'Rod Liddle said, "Do the math". So I did.' Blog post from polarizingthevacuum, 8 September 2016. 2019年3月21日に以下のURLより取得。https://polarizingthevacuum.wordpress.com/2016/09/08/rod-liddle-saiddo-the-math-so-i-did/#comments

80 Federal Bureau of Investigation. (2015). *Crime in the United States: FBI — Expanded Homicide Data Table 6*. 以下のURLにて取得。 https://ucr.fbi.gov/ crime-in-the-u.s/2015/crime-in-the-u.s.-2015/tables/expanded_homicide_ data_table_6_murder_race_and_sex_of_vicitm_by_race_and_sex_of_ offender_2015.xls

81 U.S. Census Bureau. (2015). *American FactFinder – Results*. 以下のURLにて取得。https://factfinder.census.gov/bkmk/table/1.0/en/ACS/15_5YR/DP05/0100000US

82 Swaine, J., Laughland, O., Lartey, J., & McCarthy, C. (2016). The counted: people killed by police in the US. 以下のURLにて取得。https://www.theguardian.com/us-news/series/counted-us-police-killings〔ガーディアン・オンライン〕

83 Tran, M. (2015, October 8). FBI chief: 'unacceptable' that Guardian has better data on police violence. *The Guardian*〔ガーディアン・オンライン〕. 以下のURLにて取得。https://www.theguardian.com/us-news/2015/oct/08/fbi-chief-says-ridiculous-guardianwashington-post-better-information-police-shootings

84 Federal Bureau of Investigation. (2015). Crime in the United States: Full-time Law Enforcement Employees. 以下のURLにて取得。https://ucr.fbi.gov/ crime-in-the-u.s/2015/crime-in-the-u.s.-2015/tables/table-74

85 World Cancer Research Fund, & American Institute for Cancer Research. (2007). Second Expert Report | World Cancer Research Fund International. http://discovery.ucl.ac.uk/4841/1/4841.pdf

86 Newton-Cheh, C., Larson, M. G., Vasan, R. S., Levy, D., Bloch, K. D., Surti, A.,... Wang, T. J. (2009). Association of common variants in NPPA and NPPB with circulating natriuretic peptides and blood pressure. *Nature Genetics*, 41(3), 348–53. https://doi.org/10.1038/ng.328

87 Garcia-Retamero, R., & Galesic, M. (2010). How to reduce the effect of framing on messages about health. *Journal of General Internal Medicine*, 25(12), 1323–29. https://doi.org/10.1007/s11606-010-1484-9

88 Sedrakyan, A., & Shih, C. (2007). Improving depiction of benefits and harms. *Medical Care*, 45(10 Suppl 2), S23–S28. https://doi.org/10.1097/ MLR.0b013e3180642f69

89 Fisher, B., Costantino, J. P., Wickerham, D. L., Redmond, C. K., Kavanah, M., Cronin, W. M.,... Wolmark, N. (1998). Tamoxifen for

prevention of breast cancer: report of the National Surgical Adjuvant Breast and Bowel Project P-1 Study. *JNCI: Journal of the National Cancer Institute*, 90(18), 1371–88. https://doi.org/10.1093/jnci/90.18.1371

90 Passerini, G. and Macchi, L. and Bagassi, M. (2012). A methodological approach to ratio bias. *Judgment and Decision Making*, 7(5).

91 Denes-Raj, V., & Epstein, S. (1994). Conflict between intuitive and rational processing: When people behave against their better judgment. *Journal of Personality and Social Psychology*, 66(5), 819–29. https://doi. org/10.1037/0022-3514.66.5.819

92 Faigel, H. C. (1991). The effect of beta blockade on stress-induced cognitive dysfunction in adolescents. *Clinical Pediatrics*, 30(7), 441–5. https://doi.org/10.1177/000992289103000706

93 Hróbjartsson, A., & Gøtzsche, P. C. (2010). Placebo interventions for all clinical conditions. *Cochrane Database of Systematic Reviews*, (1). https:// doi.org/10.1002/14651858.CD003974.pub3

94 Lott, J. R. (2000). *More Guns, Less Crime: Understanding Crime and Gun Control Laws* (2nd edn). University of Chicago Press.

Lott, Jr., J. R., & Mustard, D. B. (1997). Crime, deterrence, and right to carry concealed handguns. *The Journal of Legal Studies*, 26(1), 1–68. https:// doi.org/10.1086/467988

Plassmann, F., & Tideman, T. N. (2001). Does the right to carry concealed handguns deter countable crimes? Only a count analysis can say. *The Journal of Law and Economics*, 44(S2), 771–98. https://doi. org/10.1086/323311

Bartley, W. A., & Cohen, M. A. (1998). The effect of concealed weapons laws: an extreme bound analysis. *Economic Inquiry*, 36(2), 258–65. https:// doi.org/10.1111/j.1465-7295.1998.tb01711.x

Moody, C. E. (2001). Testing for the effects of concealed weapons laws: specification errors and robustness. *The Journal of Law and*

Economics, 44(S2), 799–813. https://doi.org/10.1086/323313

95 Levitt, S. D. (2004). Understanding why crime fell in the 1990s: four factors that explain the decline and six that do not. *Journal of Economic Perspectives*, 18(1), 163–90. https://doi.org/10.1257/089533004773563485

96 Grambsch, P. (2008). Regression to the mean, murder rates, and shall-issue laws. *The American Statistician*, 62(4), 289–95. https://doi.org/10.1198/000313008X362446

第5章　小数点や単位が引き起こす災難

97 Weber-Wulff, D. (1992). Rounding error changes parliament makeup. *The Risks Digest*, 13(37).

98 McCullough, B. D., & Vinod, H. D. (1999). The numerical reliability of econometric software. *Journal of Economic Literature*, 37(2), 633–65. https://doi.org/10.1257/jel.37.2.633

99 厳密にいうと、アメリカの慣用単位はイギリスの帝国単位とは少し異なる。しかしその差は本書にとって重要ではないので、ここでは2つをまとめて帝国単位と呼ぶ。

100 Wolpe, H. (1992). *Patriot missile defense: software problem led to system failure at Dhahran, Saudi Arabia*, United States General Accounting Office, Washington D.C. 以下のURLにて取得。 https://www.gao.gov/products/ IMTEC-92-26.

第6章　飽くなき最適化

101 Jaffe, A. M. (2006). The millennium grand challenge in mathematics. *Notices of the AMS* 53.6.

102 Perelman, G. (2002). The entropy formula for the Ricci flow and its geometric applications. 以下のURLにて取得。 http://arxiv.org/abs/math/0211159

Perelman, G. (2003). Finite extinction time for the solutions to the

Ricci flow on certain three-manifolds. 以下のURLにて取得。 http://arxiv.org/abs/ math/0307245

Perelman, G. (2003). Ricci flow with surgery on three-manifolds. 以下のURLにて取得。 http://arxiv.org/abs/math/0303109

103 Cook, W. (2012). *In Pursuit of the Traveling Salesman: Mathematics at the Limits of Computation*. Princeton University Press.

104 Dijkstra, E. W. (1959). A note on two problems in connexion with graphs. *Numerische Mathematik*, 1(1), 269–71.

105 オイラー数〔自然対数の底。日本ではネイピア数と呼ばれることが多い〕が最初に登場したのは17世紀のことだった。スイスの数学者ヤコブ・ベルヌーイ（第7章でその疫学における功績を紹介する数理生物学の先駆者ダニエル・ベルヌーイの叔父）が複利の研究で発見したのである。複利には第1章で出会っているが、その場合には、利子自体にも利子がついていく。ベルヌーイは、利子の複利計算が何回行われるかによって、年度末に生じる利子の額がどう変わるのかを知ろうとした。ここでは簡略化して、銀行が当初の投資1ポンドに対して、年利100％という特別な利子をつけるとする。決められた期間の終わりに利子が加わって、次の期間はその総額に利子がつく。銀行が1年に1回だけ利子を払うとしたらどうなるか。1年後には、利子として1ポンドを受け取るが、さらに利子が利子を生むだけの時間は残っていないので、口座の額は2ポンドになる。これに対して銀行が6カ月ごとに利子を払うことにしたら、半年後には銀行が年利の半分（つまり50％）という計算で利子を勘定して、口座の額は1.50ポンドになる。その年の終わりに同じ手順が繰り返されて、口座の1.50ポンドという額に50％の利子がつくから、年度末には計2.25ポンドになる。もっと頻繁に複利を取っていくと、年度末の金額は増していく。たとえば、四半期ごとに複利を取ると2.44ポンドになり、月ごとに複利を取ると2.61ポンドになる。ベルヌーイは、連続的に複利を取る（つまり利子を、無限に小さな割合で無限回計算して加えていく）と、年度末の残高が約2.72ポンドでピークになることを示した。もっと正確にいうと、年末にはe（オイラー数）

ポンドになるのだ。

106 Ferguson, T. S. (1989). Who solved the secretary problem? *Statistical Science*, 4(3), 282–89. https://doi.org/10.1214/ss/1177012493
Gilbert, J. P., & Mosteller, F. (1966). Recognizing the maximum of a sequence. *Journal of the American Statistical Association*, 61(313), 35. https://doi.org/10.2307/2283044

第7章　感受性保持者、感染者、隔離者

107 Fiebelkorn, A. P., Redd, S. B., Gastañaduy, P. A., Clemmons, N., Rota, P. A., Rota, J. S.,... Wallace, G. S. (2017). A comparison of postelimination measles epidemiology in the United States, 2009–2014 versus 2001–2008. *Journal of the Pediatric Infectious Diseases Society*, 6(1), 40–48. https://doi. org/10.1093/jpids/piv080

108 Jenner, E. (1798). An inquiry into the causes and effects of the variolae vaccinae, a disease discovered in some of the western counties of England, particularly Gloucestershire, and known by the name of the cow pox. (Ed. S. Low).

109 Booth, J. (1977). A short history of blood pressure measurement. *Proceedings of the Royal Society of Medicine*, 70(11), 793–9.

110 Bernoulli, D., & Blower, S. (2004). An attempt at a new analysis of the mortality caused by smallpox and of the advantages of inoculation to prevent it. *Reviews in Medical Virology*, 14(5), 275–88. https://doi. org/10.1002/rmv.443

111 Hays, J. N. (2005). *Epidemics and Pandemics: Their Impacts on Human History*. ABC-CLIO.
Watts, S. (1999). British development policies and malaria in India 1897–c.1929. *Past & Present*, 165(1), 141–81. https://doi.org/10.1093/past/165.1.141
Harrison, M. (1998). 'Hot beds of disease': malaria and civilization in nineteenth-century British India. *Parassitologia*, 40(1–2), 11–18. 以下

のURLにて取得。 http://www.ncbi.nlm.nih.gov/pubmed/9653727
Mushtaq, M. U. (2009). Public health in British India: a brief account of the history of medical services and disease prevention in colonial India. *Indian Journal of Community Medicine: Official Publication of Indian Association of Preventive & Social Medicine*, 34(1), 6–14. https://doi. org/10.4103/0970-0218.45369

112 Simpson, W. J. (2010). *A Treatise on Plague Dealing with the Historical, Epidemiological, Clinical, Therapeutic and Preventive Aspects of the Disease*. Cambridge University Press. https://doi.org/10.1017/CBO9780511710773

113 Kermack, W. O., & McKendrick, A. G. (1927). A contribution to the mathematical theory of epidemics. *Proceedings of the Royal Society A: Mathematical, Physical and Engineering Sciences*, 115(772), 700–721. https:// doi.org/10.1098/rspa.1927.0118

114 Hall, A. J., Wikswo, M. E., Pringle, K., Gould, L. H., Parashar, U. D. (2014). Vital signs: food-borne norovirus outbreaks – United States, 2009–2012. *MMWR. Morbidity and Mortality Weekly Report*, 63(22), 491–5.

115 Murray, J. D. (2002). *Mathematical Biology I: An Introduction. Springer*.（邦訳はJames D. Murray『マレー数理生物学入門』三村昌泰総監修、丸善出版、2014年）

116 Bosch, F. X., Manos, M. M., Muñoz, N., Sherman, M., Jansen, A. M., Peto, J.,... Shah, K. V. (1995). Prevalence of human papillomavirus in cervical cancer: a worldwide perspective. International Biological Study on Cervical Cancer (IBSCC) Study Group. *Journal of the National Cancer Institute*, 87(11), 796–802.

117 Gavillon, N., Vervaet, H., Derniaux, E., Terrosi, P., Graesslin, O., & Quereux, C. (2010). Papillomavirus humain (HPV): comment ai-je attrapé ça? *Gynécologie Obstétrique & Fertilité*, 38(3), 199–204. https://doi. org/10.1016/J.GYOBFE.2010.01.003

118 Jit, M., Choi, Y. H., & Edmunds, W. J. (2008). Economic evaluation of human papillomavirus vaccination in the United Kingdom. *BMJ (Clinical Research Ed.)*, 337, a769. https://doi.org/10.1136/bmj.a769

119 Zechmeister, I., Blasio, B. F. de, Garnett, G., Neilson, A. R., & Siebert, U. (2009). Cost-effectiveness analysis of human papillomavirus-vaccination programs to prevent cervical cancer in Austria. *Vaccine*, 27(37), 5133–41. https://doi.org/10.1016/J.VACCINE.2009.06.039

120 Kohli, M., Ferko, N., Martin, A., Franco, E. L., Jenkins, D., Gallivan, S.,... Drummond, M. (2007). Estimating the long-term impact of a prophylactic human papillomavirus 16/18 vaccine on the burden of cervical cancer in the UK. *British Journal of Cancer*, 96(1), 143–50. https://doi. org/10.1038/sj.bjc.6603501

Kulasingam, S. L., Benard, S., Barnabas, R. V, Largeron, N., & Myers, E. R. (2008). Adding a quadrivalent human papillomavirus vaccine to the UK cervical cancer screening programme: a cost-effectiveness analysis. *Cost Effectiveness and Resource Allocation*, 6(1), 4. https://doi.org/10.1186/ 1478-7547-6-4

Dasbach, E., Insinga, R., & Elbasha, E. (2008). The epidemiological and economic impact of a quadrivalent human papillomavirus vaccine (6/11/16/18) in the UK. *BJOG: An International Journal of Obstetrics & Gynaecology*, 115(8), 947–56. https://doi.org/10.1111/j.1471-0528.2008.01743.x

121 Hibbitts, S. (2009). Should boys receive the human papillomavirus vaccine? Yes. *BMJ*, 339, b4928. https://doi.org/10.1136/BMJ.B4928

Parkin, D. M., & Bray, F. (2006). Chapter 2: The burden of HPV-related cancers. *Vaccine*, 24, S11–S25. https://doi.org/10.1016/J.VACCINE.2006.05.111

Watson, M., Saraiya, M., Ahmed, F., Cardinez, C. J., Reichman, M. E., Weir, H. K., & Richards, T. B. (2008). Using population-based

cancer registry data to assess the burden of human papillomavirus-associated cancers in the United States: Overview of methods. *Cancer*, 113(S10), 2841–54. https://doi.org/10.1002/cncr.23758

122 Hibbitts, S. (2009). Should boys receive the human papillomavirus vaccine? Yes. *BMJ*, 339, b4928. https://doi.org/10.1136/BMJ.B4928
ICO/IARC Information Centre on HPV and Cancer. (2018). United Kingdom Human Papillomavirus and Related Cancers, Fact Sheet 2018.
Watson, M., Saraiya, M., Ahmed, F., Cardinez, C. J., Reichman, M. E., Weir, H. K., & Richards, T. B. (2008). Using population-based cancer registry data to assess the burden of human papillomavirus-associated cancers in the United States: Overview of methods. *Cancer*, 113(S10), 2841–2854. https://doi.org/10.1002/cncr.23758

123 Yanofsky, V. R., Patel, R. V, & Goldenberg, G. (2012). Genital warts: a comprehensive review. *The Journal of Clinical and Aesthetic Dermatology*, 5(6), 25–36.

124 Hu, D., & Goldie, S. (2008). The economic burden of noncervical human papillomavirus disease in the United States. *American Journal of Obstetrics and Gynecology*, 198(5), 500.e1–500.e7. https://doi.org/10.1016/J. AJOG.2008.03.064

125 Gómez-Gardeñes, J., Latora, V., Moreno, Y., & Profumo, E. (2008). Spreading of sexually transmitted diseases in heterosexual populations. *Proceedings of the National Academy of Sciences of the United States of America*, 105(5), 1399–404. https://doi.org/10.1073/pnas.0707332105

126 Blas, M. M., Brown, B., Menacho, L., Alva, I. E., Silva-Santisteban, A., & Carcamo, C. (2015). HPV Prevalence in multiple anatomical sites among men who have sex with men in Peru. *PLOS ONE*, 10(10), e0139524. https:// doi.org/10.1371/journal.pone.0139524
McQuillan, G., Kruszon-Moran, D., Markowitz, L. E., Unger, E. R.,

& Paulose-Ram, R. (2017). Prevalence of HPV in Adults aged 18–69: United States, 2011–2014. *NCHS Data Brief*, (280), 1–8. 以下のURLにて取得。 http://www.ncbi.nlm.nih.gov/pubmed/28463105

127 D'Souza, G., Wiley, D. J., Li, X., Chmiel, J. S., Margolick, J. B., Cranston, R. D., & Jacobson, L. P. (2008). Incidence and epidemiology of anal cancer in the multicenter AIDS cohort study. *Journal of Acquired Immune Deficiency Syndromes* (1999), 48(4), 491–99. https://doi.org/10.1097/QAI.0b013e31817aebfe

Johnson, L. G., Madeleine, M. M., Newcomer, L. M., Schwartz, S. M., & Daling, J. R. (2004). Anal cancer incidence and survival: the surveillance, epidemiology, and end results experience, 1973–2000. *Cancer*, 101(2), 281–8. https://doi.org/10.1002/cncr.20364

Qualters, J. R., Lee, N. C., Smith, R. A., & Aubert, R. E. (1987). Breast and cervical cancer surveillance, United States, 1973–1987. *Morbidity and Mortality Weekly Report: Surveillance Summaries.* 41(2) Centers for Disease Control & Prevention (CDC).

U.S. Cancer Statistics Working Group. U.S. Cancer Statistics Data Visualizations Tool, based on November 2017 submission data (1999–2015): U.S. Department of Health and Human Services, Centers for Disease Control and Prevention and National Cancer Institute; www.cdc.gov/ cancer/dataviz, June 2018.

Noone, A. M., Howlader, N., Krapcho, M., Miller, D., Brest, A., Yu, M., Ruhl, J., Tatalovich, Z., Mariotto, A., Lewis, D. R., Chen, H. S., Feuer, E. J., Cronin, K. A. (eds). SEER Cancer Statistics Review, 1975–2015, National Cancer Institute. Bethesda, MD, https://seer.cancer.gov/csr/1975_2015/, External based on November 2017 SEER data submission, posted to the SEER website, April 2018.

Chin ‐ Hong, P. V., Vittinghoff, E., Cranston, R. D., Buchbinder, S., Cohen, D., Colfax, G.,... Palefsky, J. M. (2004). Age ‐ specific prevalence of anal human papillomavirus infection in HIV ‐

negative sexually active men who have sex with men: The EXPLORE Study. *The Journal of Infectious Diseases*, 190(12), 2070–76. https://doi.org/10.1086/425906

128 Brisson, M., Bénard, É., Drolet, M., Bogaards, J. A., Baussano, I., Vänskä, S.,... Walsh, C. (2016). Population-level impact, herd immunity, and elimination after human papillomavirus vaccination: a systematic review and meta-analysis of predictions from transmission-dynamic models. *Lancet. Public Health*, 1(1), e8–e17. https://doi.org/10.1016/S24682667(16)30001-9

Keeling, M. J., Broadfoot, K. A., & Datta, S. (2017). The impact of current infection levels on the cost-benefit of vaccination. *Epidemics*, 21, 56–62. https://doi.org/10.1016/J.EPIDEM.2017.06.004

Joint Committee on Vaccination and Immunisation. (2018). Statement on HPV vaccination. 以下のURLにて取得。 https://www.gov.uk/government/ publications/jcvi-statement-extending-the-hpv-vaccination-programme-conclusions

Joint Committee on Vaccination and Immunisation. (2018). Interim statement on extending the HPV vaccination programme. 2019年3月7日に以下のURLにて取得。 https://www.gov.uk/government/publications/jcvi-statementextending-the-hpv-vaccination-programme

129 Mabey, D., Flasche, S., & Edmunds, W. J. (2014). Airport screening for Ebola. *BMJ (Clinical Research Ed.)*, 349, g6202. https://doi.org/10.1136/bmj. g6202

130 Castillo-Chavez, C., Castillo-Garsow, C. W., & Yakubu, A.-A. (2003). Mathematical Models of Isolation and Quarantine. *JAMA: The Journal of the American Medical Association*, 290(21), 2876–77. https://doi.org/10.1001/ jama.290.21.2876

131 Day, T., Park, A., Madras, N., Gumel, A., & Wu, J. (2006). When is quarantine a useful control strategy for emerging infectious diseases?

American Journal of Epidemiology, 163(5), 479–85. https://doi.org/10.1093/ aje/kwj056

Peak, C. M., Childs, L. M., Grad, Y. H., & Buckee, C. O. (2017). Comparing nonpharmaceutical interventions for containing emerging epidemics. *Proceedings of the National Academy of Sciences of the United States of America*, 114(15), 4023–8. https://doi.org/10.1073/pnas.1616438114

132 Agusto, F. B., Teboh-Ewungkem, M. I., & Gumel, A. B. (2015). Mathematical assessment of the effect of traditional beliefs and customs on the transmission dynamics of the 2014 Ebola outbreaks. *BMC Medicine*, 13(1), 96. https://doi.org/10.1186/s12916-015-0318-3

133 Majumder, M. S., Cohn, E. L., Mekaru, S. R., Huston, J. E., & Brownstein, J. S. (2015). Substandard vaccination compliance and the 2015 measles outbreak. *JAMA Pediatrics*, 169(5), 494. https://doi.org/10.1001/jamapediatrics.2015.0384

134 Wakefield, A., Murch, S., Anthony, A., Linnell, J., Casson, D., Malik, M.,... Walker-Smith, J. (1998). RETRACTED: Ileal-lymphoid-nodular hyperplasia, non-specific colitis, and pervasive developmental disorder in children. *Lancet*, 351(9103), 637–41. https://doi.org/10.1016/S01406736(97)11096-0

135 World Health Organisation: strategic advisory group of experts on immunization. (2018). *SAGE DoV GVAP Assessment report 2018. WHO.* World Health Organization. 以下のURLにて取得。 https://www.who.int/ immunization/global_vaccine_action_plan/sage_assessment_reports/en/

＊本書は、二〇二〇年に当社より刊行された著作を文庫化したものです。

草思社文庫

生と死を分ける数学
人生の（ほぼ）すべてに数学が関係するわけ

2024年2月8日　第1刷発行

著　者　キット・イェーツ

訳　者　冨永 星

発行者　碇 高明

発行所　株式会社 草思社

〒160-0022　東京都新宿区新宿1-10-1
電話　03(4580)7680(編集)
　　　03(4580)7676(営業)
　　　https://www.soshisha.com/

編集協力　岩崎義人

本文組版　株式会社 キャップス

印刷所　中央精版印刷 株式会社

製本所　中央精版印刷 株式会社

本体表紙デザイン　間村俊一

ISBN978-4-7942-2703-4　Printed in Japan

ご意見・ご感想は、
こちらのフォームからお寄せください。
https://bit.ly/sss-kanso

草思社文庫既刊

デヴィッド・スタックラー、サンジェイ・バス
橘 明美、臼井美子＝訳

経済政策で人は死ぬか？

公衆衛生学から見た不況対策

緊縮財政は国の死者数を増加させてしまう！ 二十世紀初頭の世界大恐慌からソヴィエト連邦崩壊後の不況、サブプライム危機後の大不況まで、世界各国の統計を公衆衛生学者が比較分析した最新研究。

シャロン・バーチュ・マグレイン 冨永 星＝訳

異端の統計学 ベイズ

先端理論として現在、注目を集めているベイズ統計。じつは百年以上にわたって学界で異端とされてきたのだ。それはなぜなのか。逆境を跳ね返した理由とは何か。その数奇な遍歴が初めて語られる。

矢野和男

データの見えざる手

ウエアラブルセンサが明かす人間・組織・社会の法則

AI、センサ、ビッグデータを駆使した最先端の研究から仕事におけるコミュニケーションが果たす役割、幸福と生産性の関係などを解き明かす。「データの見えざる手」によって導き出される社会の豊かさとは？

ソーシャル物理学
「良いアイデアはいかに広がるか」の新しい科学

アレックス・ペントランド　小林啓倫＝訳

ＳＮＳで投資家の利益が変わる、会議で全員が発言すると生産性が向上する、風邪のひきはじめは普段より活動的になる——人間行動のビッグデータから、組織や社会の改革を試みる〝新しい科学〟を解き明かす。

カルチャロミクス
文化をビッグデータで計測する

エレツ・エイデン、ジャン＝バティースト・ミシェル　阪本芳久＝訳

数百万冊、数世紀分の本に登場する任意の言葉の出現頻度を年ごとにプロットするシステム「グーグルＮグラムビューワー」。この技術が歴史学や語学、文学などの人文科学にデータサイエンス革命をもたらす！

最悪の事故が起こるまで人は何をしていたのか

ジェームズ・Ｒ・チャイルズ　高橋健次＝訳

巨大飛行船の墜落事故や原子力発電所の事故、毒ガスの漏出など、五十あまりの巨大事故を取り上げる。誰がどのように引き起こしたのか、どのようにして食い止めたか、人的要因とメカニズムを描く。

草思社文庫既刊

フェルミ推定力養成ドリル

ローレンス・ワインシュタイン、ジョン・A・アダム
山下優子、生田理恵子＝訳

100万人の集会にトイレは何個必要？ 人体に細胞はいくつ？ 四光年を旅する宇宙船の燃料量は？ 常識と四則演算だけで答えよ！ 世界の本当の姿を捉える力「フェルミ推定力」が身につく76問。

思考する機械 コンピュータ

ダニエル・ヒリス 倉骨 彰＝訳

コンピュータは思考プロセスを加速・拡大し、われわれの想像力を飛躍的に高め、未知の世界にまで思考を広げてくれる。もっとも複雑な機械でありながら、その本質は驚くほど単純なコンピュータの可能性を解く。

若い読者のための 第三のチンパンジー

人間という動物の進化と未来

ジャレド・ダイアモンド R・ステフォフ＝編著
秋山 勝＝訳

『銃・病原菌・鉄』の著者の最初の著作を読みやすく凝縮。チンパンジーとわずかな遺伝子の差しかない「人間」について様々な角度から考察する。ダイアモンド博士の思想のエッセンスがこの一冊に！

草思社文庫既刊

パブロ・セルヴィーニュ、ラファエル・スティーヴンス
鳥取絹子＝訳

崩壊学

人類が直面している脅威の実態

近年の世界的な異常気象で注目を浴び、フランスでベストセラーとなった警世の書。自然環境、エネルギー、農業、金融など多くの分野で、現行の枠組が持続不可能になっている現状をデータで示す。

ジェイミー・バートレット　秋山 勝＝訳

操られる民主主義

デジタル・テクノロジーはいかにして社会を破壊するか

ビッグデータで選挙民の投票行動が操れる？　デジタル・テクノロジーの進化は、人間の自由意志を揺るがし、共有される匿名の怒りが社会を断片化・部族化させ、民主主義の根幹をゆさぶると指摘する衝撃的な書。

アンヌ・モレリ　永田千奈＝訳

戦争プロパガンダ10の法則

「戦争を望んだのは彼らのほうだ。われわれは平和を愛する民である」――近代以降、紛争時に繰り返されてきたプロパガンダの実相を、ポンソンビー卿『戦時の嘘』を踏まえて検証する。現代人の必読書。